新编21世纪职业教育精品教材

机械制图

主　审◎杨明忠　邱建忠
主　编◎蘧忠爱　周晓彬　卢　民
副主编◎王晓亮　李永良　史大杰
刘伟荣　刘　霞　蒋威华
张永芳　陈　明
参　编◎马敬累　蓝高龙　杨家敏
黎相湖　杨　南　唐小群
张大伟

中国人民大学出版社
·北京·

图书在版编目（CIP）数据

机械制图 / 蘧忠爱，周晓彬，卢民主编．-- 北京：中国人民大学出版社，2024. 6. --（新编 21 世纪职业教育精品教材）. -- ISBN 978-7-300-32905-5

Ⅰ. TH126

中国国家版本馆 CIP 数据核字第 2024GJ3277 号

新编 21 世纪职业教育精品教材

机械制图

主　审：杨明忠　邱建忠

主　编：蘧忠爱　周晓彬　卢　民

副主编：王晓亮　李永良　史大杰　刘伟荣　刘　霞　蒋威华　张永芳　陈　明

参　编：马敬累　蓝高龙　杨家敏　黎相湖　杨　南　唐小群　张大伟

Jixie Zhitu

出版发行	中国人民大学出版社		
社　　址	北京中关村大街 31 号	**邮政编码**	100080
电　　话	010－62511242（总编室）		010－62511770（质管部）
	010－82501766（邮购部）		010－62514148（门市部）
	010－62515195（发行公司）		010－62515275（盗版举报）
网　　址	http://www.crup.com.cn		
经　　销	新华书店		
印　　刷	鑫艺佳利（天津）印刷有限公司		
开　　本	787 mm × 1092 mm　1/16	**版　　次**	2024 年 6 月第 1 版
印　　张	14	**印　　次**	2025 年 8 月第 2 次印刷
字　　数	292 000	**定　　价**	49.00 元

PREFACE

前言

党的二十大报告指出，教育、科技、人才是全面建设社会主义现代化国家的基础性、战略性支撑。教育是国之大计、党之大计。职业教育是我国教育体系的重要组成部分，肩负着“为党育人、为国育才”的神圣使命。本教材以习近平新时代中国特色社会主义思想为指导，深入贯彻落实党的二十大精神，将思想道德建设与专业素质培养融为一体，着力培养爱党爱国、敬业奉献，具有工匠精神的高素质技能人才。

本教材从职业教育教学实际出发，遵循制图课程的学习规律，总结编者多年制图教学经验和企业工作经验编写而成。本教材以应用为宗旨，以培养学生识读和绘制机械图样的能力为主要目的，突出对机械零部件的结构分析，注重读图训练，符合当代职业院校学生的学习需要。

本教材主要讲解了制图的基本规定，正投影、立体的投影、轴测图、组合体的识图和作图基础，机件的常用表达方法，零件、标准件、常用件、装配图的识图和作图方法。教材内容通俗易懂，循序渐进，其中大部分图例取自生产实际，平面图与立体图结合呈现，方便学生分析和拓展。

本教材主要特色如下：

（1）弱化手工制图训练。随着计算机绘图技术的普及，本教材对手工绘图要求进行了弱化。基础部分只讲解制图的基本规定，如图线的画法、尺寸标注的规则等；对圆弧连接、等分线段等手工绘图技能不做要求。

（2）点、线、面投影知识简单化。根据职业教育特点，对于抽象的点、线、面投影知识，只做概念上的讲解，不拓展、不深究，同时着重结合实体讲解点、线、面的投影方法，这样更有助于学生掌握实际工作技能。

（3）将截交线与相贯线分配到不同的单元讲解。截交线与相贯线知识难度不同，相贯线是难点。为了便于学生理解和掌握，本教材将截交线知识融入简单立体的投影中讲解，将相贯线知识融入组合体中讲解，中间插入轴测图知识。

（4）调整“零件图”和“标准件与常用件”的教学顺序。将“零件图”单元调整到

“标准件与常用件”之前，并融入螺纹结构的画法，便于学生读懂零件图中的螺纹结构。这样调整符合从简单到复杂，从零件图到标准件连接图，再到装配图的认知规律。

本教材可作为职业院校机械类、机电类、近机械类相关专业的制图和识图课程教材，也可作为工程技术人员的自学参考用书。

由于时间仓促，加之编者水平有限，书中难免存在疏漏之处，恳请广大读者批评指正。

编　者

CONTENTS

目 录

绪　论

学习目标

（1）了解本课程的基本内容、性质和任务。

（2）了解本课程的学习方法。

（3）掌握国家制图标准的基本规定。

知识要点及学时分配建议

知识要点		学时	备注
1. 课程概述	本课程的主要内容和基本任务	1	简述
	本课程的学习方法		
2. 制图的基本规定	图纸幅面和格式、比例、字体、图线	2	
	尺寸注法	3	

0.1 课程概述

一、本课程的主要内容

1. 图样及其在生产中的用途

在工程技术领域，根据投影方法并遵照国家标准的规定绘制成的用于工程施工或产品制造等的图叫作工程图样，简称图样。图样是设计制造机器、仪器设备等或进行建筑工程设计、施工的重要技术依据。不同性质的生产部门对图样有不同的名称和要求，如机械图样、建筑图样、水利工程图样等。

本课程主要研究的图样是机械图样。机械图样用于表达机器（或零部件）的形状和大小，以及制造和检验时的技术要求。

在现代化工业生产中，设计者通过图样表达设计思想、制造者通过图样的要求进行零件加工和装配，生产管理人员和使用者通过图样了解机器设备的结构和性能，以便进行生产、检验、使用、维护和保养。可以说，图样是工程界通用的“技术语言”，凡是从事工程技术工作的人员，特别是生产第一线的技能型专业人才必须掌握这种特殊语言，具备绘制和识读工程图样的能力。

2. 本课程的主要内容

机械制图就是研究、识读和绘制机械图样的一门技术基础课，主要包括制图基本知识、三视图、截交线与相贯线、轴测图、组合体、机件的表达方法、标准件与常用件的画法、机械图样的识读等。学好本课程可以为后续相关专业的学习，以及技能提升打下必要的基础。

二、本课程的基本任务

本课程的基本任务是帮助学生掌握一定的绘制和识读机械图样的能力以及空间想象和思维能力。具体如下：

（1）了解技术制图和机械制图国家标准的基本规定。

（2）掌握三视图、轴测图的画法，培养空间想象能力和空间思维能力，培养形体分析能力。

（3）掌握组合体的画法，掌握机件的表达方法。

（4）了解标准件、常用件的画法，了解零件图、装配图的识读方法，培养识读机械图样的能力。

（5）热爱本专业技术工作，培养良好的职业道德，养成认真负责的工作态度和严谨细致的工作作风。

三、本课程的学习方法

机械制图是一门既重理论又重实践的课程，其主要内容必须通过绘图、识图才能掌握，为此，学习过程中必须注意以下几个方面：

（1）本课程以培养识图能力为目的，要注意训练空间想象能力和空间思维能力。

（2）要注意培养自己的标准化素养，做到一丝不苟、精益求精。

（3）只有多做练习才能提高识图和绘图能力。

（4）要注意本课程和其他技术课程之间的联系，提高综合运用知识的能力。

（5）本课程的实践性较强，要注意理论联系实际，培养解决实际问题的能力。

本课程可帮助学生在识图、绘图方面打下基础，在后续的计算机绘图、课程设计、毕业设计、生产实习环节和实际工作中，还要注意继续学习，不断提高。

0.2 制图的基本规定

图样是现代工业生产中最基本的技术文件之一。为了正确地绘制和阅读机械图样以及在国内或国际上进行技术交流，国家有关部门颁布了《技术制图》和《机械制图》一系列国家标准。国家标准是技术领域的技术法规，具有严肃性、权威性和法制性，我们在学习和工作中必须严格贯彻执行。

一、图纸幅面和格式

1. 图纸幅面

绘制技术图样时，根据《技术制图 图纸幅面和格式》(GB/T 14689—2008）中的规定，应优先采用表 0－1 中规定的基本幅面及尺寸。

表 0－1　基本幅面及尺寸　（单位：mm）

<table>
<tr><th>幅面代号</th><th>尺寸（$B\times L$）</th><th>e</th><th>c</th><th>a</th></tr>
<tr><td>A0</td><td>841 × 1189</td><td rowspan="2">20</td><td rowspan="3">10</td><td rowspan="5">25</td></tr>
<tr><td>A1</td><td>594 × 841</td></tr>
<tr><td>A2</td><td>420 × 594</td><td rowspan="3">10</td></tr>
<tr><td>A3</td><td>297 × 420</td><td rowspan="2">5</td></tr>
<tr><td>A4</td><td>210 × 297</td></tr>
</table>

必要时，允许加长或加宽幅面，但加长量必须符合国家标准。图样的基本幅面及加大幅面如图 0－1 所示，粗实线所示为基本幅面，为优先选用的幅面；细实线所示为加大幅面，为次要选用的幅面；细虚线所示也是加大幅面，为再次要选用的幅面。

2. 图框格式

图纸中的图框由内、外两框组成，外框用细实线绘制（通常不需绘制），大小为幅面尺寸，内框用粗实线绘制，内外框周边的间距尺寸与格式有关，具体见表 0－1。图框格式分为装订图框格式（留装订边，如图 0－2 所示）和不装订图框格式（不留装订边，如图 0－3 所示）。但应注意，同一产品的图样只能采用一种格式。图样绘制完毕后应沿外框线裁边。

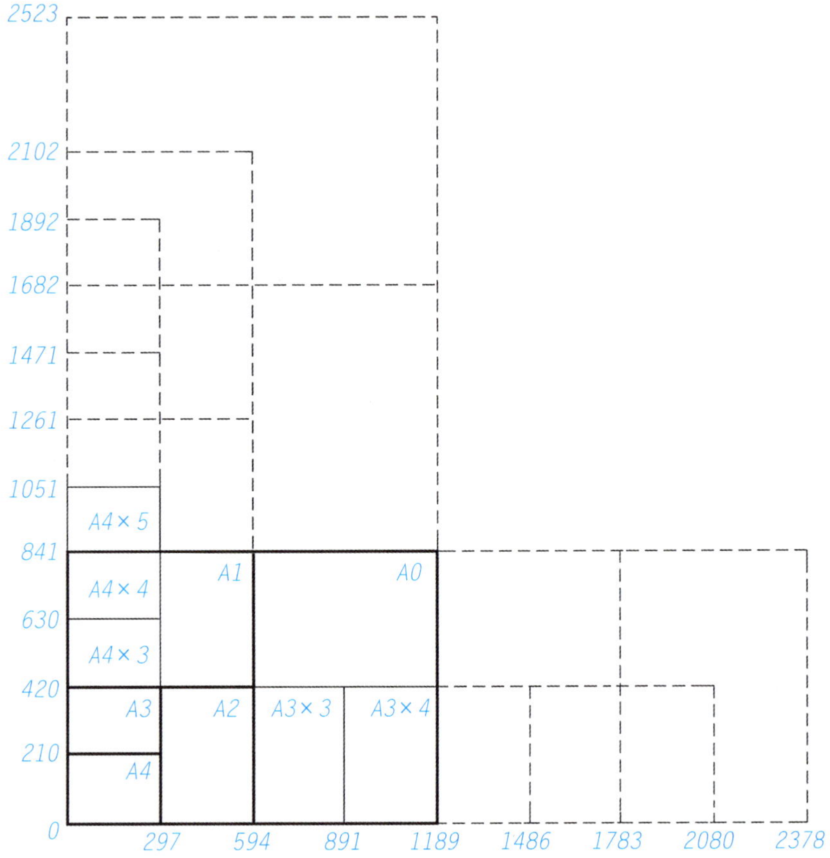

图 0－1　图样的基本幅面及加大幅面

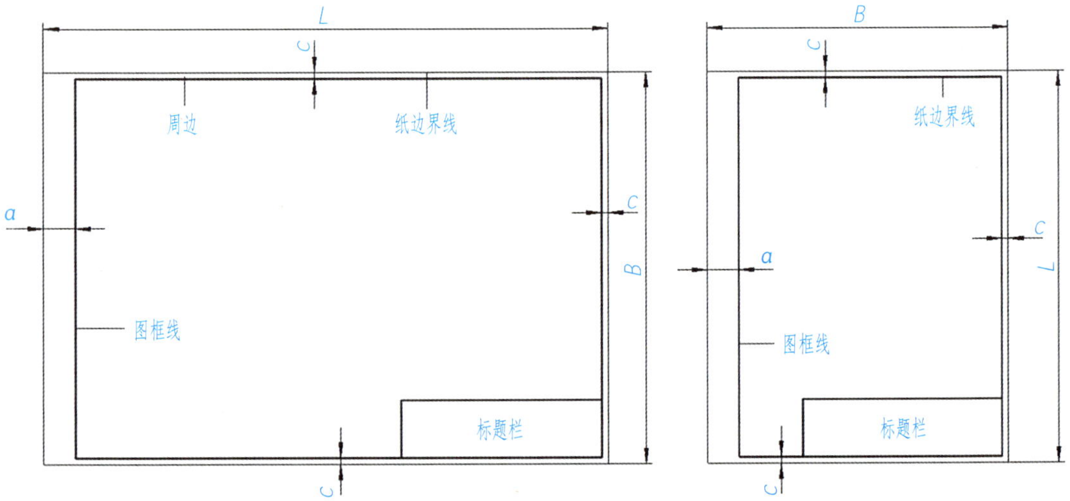

（a）横版　　（b）竖版

图 0－2　装订图框格式

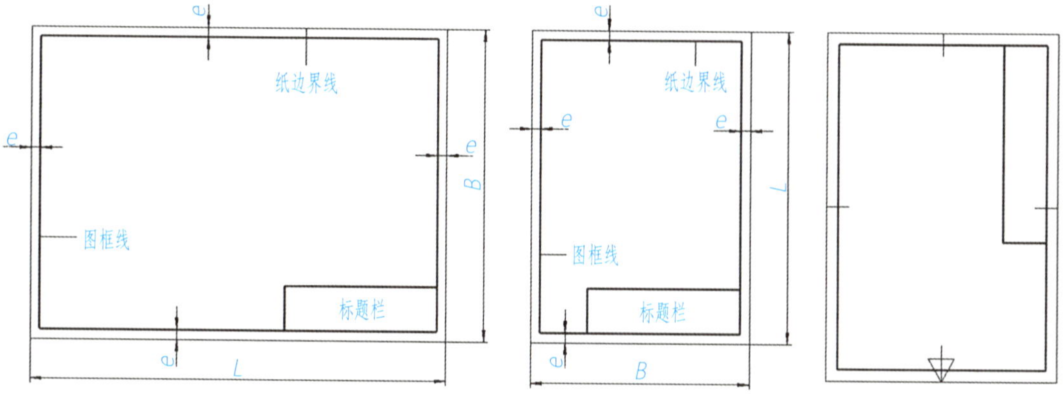

（a）横版　　（b）竖版　　（c）方向符号

图 0－3　不装订图框格式

3. 标题栏

每张图纸上都必须画出标题栏。标题栏的位置在图纸的右下角，通常，标题栏的文字方向为看图方向。如果使用预先印制的图纸，需要改变标题栏的方位时，必须将其旋转至图纸的右上角，此时，为了明确绘图与看图的方向，应在图纸的下边对中符号处画一个方向符号，如图 0－3（c）所示。国家标准对标题栏的内容、格式及尺寸均做了规定。在机械图样中，标题栏直接采用《技术制图　标题栏》（GB/T 10609.1—2008）中的规定，如图 0－4 所示；在学校制图作业中，可采用图 0－5 所示的标题栏。

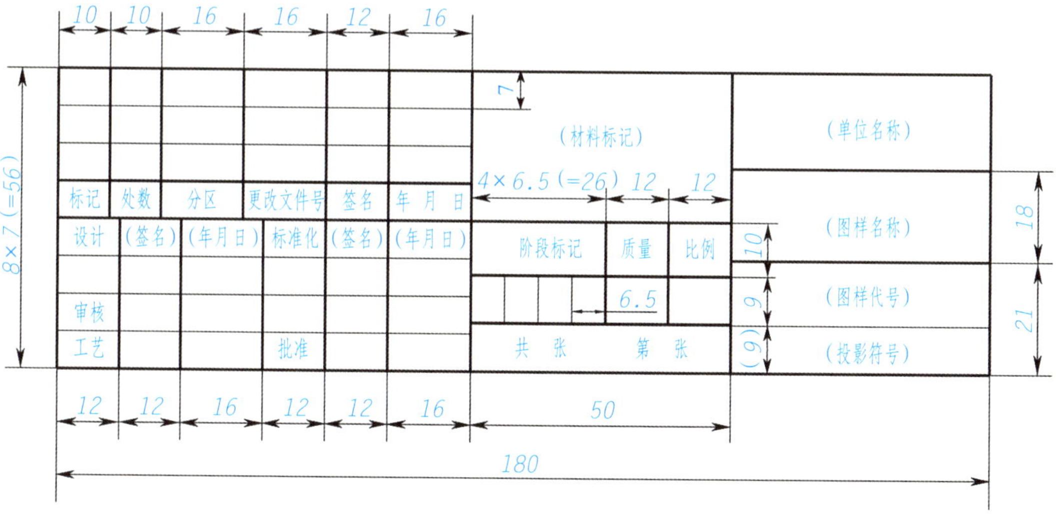

图 0－4　标题栏（标准）

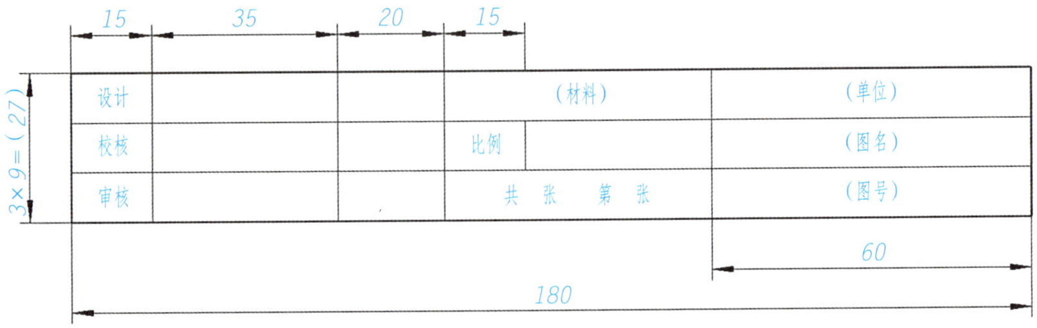

图 0－5　学校制图作业用标题栏（非标准）

二、比例

比例是指图形与其实物相应要素的线性尺寸之比。线性尺寸是指用直线表达的尺寸，如直线长度、圆的直径等。

图样比例分为原值比例、放大比例、缩小比例。比值为 1 的比例（即 1∶1）称为原值比例；比值大于 1 的比例（如 2∶1）称为放大比例；比值小于 1 的比例（如 1∶2）称为缩小比例。根据《技术制图 比例》（GB/T 14690—1993）中的规定，常用比例见表 0－2。

表 0－2　常用比例

种类	优先选用比例	允许选用比例
原值比例	1∶1	
放大比例	5∶1　2∶1 5×10^n∶1　2×10^n∶1　1×10^n∶1	4∶1　2.5∶1 4×10^n∶1　2.5×10^n∶1
缩小比例	1∶2　1∶5　1∶10 1∶2×10^n　1∶5×10^n　1∶1×10^n	1∶1.5　1∶2.5　1∶3　1∶4　1∶6 1∶1.5×10^n　1∶2.5×10^n　1∶3×10^n 1∶4×10^n　1∶6×10^n

注：n 为正整数。

同一物体的各视图应采用相同的比例，并将比例填写在标题栏的比例栏内。当某个视图需要采用不同的比例时，必须另行标注。

为看图方便，应尽可能按机件的实际大小即原值比例绘图，如机件太大或太小，则采用缩小或放大比例绘图。但不管按什么比例绘图，图样中的尺寸数值均应按设计要求尺寸数值标注，如图 0－6 所示。

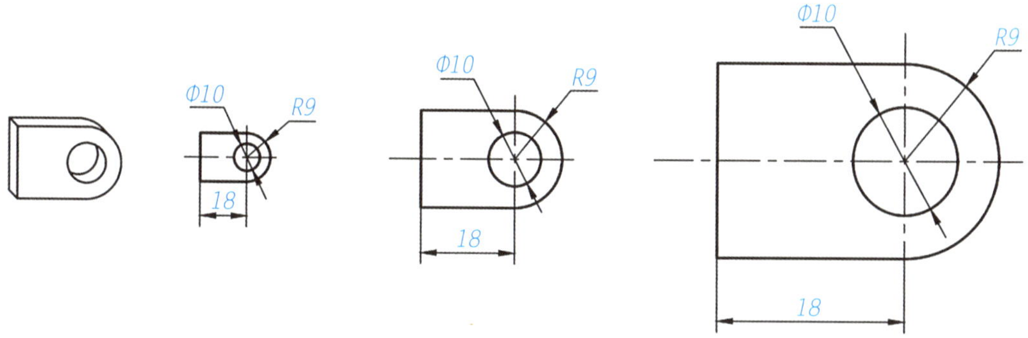

（a）实物　（b）缩小比例 1∶2　（c）原值比例 1∶1　（d）放大比例 2∶1

图 0－6　用不同比例绘制的图形

三、字体

图样中的字体是指文字、数字、字母，国家标准《技术制图　字体》（GB/T 14691—1993）规定了其结构形式。书写时必须做到字体工整、笔画清楚、间隔均匀、排列整齐。

字体的大小用号数来表示，号数即为字体的高度 h（单位为 mm），其公称尺寸系列为 20、14、10、7、5、3.5、2.5 和 1.8 共 8 种。如需要更大的字，字体高度应按 $\sqrt{2}$ 的比例递增。

1. 汉字

汉字应写成直体长仿宋体，并采用《汉字简化方案》中规定的简化字。汉字的高度不应小于 3.5mm，字宽一般为 $h/\sqrt{2}$。

长仿宋体汉字的书写要领是横平竖直、起落有致、结构匀称、填满方格。其基本笔画见表 0－3。

表 0－3　长仿宋体汉字的基本笔画

横	竖	撇	提	捺	点

横弯 / 横折	竖钩	横折钩	横弯钩	弯钩	特殊偏旁
		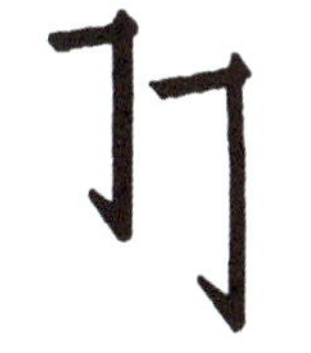			

长仿宋体汉字书写示例如图 0－7 所示。

10号字　字体工整 笔画清楚 间隔均匀 排列整齐

7号字　横平竖直　注意起落　结构均匀　填满方格

5号字　技术制图　机械电子　汽车船舶　土木建筑

3.5号字　螺纹齿轮　航空工业　施工排水　供暖通风　矿山港口

图 0－7　长仿宋体汉字书写示例

2. 数字和字母

数字和字母分 A 型和 B 型两种。A 型字体的笔画宽度（d）为字高（h）的 1/14，B 型字体的笔画宽度（d）为字高（h）的 1/10，建议采用 B 型字体。在同一张图样上，只允许采用一种形式的字体。数字和字母可写成斜体或直体。斜体字字头向右倾斜，与水平基准线约成 75°。但是量的单位、化学元素、符号一定是直体。斜体数字和字母（B 型字体）如图 0－8 所示。

0 1 2 3 4 5 6 7 8 9

I II III IV V VI VII VIII IX X

A B C D E F G H I J K L M N O P

Q R S T U V W X Y Z

图 0－8　斜体数字和字母（B 型字体）

四、图线

我国现行的图线国家标准有两项，即《技术制图 图线》（GB/T 17450—1998）和《机械制图 图样画法 图线》（GB/T 4457.4—2002），规定了技术制图所用图线的名称、形式、结构、标记及画法规则。

国家标准规定了 9 种图线宽度，宽度（单位为 mm）系列为：0.13、0.18、0.25、0.35、0.5、0.7、1、1.4、2。

机械图样采用粗、细两种宽度的图线，其线宽比率为粗线:细线 = 2 : 1。机械制图中常用图线的名称、线型及一般应用见表 0－4。

表 0-4　常用图线的名称、线型及一般应用

名称	线型	一般应用
实线		可见轮廓线
		尺寸线、尺寸界线、剖面线、指引线等
细虚线	1　2~6	不可见轮廓线
细点画线	≈3　15~30	轴线、对称中心线
细双点画线	≈5　15~20	极限位置轮廓线、成形前轮廓线、中断线
双折线		断裂处的边界线
波浪线		断裂处的边界线、视图与剖视图的分界线
粗虚线		允许表面处理的表示线
粗点画线		限定范围表示线

各种图线的应用实例如图 0-9 所示。

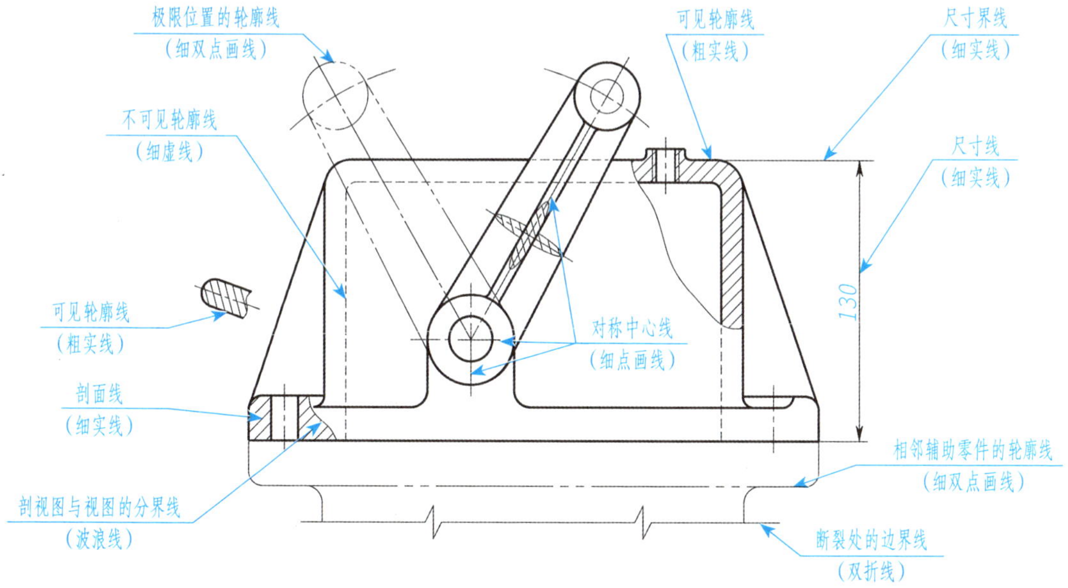

图 0-9　图线应用实例

五、尺寸注法

图形只能表示物体的形状，而其大小则要由尺寸表示，因此，尺寸标注十分重要。标注尺寸时，应严格遵照国家标准中关于尺寸注法的规定，做到正确、齐全、清晰、合理。下面介绍尺寸注法《机械制图 尺寸注法》(GB/T 4458.4—2003）的相关规定。

1. 尺寸注法的基本规则

（1）图样中（包括技术要求和其他说明）的尺寸以 mm（毫米）为单位时，不需标注计量单位的符号或名称。否则，必须标注相应单位的符号或名称，如图 0－10 所示。

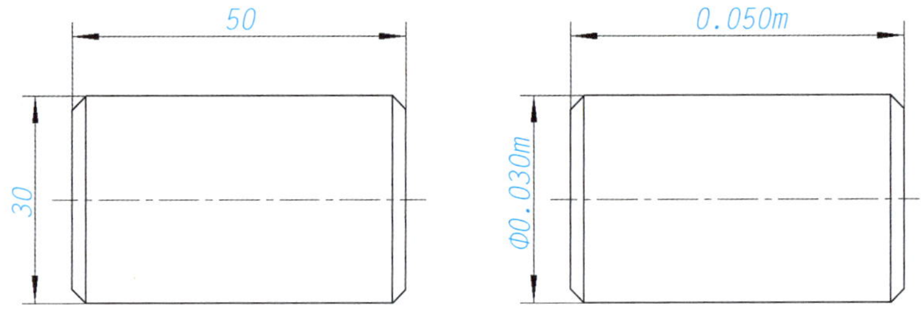

（a）以毫米为单位　　（b）以米为单位

图 0－10　尺寸单位

（2）机件的真实大小应以图样上所标注的尺寸数值为依据，与图样绘制比例的大小及绘图的准确度无关，如图 0－11 所示。

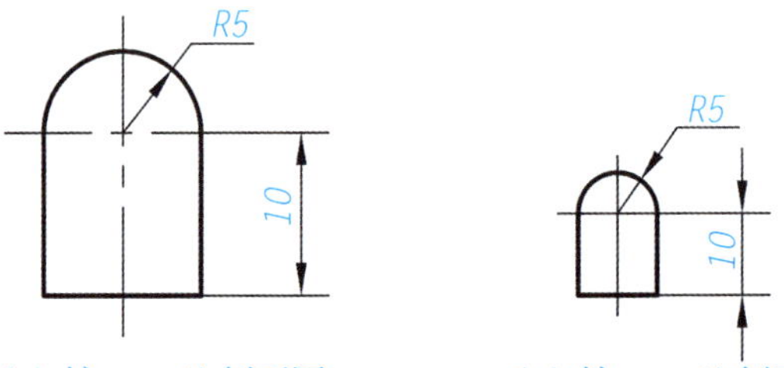

（a）按 1 : 1 比例画图　　（b）按 1 : 2 比例画图

图 0－11　用不同比例画图

（3）通常，机件的每个尺寸在图样上只标注一次，并应标注在反映结构最清晰的图形上。

（4）图样中所标注的尺寸为该图样所示机件的最后完工尺寸，否则应另加说明。

2. 尺寸要素及其画法规定

一个完整的尺寸由尺寸界线、尺寸线、尺寸数字组成。

（1）尺寸界线。

表示所标注尺寸的起止范围，如图 0－12 所示。尺寸界线用细实线绘制，一般应由图形轮廓线、轴线或对称中心线处引出，其末端一般超出尺寸线终端 3 ～ 5mm。也可直接用图形轮廓线、轴线或对称中心线作尺寸界线。

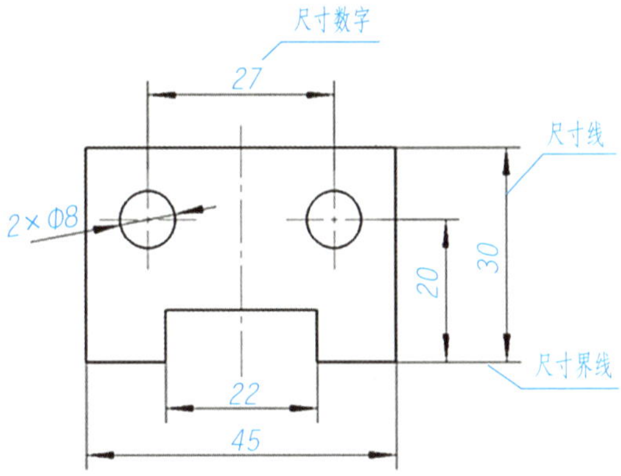

图 0-12　尺寸要素

（2）尺寸线。

尺寸线表示所标注尺寸的方向，必须用细实线单独绘制，不能用其他图线代替，一般也不能和其他图线（如图形轮廓线、中心线）重合或画在其延长线上，如图 0-12 所示。

1）标注线性尺寸时，尺寸线必须与所注的线段平行。尺寸线与轮廓线的距离以及相互平行的尺寸线间的距离应尽量一致，小尺寸靠近图形轮廓线，大尺寸应依次等距离地平行外移，标注直径或半径时，尺寸线要通过圆心或其延长线通过圆心。

2）标注尺寸时，应尽量避免尺寸线之间及尺寸界线之间相交。

3）尺寸线终端有箭头和细斜线两种形式，机械图样的尺寸线终端一般采用箭头形式。

- 箭头形式的画法如图 0-13（a）所示（d 为粗实线宽度）。在同一张图样上，箭头的大小要一致。
- 细斜线形式的方向和画法如图 0-13（b）所示（h 为字体高度）。当尺寸线终端采用斜线时，尺寸线与尺寸界线必须保持垂直。

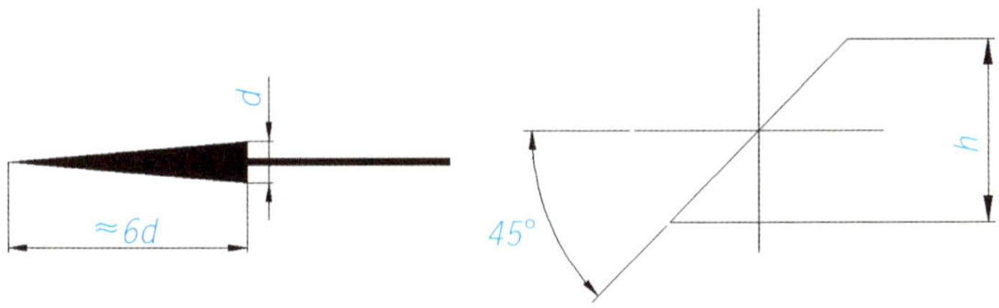

（a）箭头形式　　（b）细斜线形式

图 0-13　尺寸线终端形式

在同一张图样中，尺寸线终端只能采用其中一种形式。

（3）尺寸数字。

尺寸数字的数值表示机件的真实大小。线性尺寸的尺寸数字应标注在尺寸线的上方或左方，也允许注写在尺寸线的中断处。在同一图样上，数字的注法应一致。

线性尺寸、角度尺寸、圆、圆弧、小尺寸等尺寸的注法见表 0－5。

表 0－5　尺寸的注法

<table>
<tr><th>标注内容</th><th>示例</th><th>说明</th></tr>
<tr><td>线性尺寸</td><td>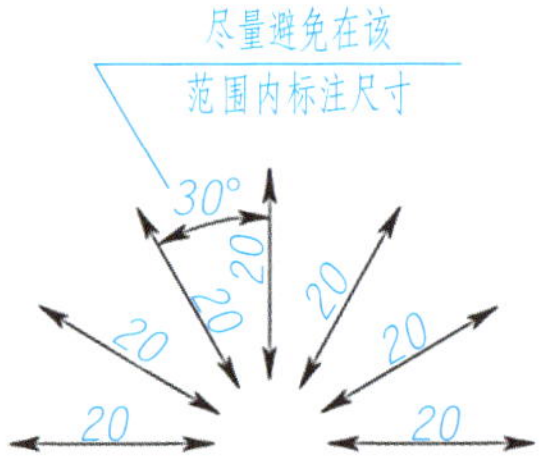
(a)
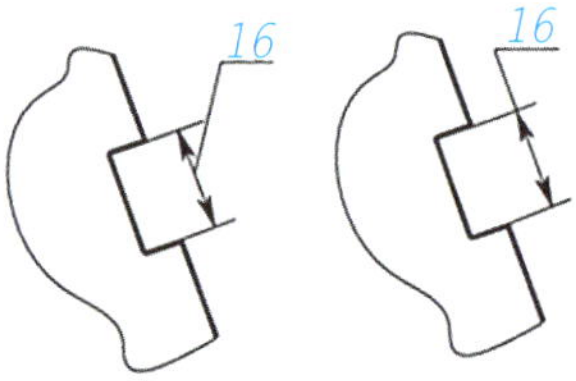
(b)
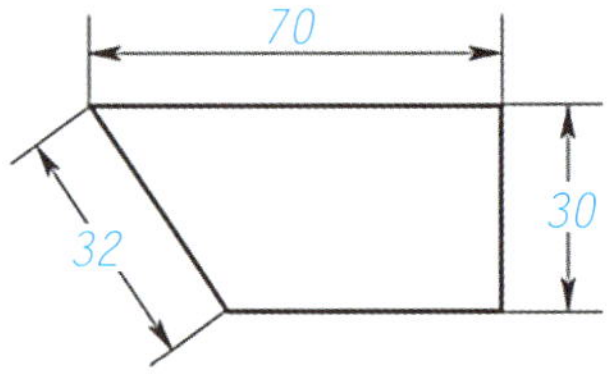
(c)</td><td>线性尺寸的数字应按图(a)中的方向书写，并尽量避免在图示 30° 范围内标注尺寸。当无法避免时，可按图（b）的方法标注。在不致引起误解时，非水平方向的尺寸数字也允许水平地注写在尺寸线的中断处，如图（c）所示，但在同一图样中注法应一致</td></tr>
<tr><td>角度尺寸</td><td>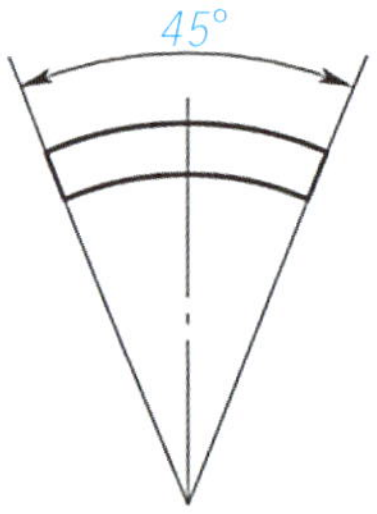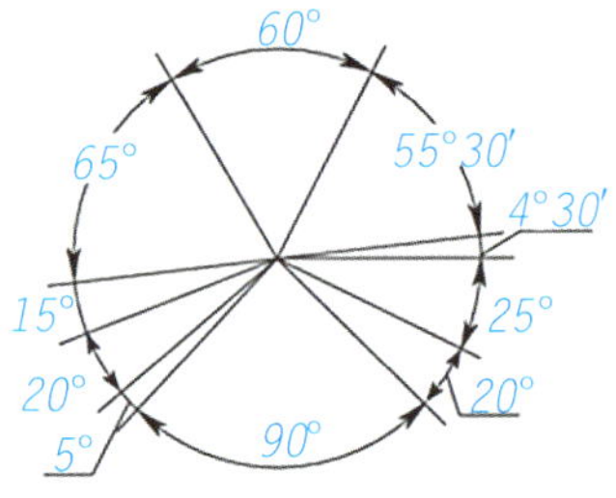</td><td>尺寸界线应沿径向引出，尺寸线画成圆弧，圆心是角的顶点。尺寸数字一律水平书写，一般注在尺寸线的中断处，必要时也可按右图的形式标注</td></tr>
<tr><td>圆</td><td>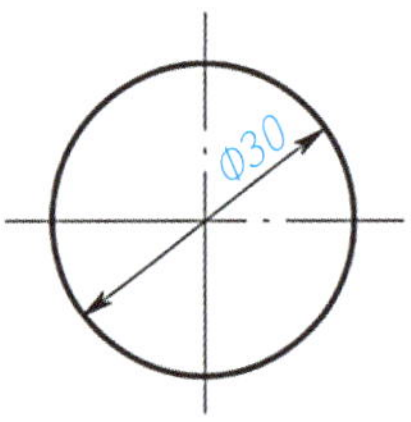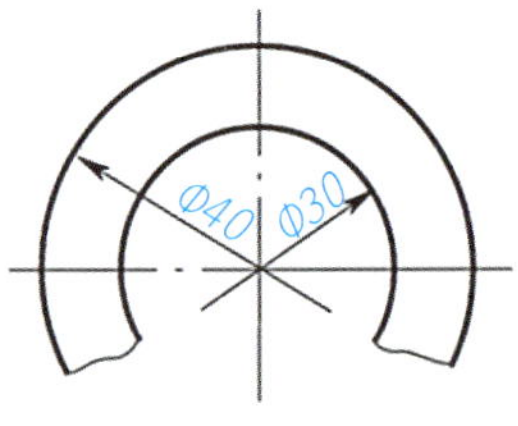</td><td>标注圆的直径时，应在尺寸数字前面加注符号“ϕ”，尺寸线的终端应画成箭头</td></tr>
<tr><td>圆弧</td><td>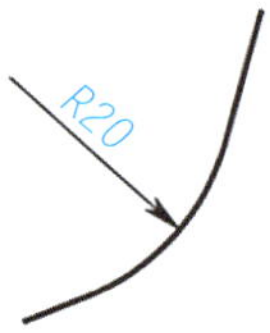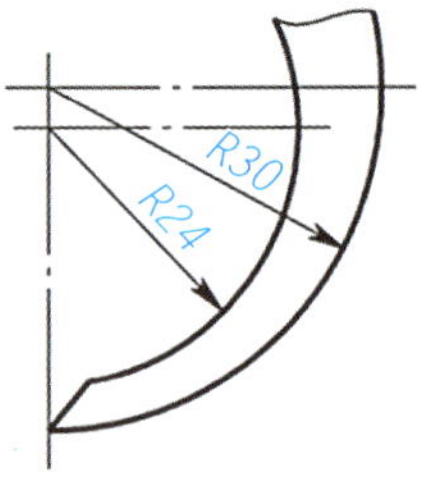</td><td>标注圆弧的半径时，应在尺寸数字前面加注符号“R”，尺寸线终端应画成箭头</td></tr>
</table>

续表

标注内容	示例	说明
大圆弧	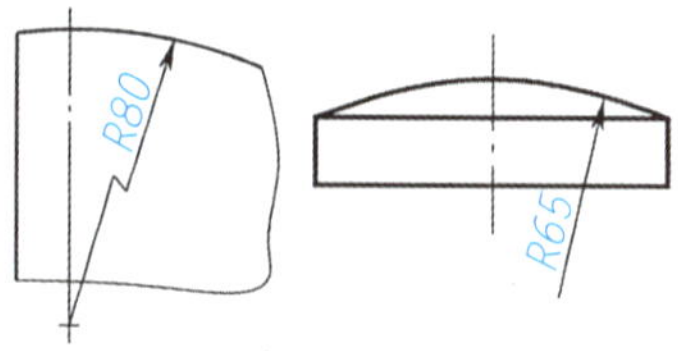(a)　(b)	在图纸范围内无法标出圆心位置时，可按图（a）所示标注；不需要标出圆心位置时，按图（b）标注
小尺寸	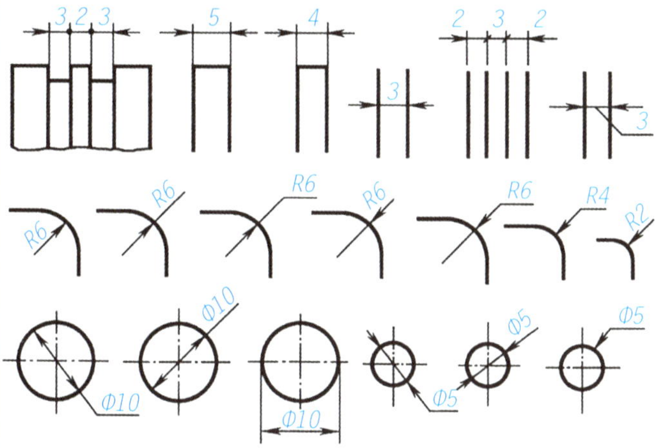	如上排图例所示，没有足够空间时，箭头可画在外面，或用小圆点代替两个箭头；尺寸数字也可注写在图形外面或引出标注。圆和圆弧的小尺寸，可按下两排图例标注

常用的尺寸标注符号和缩写词见表 0－6。

表 0－6　常用的尺寸标注符号和缩写词

名称	符号或缩写词	名称	符号或缩写词
直径	ϕ	厚度	t
半径	R	正方形	□
球直径	Sϕ	深度	↧
球半径	SR	沉孔或锪孔	⌴
弧长	⌒	埋头孔	⌵
均布	EQS	斜度①	∠
45° 倒角	C	锥度②	◁

注：①斜度是指直线或平面对另一直线或平面的倾斜程度，其大小用斜角的正切值表示，通常写成 1 : n 的形式。标注时斜度符号要与零件斜面的方向一致。

②锥度是指圆锥的底面直径与高度之比；若是圆台，则是两底圆直径之差与圆台高度之比。锥度通常写成 1 : n 的形式。标注时锥度符号要与圆锥的倾斜方向一致。

单　元
1

正投影作图基础

学习目标

（1）了解投影及正投影的概念。

（2）掌握三视图的概念及投影规律。

（3）掌握点的投影作法和规律。

（4）掌握各种位置直线、平面的投影特性。

知识要点及学时分配建议

知识要点		学时	备注
1. 正投影法和三视图	投影及正投影的概念	3	
	三视图的概念及投影规律		
2. 点、线、面的投影	点的投影作法和规律	3	
	各种位置直线的投影特性	2	
	各种位置平面的投影特性	2	

正投影能准确表达物体的形状和大小，作图方便，在工程上得到了广泛应用。机械图样主要用正投影法绘制。本单元重点讲解正投影图的投影规律和作图方法，并通过立体表面上的点、直线和平面的投影分析，帮助学生初步建立空间思维和想象能力，为学好本课程打下扎实的基础。

1.1 正投影法和三视图

日常生活中，物体在阳光或灯光的照射下会在地面上留下影子，这个影子能够反映物体的轮廓，但不能表达物体真实的形状和大小。人们根据生产活动的需要，对这种现象进行科学的抽象和概括，总结出影子和物体之间的几何关系，逐步形成了投影法和视图的表现方式，以便在图纸上准确而全面地表达物体的形状、位置和大小。只有了解投影的基本知识才能够准确地将空间的形体表现在平面上，并且可以根据图样上的图形，想象出物体的空间形体。

一、投影的概念

投影法和其他科学方法一样，均来自实践。将□ *ABCD* 放在平面 *P* 和光源 *S* 之间，自 *S* 分别向 *A*、*B*、*C*、*D* 引射线并延长，使它和平面 *P* 交于 *a*、*b*、*c*、*d*，如图 1－1 所示。

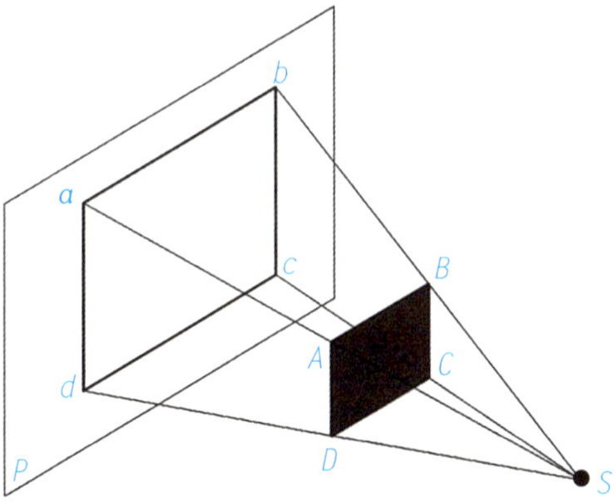

图 1－1　中心投影法

图 1－1 中的平面 *P* 称为投影面，*S* 称为投射中心，*SAa*、*SBb*、*SCc*、*SDd* 称为投射线，□ *abcd* 称为空间□ *ABCD* 在平面 *P* 上的投影。

这种用投射线投射物体，在选定的投影面上得到物体投影的方法称为投影法。要获得物体的投影，必须具备投射线、物体、投影面这三个基本条件。根据投射线是否平行，投影法又分为中心投影法和平行投影法两种。

二、投影法的种类

1. 中心投影法

投射线从一点（投射中心）出发，将空间形体投射到投影面的方法称为中心投影法，如图 1－1 所示。用这种方法获得的投影称为中心投影。

在中心投影法的条件下，随着投射中心 *S*、投影面 *P* 和空间形体的相对位置不同，空间形体的投影的形状和大小也不同，不能反映形体的真实形状和大小，而且度量性差、作图比较复杂，因此在机械制图中很少应用。

2. 平行投影法

假设将中心投影法中的投射中心移至无限远处，则投射线相互平行，如图 1 - 2 所示。这种投射线相互平行的投影法称为平行投影法。用这种方法获得的投影称为平行投影。在平行投影中，空间形体的投影的大小与空间形体离投影面的距离无关。

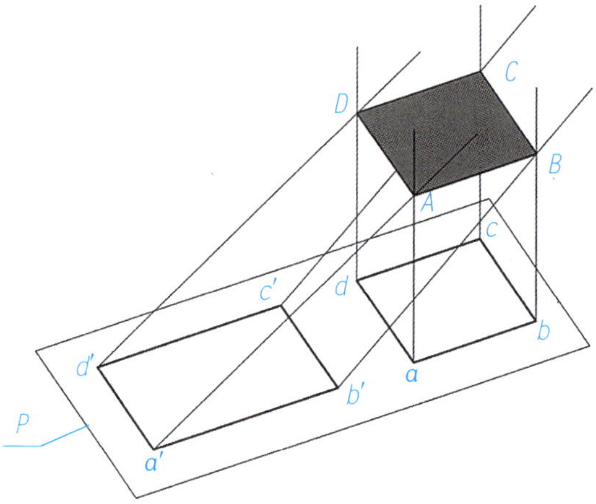

图 1 - 2　平行投影法（斜投影和正投影）

根据投射线与投影面所成的角度不同，平行投影法又可分为斜投影法和正投影法两大类。

（1）斜投影法：投射线与投影面倾斜的平行投影法。

（2）正投影法：投射线与投影面垂直的平行投影法。

在机械制图中绝大多数的图样都是按正投影法绘制的，本书除斜轴测投影外，都是采用正投影法。正投影法的基本特性如下：

1）直线或平面与投影面平行时，直线的投影反映实长，平面的投影反映实形。这种投影性质叫真实性，如图 1 - 3（a）所示。

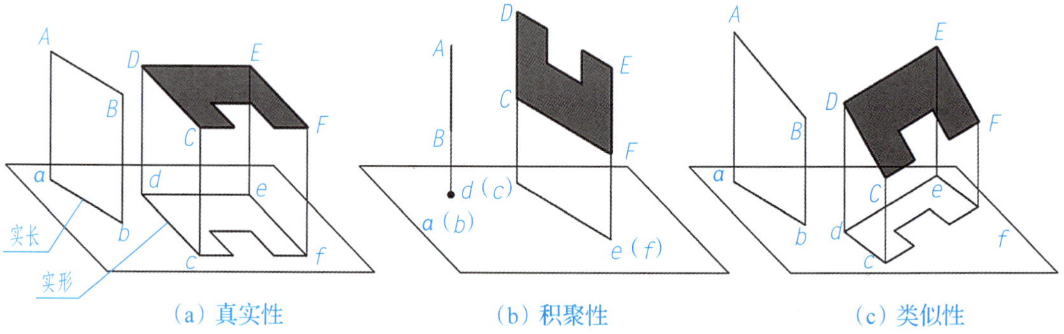

图 1 - 3　正投影法的基本特性

2）直线或平面与投影面垂直时，直线的投影积聚为一点，平面的投影积聚为一条直线。这种投影性质叫积聚性，如图 1－3（b）所示。

3）直线或平面与投影面倾斜时，直线的投影小于实长，平面的投影为小于平面实形的类似形。这种投影性质叫类似性，如图 1－3（c）所示。

三、三视图及其投影规律

用正投影法绘制物体的投影时，可把人的视线假想成相互平行且垂直于投影面的一组投射线，将物体在投影面上的投影称为视图，如图 1－4 所示。

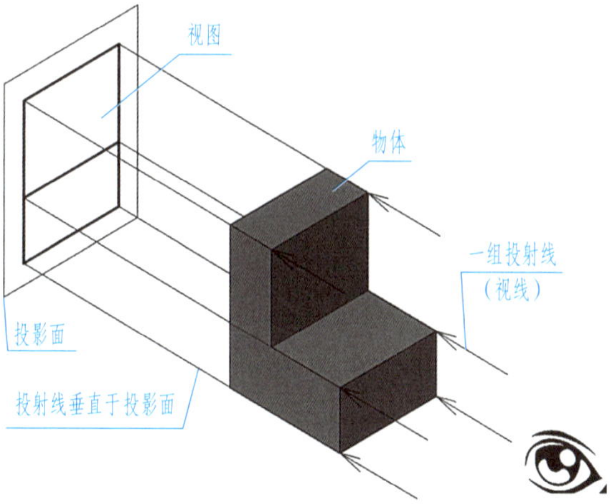

图 1－4　视图的概念

一般情况下，通过一个视图不能完全确定物体的形状和大小。如图 1－4 所示的投影面上的视图只能反映物体的长度和高度，不能反映宽度。有时，两个物体不同，但其视图相同，如图 1－5 所示，所以为了准确反映物体的真实形状和大小，应采用多个投影面体系同时对物体进行投影。

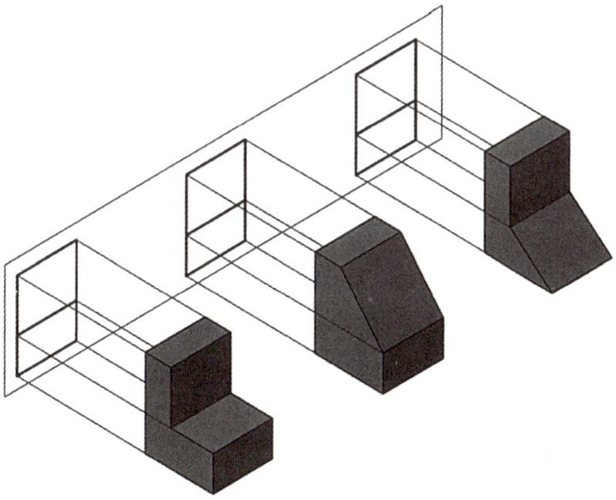

图 1－5　单面投影的局限性

1. 三面投影体系

建立三个相互垂直的投影面即可构成三面投影体系，如图 1－6 所示。其中，处于水平位置的平面称为水平投影面，用 *H* 表示；处于正立位置的平面称为正投影面，用 *V* 表示；处于侧立位置的平面称为侧投影面，用 *W* 表示。三面投影体系中的三个投影面两两相互垂直相交，*V* 面与 *H* 面的交线称为 *OX* 轴（简称 *X* 轴），它代表长度方向；*V* 面与 *W* 面的交线称为 *OZ* 轴（简称 *Z* 轴），它代表高度方向；*H* 面与 *W* 面的交线称为 *OY* 轴（简称 *Y* 轴），它代表宽度方向。三轴的交点 *O* 称为原点。

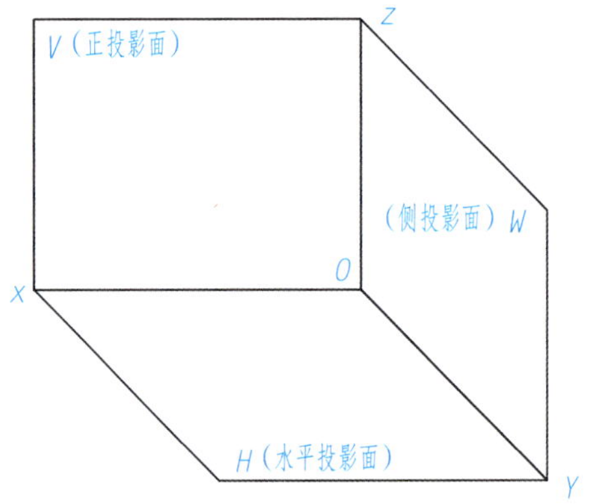

图 1－6　三面投影体系

2. 三视图的形成

将物体放在三个相互垂直的投影面体系中，然后从物体的三个不同方向进行投射，就可以在三个投影面上得出三个视图，如图 1－7 所示。

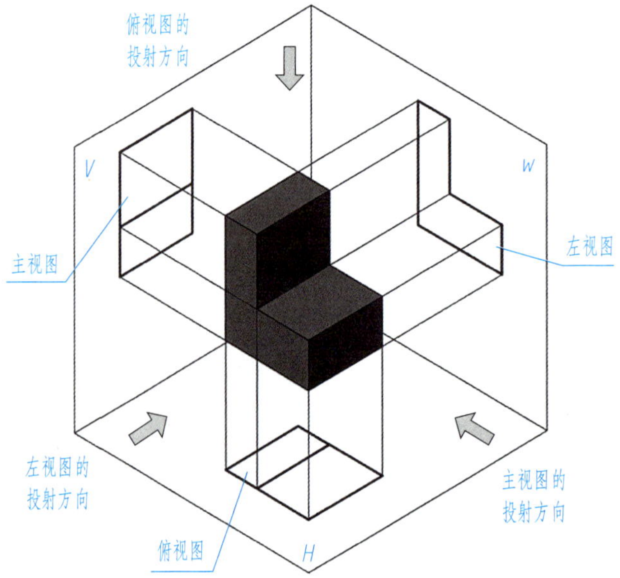

图 1－7　三视图的形成

将物体放在三面投影体系中，由前到后投射到正投影面的视图称为主视图；由上到下投射到水平投影面的视图称为俯视图；由左到右投射到侧投影面的视图称为左视图。这样得到的三个视图统称为三视图。

3. 三视图的对应关系

实际作图时，需要将这种相互垂直的三个投影面间的空间视图关系表现在同一个平面上，为此，按照图 1－8（a）所示的方法将视图展开，规定 *V* 面保持不动，将 *H* 面绕 *OX* 轴向下旋转 90°，将 *W* 面绕 *OZ* 轴向右旋转 90°，就得到展开后的三视图，如图 1－8（b）所示。展开后的三视图之间的相对位置是固定的，如图 1－9 所示，主视图的位置确定后，俯视图在主视图的下方，左视图在主视图的右方。因为理论上投影面可以无限延展，所以不必画出投影面边框和投影轴，而且视图的相对位置是确定的，也不必再标注各视图的名称。

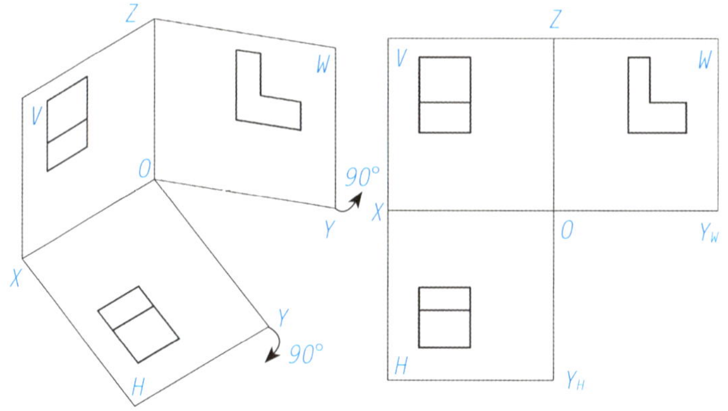

（a）　　　　（b）

图 1－8　三投影面的展开

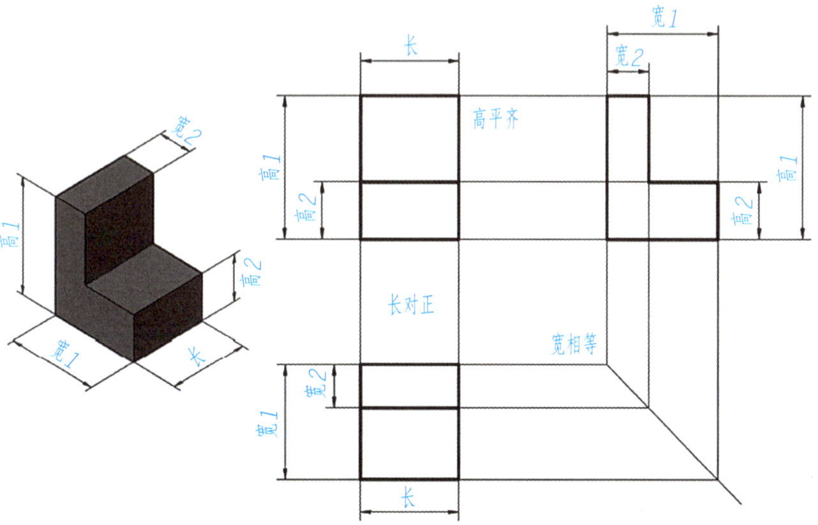

图 1－9　展开后的三视图

（1）三视图之间的投影规律。

从以上的投影和作图过程可以看出，每一个视图只能反映物体两个方向的尺寸，即主视图反映物体的长度（X）和高度（Z）方向的尺寸；俯视图反映物体的长度（X）和宽度（Y）方向的尺寸；左视图反映物体的宽度（Y）和高度（Z）方向的尺寸。

由此可见，物体的三视图之间对应的投影规律是主、俯视图长对正；主、左视图高平齐；俯、左视图宽相等。

三个视图之间的这种对应规律不仅反映在物体的整体上，也反映在物体的任意一个局部结构上。这一规律是我们识读和绘制图样的依据，必须熟练掌握。

（2）视图与物体的方位关系。

空间形体在长、宽、高的方向上有前、后、左、右、上、下六个方位。从图 1－10 所示的三视图可以看出，每个视图只能反映物体两组方向的位置关系，即主视图反映物体的左、右和上、下位置关系；俯视图反映物体的左、右和前、后位置关系；左视图反映物体的前、后和上、下位置关系。

识读和绘制图样时，俯、左视图上远离主视图的一边表示物体的前面；靠近主视图的一边表示物体的后面。

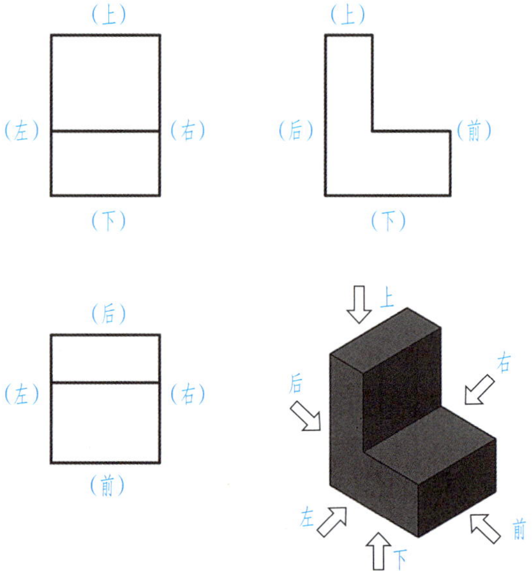

图 1－10　物体的方位在视图上的反映

1.2　点、线、面的投影

点、直线、平面是构成空间形体的最基本的几何元素。如图 1－11 所示的三棱锥是由 △ ABC、△ SAB、△ SAC、△ SBC 四个面构成的，每个面由 AB、AC、AS、BC、CS、BS

这些直线组合构成，直线由 A、B、C、S 这些点组合构成。可见，要正确绘制和识读空间形体的投影，必须首先掌握点、线、面等几何要素的投影特性。

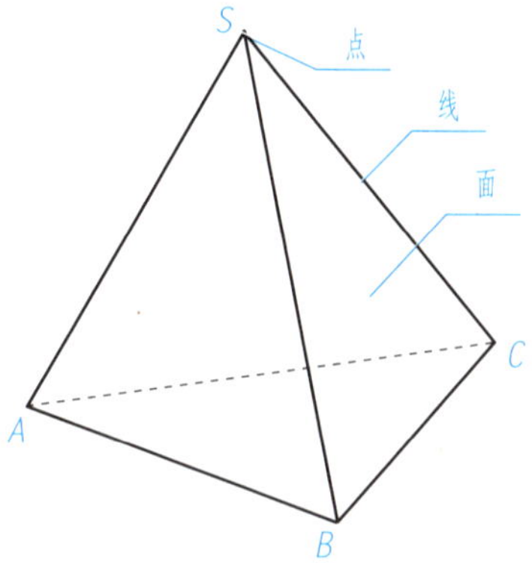

图 1－11　三棱锥的构成

一、点的投影

1. 点的投影规律

将空间点 A 置于三个相互垂直的投影面体系中，分别过点 A 向 H 面、V 面和 W 面作垂线，得到垂足 a、a'、a''，则 a 称为空间点 A 的水平投影，a' 称为空间点 A 的正面投影，a'' 称为空间点 A 的侧面投影。a_x、a_y、a_z 分别为点的投影连线与投影轴 X、Y、Z 的交点，如图 1－12（a）所示。

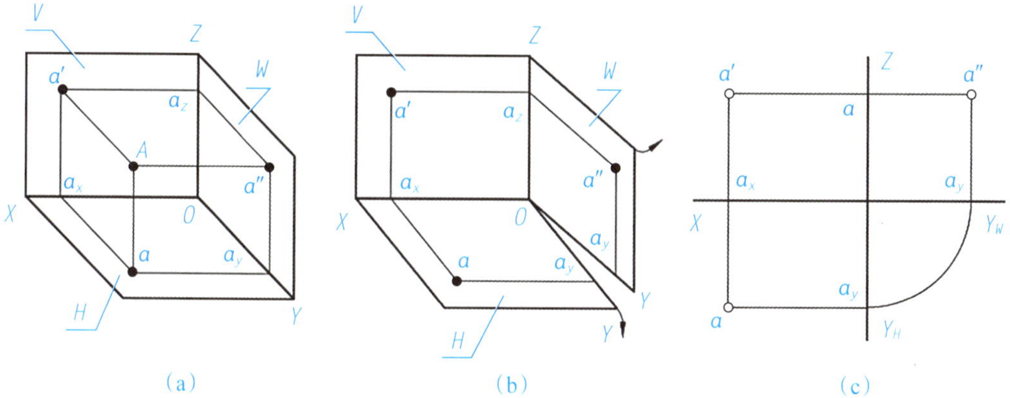

图 1－12　点的投影规律

国家制图标准中规定，空间点用大写拉丁字母表示，如 A、B、C；水平投影用相应的小写字母表示，如 a、b、c；正面投影用相应的小写字母加一撇表示，如 a'、b'、c'；侧面投影用相应的小写字母加两撇表示，如 a''、b''、c''。

在投影图中需要将三个投影面展开到同一个平面上。如前所述 V 面不动，水平面 H

和侧面 W 分别绕 OX 轴和 OZ 轴向下和向右旋转 90° 并与 V 面重合，如图 1－12（b）中的箭头方向所示。这样就得到点 A 的三面投影图，去掉投影边框，画成如图 1－12（c）所示的形式。

这里应特别注意的是，OY 轴是 H 面和 W 面的交线，也就是两投影面的共有线，OY 轴随 H 面旋转后到 OY_H 的位置，同时又随 W 面旋转后到 OY_W 的位置，即同一条 OY 轴旋转后出现在两个位置。

通过点的投影的形成过程，可以总结出点的投影规律：

点的正面投影和水平投影的连线垂直 OX 轴，即 $aa' \perp OX$ 轴；点的正面投影和侧面投影的连线垂直 OZ 轴，即 $a'a'' \perp OZ$ 轴；点的水平投影和侧面投影的连线垂直 OY 轴，即 $aa_y \perp OY$ 轴、$a''a_y \perp OY$ 轴，由此可以得出 $aa_x = a''a_z$。

2. 点的投影和直角坐标的关系

把三面投影体系看作一个直角坐标系，就可以用直角坐标来确定点的空间位置，即把 H、V、W 三个投影面作为坐标面，OX、OY、OZ 三个投影轴作为坐标轴，三个轴的交点 O 作为坐标原点。

空间点 A 到三个投影面的距离，就是空间点到坐标轴的距离，也是点 A 的三个坐标，如图 1－13 所示。

点 A 到 W 面的距离 = 点 A 的 X 坐标 $= a_xO = a'a_z = aa_y$。

点 A 到 V 面的距离 = 点 A 的 Y 坐标 $= a_yO = aa_x = a''a_z$。

点 A 到 H 面的距离 = 点 A 的 Z 坐标 $= a_zO = a'a_x = a''a_y$。

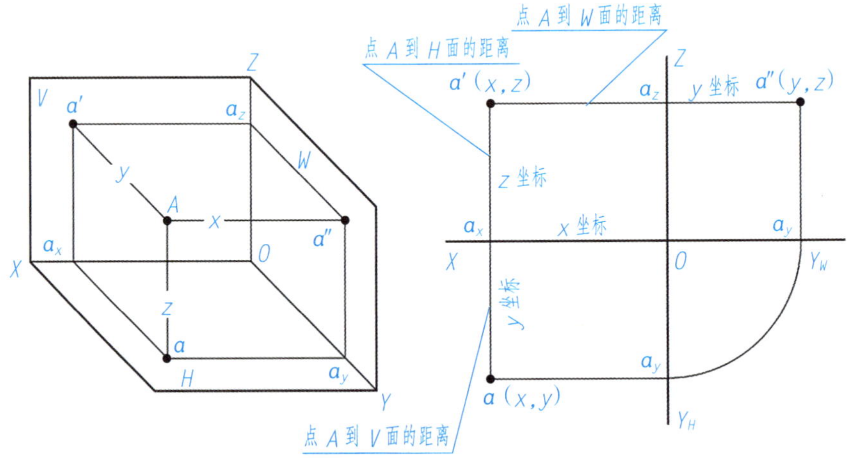

图 1－13　点的投影和直角坐标的关系

【例 1－1】 已知点 A 的正面投影 a' 和侧面投影 a''，如图 1－14（a）所示，求作其水平投影 a。

根据点的投影规律，$aa' \perp OX$ 轴，所以 a 一定在过 a' 且垂直于 OX 轴的直线上，又

由于 a 到 OX 轴的距离必等于 a'' 到 OZ 轴的距离，因此截取 $aa_x = a''a_z$，便求得了 a 点，如图 1－14（b）所示。

为了作图方便，可自点 O 作 45° 辅助线或作圆弧，以表明 $aa_x = a''a_z$ 关系。

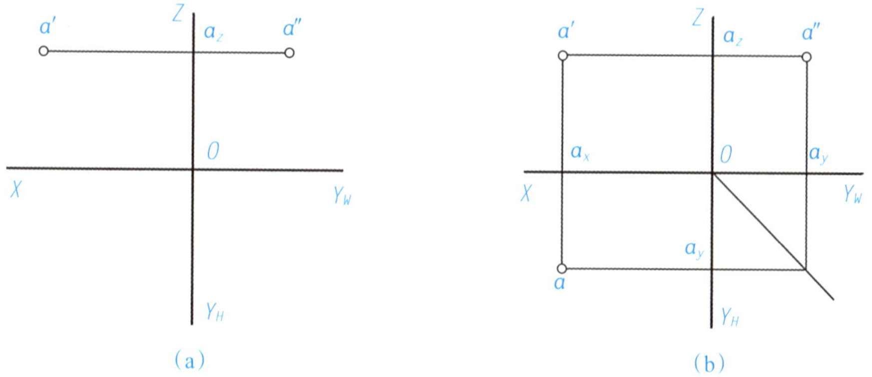

图 1－14　已知点的两投影求第三投影

【例 1－2】已知点 A（15，20，18），求作它的三面投影。

作法：

（1）画出投影轴，在 OX 轴上由 O 点向左量取 15，得 a_x，如图 1－15（a）所示。

（2）过 a_x 作 OX 轴垂线，自 a_x 向下量 20 得 a 点、向上量 18 得 a' 点，如图 1－15（b）所示。

（3）根据 a、a' 求出 a''，如图 1－15（c）所示。

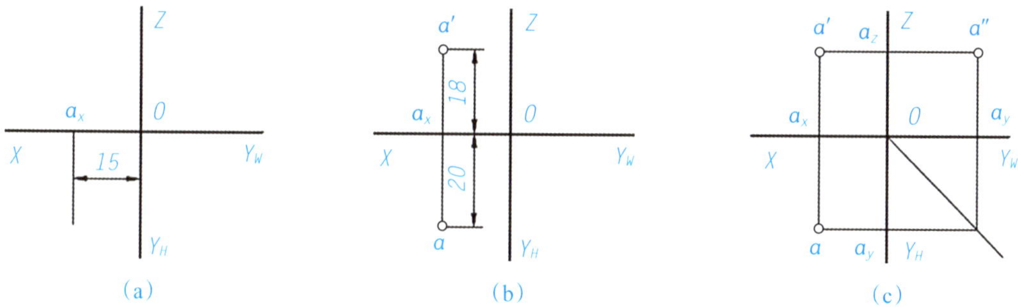

图 1－15　根据点的坐标作投影图

3. 两点的相对位置

在投影图中，可以由两点的相对坐标关系来确定空间两点的相对位置，如图 1－16 所示。

两点的左、右相对位置由 X 坐标确定，X 坐标值大者在左边；两点的前、后相对位置由 Y 坐标确定，Y 坐标值大者在前方；两点的上、下相对位置由 Z 坐标确定，Z 坐标值大者在上方。如图 1－16 所示的点 A 在左、点 B 在右；点 A 在后、点 B 在前；点 A 在下、

点 B 在上。

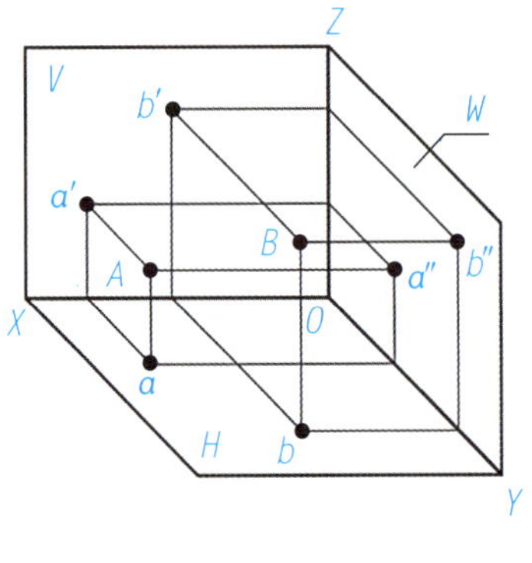

（a）

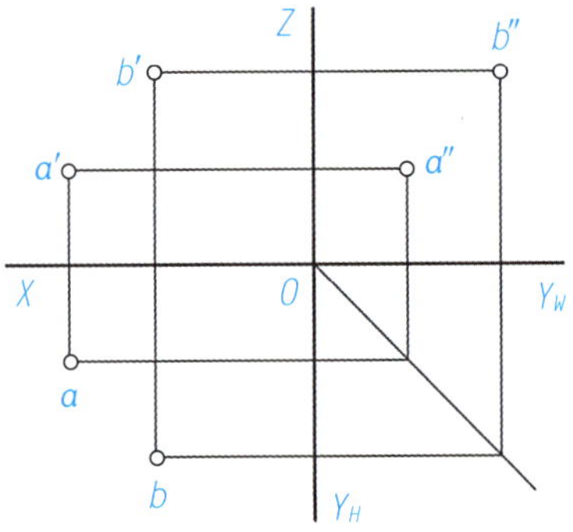

（b）

图 1－16　两点的相对位置

当空间两点有一个投影重合时，我们称这两个点是对某投影面的重合点，简称重影点，其重合的投影称为重影，这表明两点的某两个坐标相同。如图 1－17 所示，E、F 两点的正面投影 e' 和 f' 重合，是 V 面的重影点。可以看出 E、F 两点的 X、Z 坐标相同，即 E、F 两点位于垂直正面投影的同一条射线上。

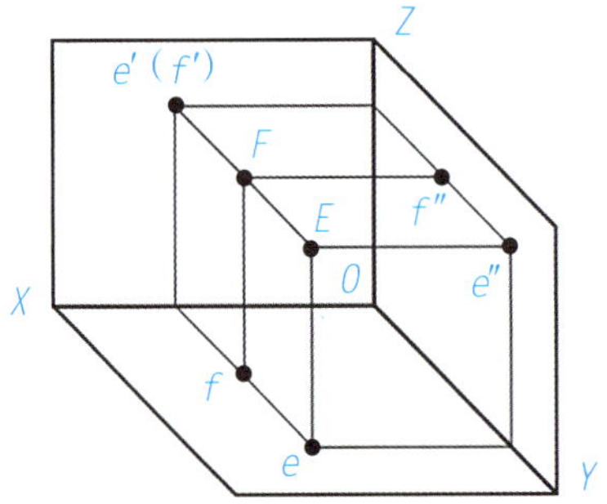

（a）

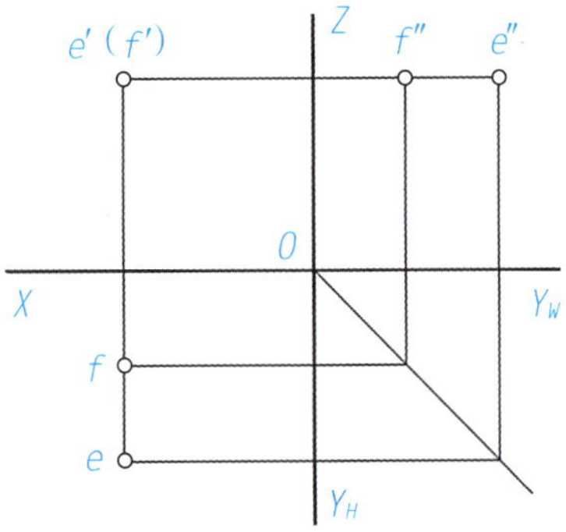

（b）

图 1－17　重影点和可见性

有重影，就需要判别其可见性，即判断两个点中哪个为可见，哪个为不可见。重影点的可见性，可根据这两点不重影的投影的坐标的大小来判别。如图 1－17 所示的 E、F 两点的 V 面投影重合，可根据 H 面或 W 面的投影判别可见性，E 点的 Y 坐标比 F 点大。所以 E 点可见，F 点不可见。在投影图中，对不可见的投影需加圆括号表示，如对不可见的 F 点的 V 面投影加圆括号表示为 (f')。

【例 1－3】 如图 1－18（a）所示，在点 A（20，20，10）的三面投影图中作出点 B（30，10，0）的三面投影，并判断两点在空间的相对位置。

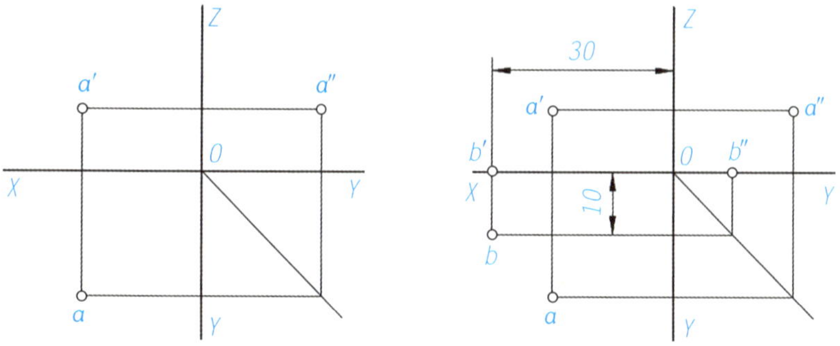

(a)　　(b)

图 1－18　判断两点的相对位置

分析：点 B 的 Z 坐标为 0，说明点 B 属于 H 面，点 B 的正面投影 b 一定在 OX 轴上，侧面投影 b'' 一定在 OY 轴上。

作法：在 OX 轴上向左量取 30，得 b' 点；向下作垂线并量取 10，得 b 点。根据 bb' 求得 b''，如图 1－18（b）所示。应注意，b'' 一定在 W 面的 OY 轴上，而不在 H 面的 OY 轴上。

判断 A、B 两点在空间的相对位置：

上、下相对位置，$Z_A-Z_B=10$，故 A 点在 B 点的上方 10；前、后相对位置，$Y_A-Y_B=10$，故 A 点在 B 点的前方 10；左、右相对位置，$X_A-X_B=-10$，故 A 点在点 B 的右方 10。

即点 A 在点 B 的右方 10、前方 10、上方 10 处。

二、直线的投影

1. 直线对投影面的相对位置

一条直线对投影面的相对位置有平行、垂直和倾斜三种情况，如图 1－19 所示。

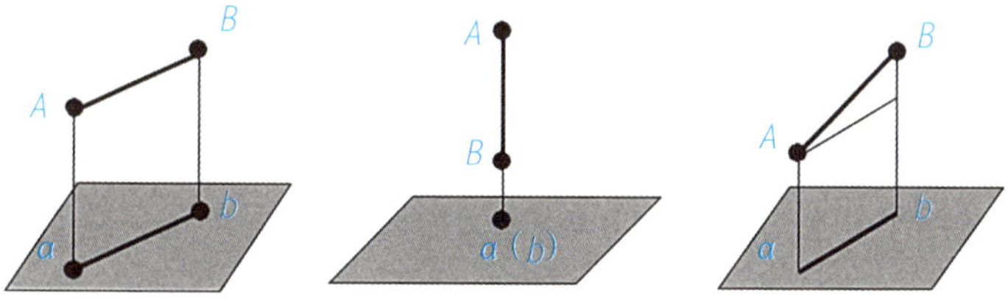

(a)　　(b)　　(c)

图 1－19　直线对投影面的相对位置

直线的投影一般情况下仍为直线，特殊情况下积聚为一点。它们的投影特性如下：

（1）直线平行于投影面，它的投影反映直线的实长，这种性质称为真实性，如图 1－19（a）所示。

（2）直线垂直于投影面，直线的投影积聚为一点，这种性质称为积聚性，如图 1－19（b）所示。当下面的点被上面的点遮挡时，下面的点为不可见，则需要加括号表示，如 AB 直线上的 B 点在 A 点的下方为不可见，其投影用（b）表示。

（3）直线倾斜于投影面，它的投影小于实长，这种性质称为收缩性，如图 1－19（c）所示。

2. 直线在三面投影体系中的投影

根据直线与三个投影面的相对位置不同，可分为投影面垂直线、投影面平行线和一般位置直线三种。

（1）投影面垂直线。

垂直于某一投影面的直线称为投影面垂直线。按照所垂直的投影面不同，共有三种情况：铅垂线垂直于 H 面；正垂线垂直于 V 面；侧垂线垂直于 W 面。如图 1－20（a）所示。

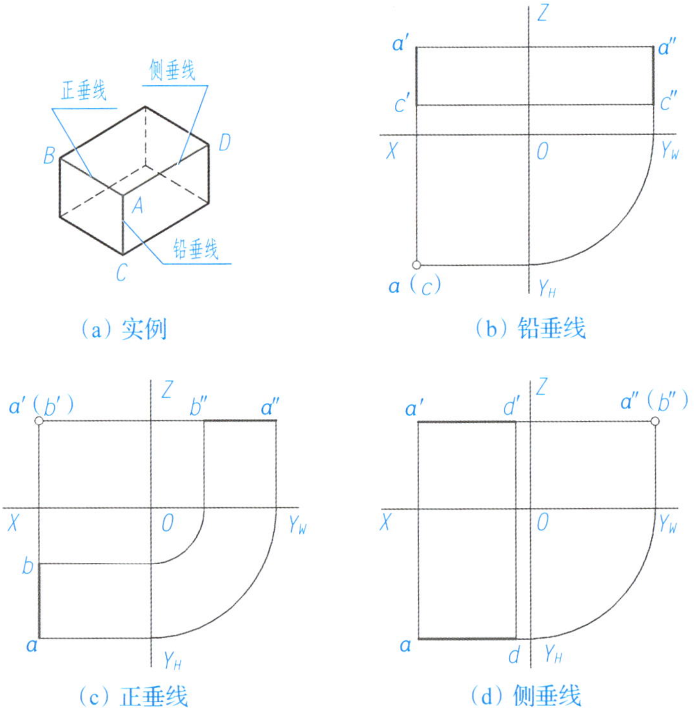

图 1－20　投影面垂直线

因三个投影面两两相交、相互垂直，所以投影面垂直线必定平行于另外两个投影面；在其垂直的投影面上的投影积聚为一点，在另外两个投影面上的投影反映直线的实长。

1）铅垂线的投影特性如图 1－20（b）所示。水平投影 ac 积聚为一点；正面投影为竖线，且 $a'c' = AC$；侧面投影为竖线，且 $a''c'' = AC$。

2）正垂线的投影特性如图 1－20（c）所示。正面投影 $a'b'$ 积聚为一点；水平投影为竖线，且 $ab = AB$；侧面投影为横线，且 $a''b'' = AB$。

3）侧垂线的投影特性如图 1－20（d）所示。侧面投影 $a''d''$ 积聚为一点；正面投影为横线，且 $a'd'=AD$；水平投影为横线，且 $ad=AD$。

（2）投影面平行线。

平行于某一投影面而与另两个投影面倾斜的直线称为投影面平行线。根据平行的投影面不同，分为三种情况：水平线平行于 H 面；正平线平行于 V 面；侧平线平行于 W 面。如图 1－21（a）所示。

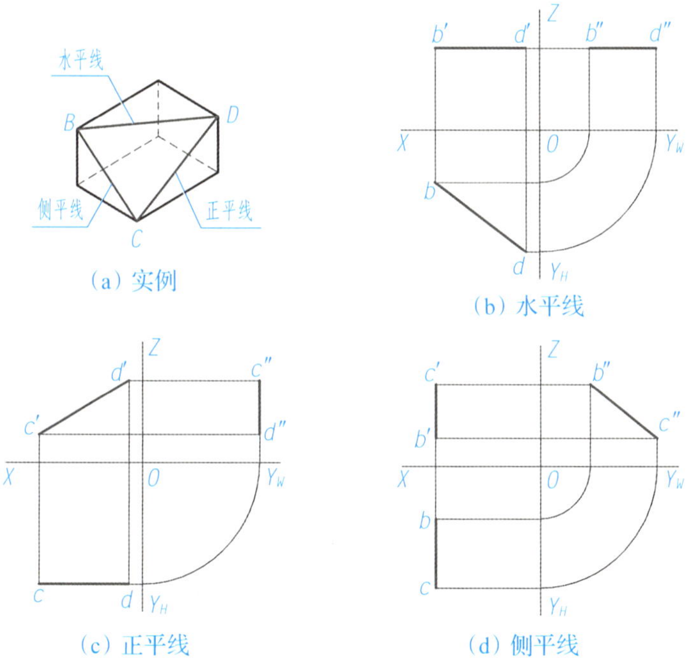

图 1－21　投影面平行线

投影面平行线在其平行的投影面上的投影反映直线的实长，另外两个投影为缩短的直线段。

1）水平线的投影特性如图 1－21（b）所示。水平投影为斜线，且 $bd=BD$；正面投影为横线，且 $b'd'<BD$；侧面投影为横线，且 $b''d''<BD$。

2）正平线的投影特性如图 1－21（c）所示。正面投影为斜线，且 $c'd'=CD$；水平投影为横线，且 $cd<CD$；侧面投影为竖线，且 $c''d''<CD$。

3）侧平线的投影特性如图 1－21（d）所示。侧面投影为斜线，且 $b''c''=BC$；水平投影为竖线，且 $bc<BC$；正面投影为竖线，且 $b'c'<BC$。

（3）一般位置直线。

与三个投影面都倾斜的直线称为一般位置直线或倾斜线，如图 1－22（a）所示。其在三个投影面上的投影均为缩短的直线段，如图 1－22（b）所示，ab、$a'b'$、$a''b''$ 都与投影轴倾斜，且都小于实长。

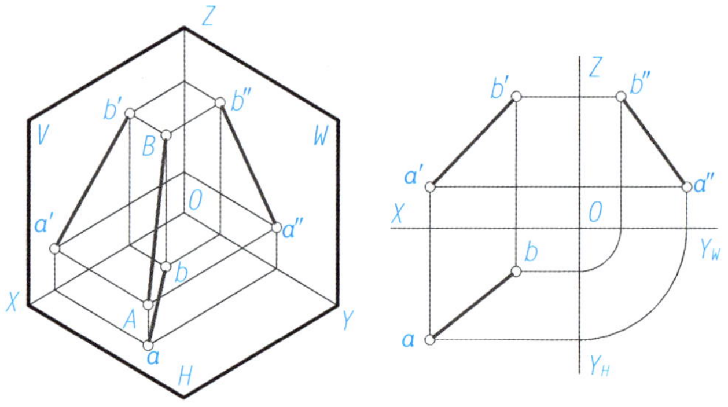

（a）　　（b）

图 1－22　一般位置直线

【例 1－4】 根据图 1－23（a）所示的立体图，在物体的三视图上标出 *AB*、*CD*、*EF* 直线段的投影，并说明它们是什么位置的直线。

解：在三视图上准确找到立体图上每一条线段的位置，并用相应的小写字母标出其三面投影，如图 1－23（b）所示。

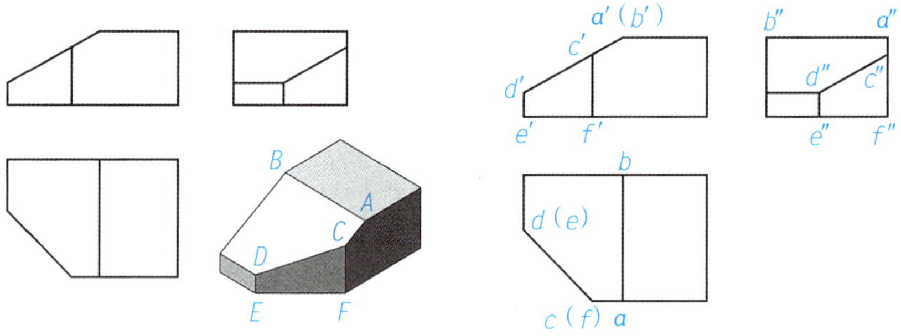

（a）　　（b）

图 1－23　直线的投影分析

AB 线段：其正面投影 *a*′（*b*′）积聚为一点，正面投影 *ab* 和侧面投影 *a*″*b*″ 分别垂直于相应的投影轴，且反映实长，从而可知 *AB* 为正垂线。

CD 线段：其三个投影均为小于实长的倾斜线段，故 *CD* 为一般位置直线，也叫倾斜线。

EF 线段：其正面投影 *e*′*f*′ 和侧面投影 *e*″*f*″ 分别平行于相应的投影轴，水平投影反映实长，从而可知 *EF* 为水平线。

三、平面的投影

1. 平面的投影特性

平面对一个投影面的相对位置有平行、垂直和倾斜三种情况，它们的投影特性如图

1－24 所示。

（a）真实性　　（b）积聚性　　（c）收缩性

图 1－24　平面的投影特性

（1）平面平行于投影面，则在该投影面上的投影反映实形，称为真实性。

（2）平面垂直于投影面，则在该投影面上的投影积聚为一条直线，称为积聚性。

（3）平面倾斜于投影面，则在该投影面上的投影为小于原形的类似形，称为收缩性。

2. 平面在三面投影体系中的投影

将平面置于三面投影体系中，根据其对投影面的相对位置，可分为投影面垂直面、投影面平行面和一般位置平面。它们的投影特性如下：

（1）投影面的平行面：平行于一个投影面，且垂直于另外两个投影面的平面称为投影面的平行面。根据该平面平行于哪个投影面，又可分为三种：正平面平行于 *V* 面；水平面平行于 *H* 面；侧平面平行于 *W* 面。如图 1－25（a）所示。

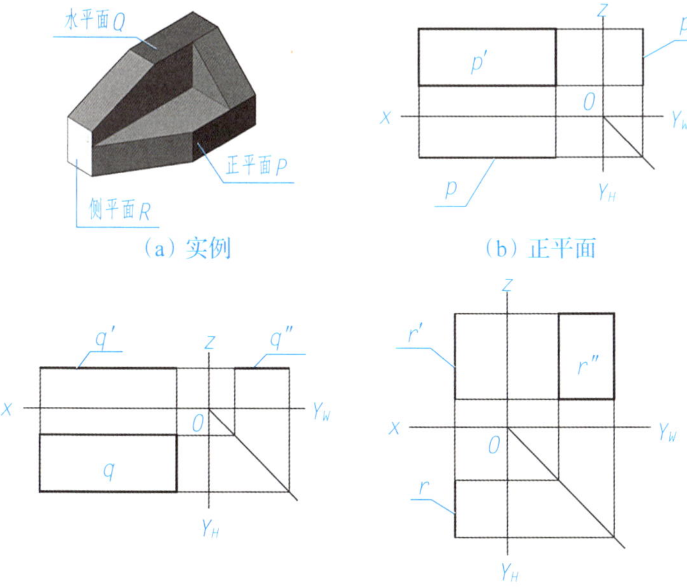

（a）实例　　（b）正平面

（c）水平面　　（d）侧平面

图 1－25　投影面平行面的投影特性

1）正平面的投影特性如图 1－25（b）所示。平面 P 的正面投影 p' 反映实形；水平投影 p 和侧面投影 p'' 均积聚为一直线，且它们分别平行于 OX 轴和 OZ 轴。

2）水平面的投影特性如图 1－25（c）所示。平面 Q 的水平投影 q 反映实形；正面投影 q' 和侧面投影 q'' 均积聚为一直线，且它们分别平行于 OX 轴和 OY_W 轴。

3）侧平面的投影特性如图 1－25（d）所示。平面 R 的侧面投影 r'' 反映实形；水平投影 r 和正面投影 r' 均积聚为一直线，且它们分别平行于 OY_H 轴和 OZ 轴。

综上所述，投影面平行面在它所平行的投影面上的投影反映空间平面图形的实形，另外两个投影都是有积聚性的线段，并且均与相应的投影轴平行。

（2）投影面垂直面：垂直于一个投影面，而与另外两个投影面都处于倾斜位置的平面称为投影面的垂直面。根据该平面垂直于哪个投影面，又可分为三种：正垂面垂直于 V 面；铅垂面垂直于 H 面；侧垂面垂直于 W 面。如图 1－26（a）所示。

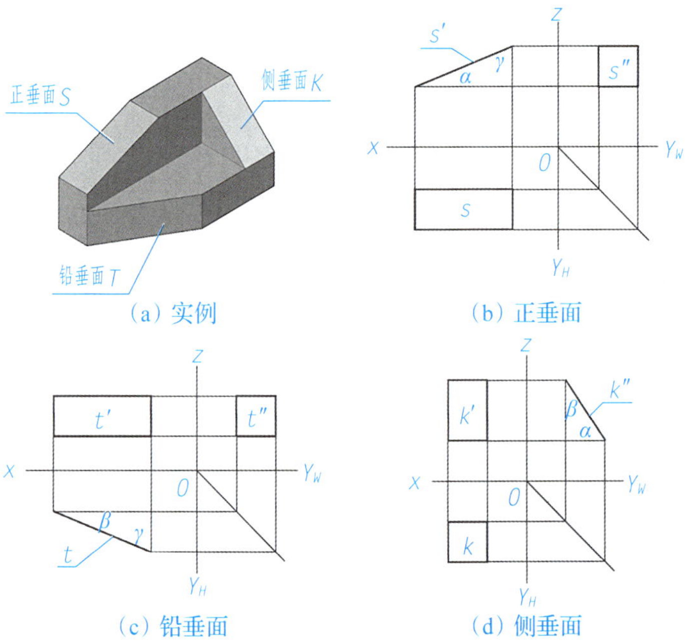

（a）实例　（b）正垂面　（c）铅垂面　（d）侧垂面

图 1－26　投影面垂直面的投影特性

平面与投影面 H、V、W 的倾角分别用 α、β、γ 表示。

1）正垂面的投影特性如图 1－26（b）所示：平面 S 的正面投影 s' 积聚为倾斜直线，它与 OX 轴的夹角反映平面 S 与 H 面的倾角 α；与 OZ 轴的夹角反映平面 S 与 W 面的倾角 γ；水平投影 s 和侧面投影 s'' 都是类似实形且小于实形的四边形。

2）铅垂面的投影特性如图 1－26（c）所示：平面 T 的水平投影 t 积聚为倾斜直线，它与 OX 轴的夹角反映平面 T 与 V 面的倾角 β；与 OY_H 轴的夹角反映平面 T 与 W 面的倾角 γ；正面投影 t' 和侧面投影 t'' 都是类似实形且小于实形的四边形。

3）侧垂面的投影特性如图 1 - 26（d）所示：平面 K 的侧面投影 k'' 积聚为倾斜直线，它与 OY_W 轴的夹角反映平面 K 与 H 面的倾角 α；与 OZ 轴的夹角反映平面 K 与 V 面的倾角 β；水平投影 k 和正面投影 k' 都是类似实形且小于实形的四边形。

综上所述，投影面垂直面在所垂直的投影面上的投影是一条有积聚性的倾斜直线；此直线与两投影轴的夹角等于空间平面与另外两个投影面的倾角，另外两个投影是与空间平面图形类似的平面图形。

因此，我们从投影图上判断平面的空间位置时，只要三投影中有一个投影是倾斜直线，则它一定是该投影面的垂直面。

（3）一般位置平面：对三个投影面都处于倾斜位置的平面称为一般位置平面，如图 1 - 27（a）所示。

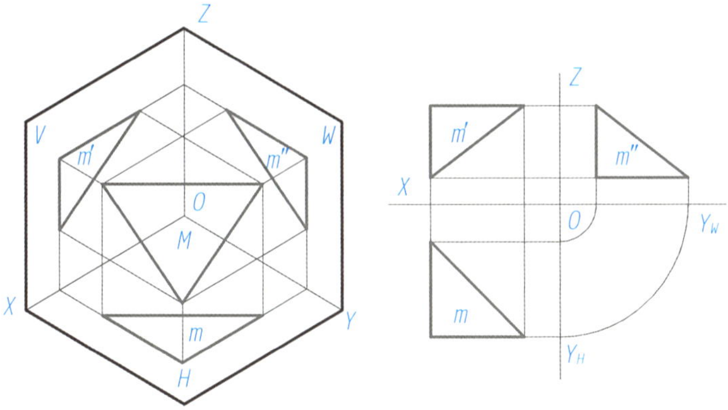

（a）　　　　（b）

图 1 - 27　一般位置平面

一般位置平面的投影特性：一般位置平面的三面投影都是小于原平面图形的类似形，如图 1 - 27 所示。

【例 1 - 5】如图 1 - 28（a）所示，在物体的三视图中，根据已给出的平面投影 p'、q，找出平面 P、Q 的另外两个投影，在立体图上标出其位置，并说明它们是什么位置平面。

根据给出的 p'、q 投影，参照立体图，确定其在立体图上的位置，如图 1 - 28（b）所示。

根据立体图上平面 P、Q 的位置和已知投影 p'、q，利用投影规律求出 P、Q 平面的另外两个投影。

平面 P 的侧面投影 p'' 积聚为一条直线，另外两个投影均为缩小的类似形，故平面 P 为侧垂面。平面 Q 的正面投影和侧面投影都积聚为一条直线，且平行于相应的投影轴，水平投影反映平面的实形，故 Q 为水平面。

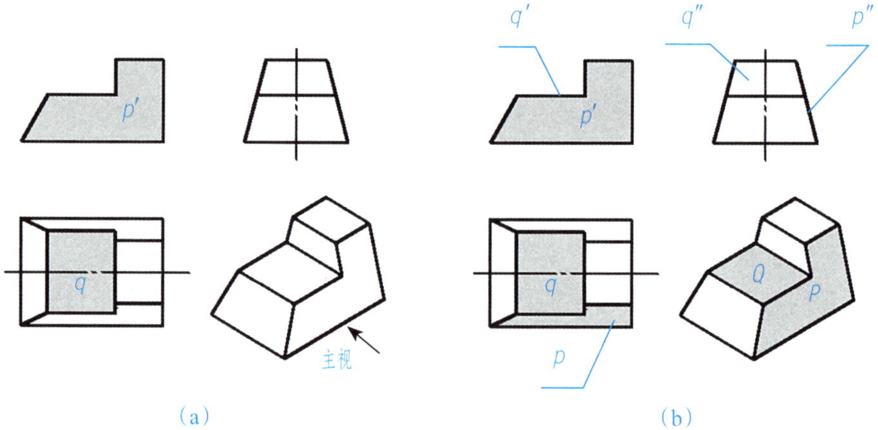

图 1-28 平面的投影分析

单 元 2

立体的投影

学习目标

（1）掌握基本几何体的三视图画法。

（2）掌握平面立体切口的投影。

（3）掌握被截切回转体的投影。

（4）掌握立体及其切口的尺寸标注。

知识要点及学时分配建议

知识要点		学时	备注
1. 平面立体的投影	棱柱、棱锥的三视图	2	
	平面立体切口的投影	4	
2. 回转体的投影	圆柱、圆锥、球的三视图	2	
	被截切回转体的投影	4	
3. 立体及其切口的尺寸注法		2	

任何物体都可以看作由柱、锥、台、球、环等基本几何形体（简称基本体）按一定的方式组合而成。按其表面的性质不同，常见基本体通常分为平面基本体和曲面基本体两类。由于实际作用不同，有些基本体常加工成带切口、穿孔等的结构形状而成为不完整的基本体。

2.1 平面立体的投影

表面由若干平面围成的几何形体称为平面立体。平面立体主要分为棱柱体和棱锥体两种。只要作出各个表面的平面形的投影，就可以绘出平面基本体的投影。

一、棱柱的三视图

如图 2-1 所示为正六棱柱的直观图，其顶面和底面为正六边形，平行于 H 面放置，其前后两个侧面平行于 V 面，分别向三个投影面进行投影。顶面和底面均为水平面，在 H 面上的投影重合，且反映实形，为正六边形，在另两个投影面上的投影分别积聚成直线；前后两侧面为正平面，在 V 面上的投影重合，且反映实形，在另两个投影面上的投影积聚成直线；其余 4 个侧面垂直于 H 面，在 H 面上的投影积聚成倾斜的直线，在另两个投影面的投影均为类似形（矩形）。

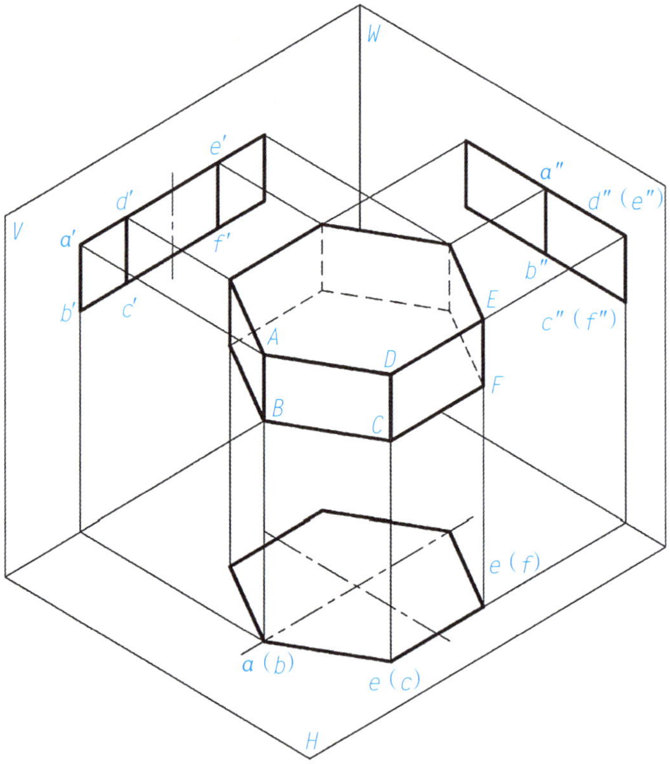

图 2-1 正六棱柱的直观图

正六棱柱三视图的画法如图 2-2 所示，先画定位线，再画正六棱柱的水平投影，最后根据投影规律和棱柱高度作出其他两个投影。

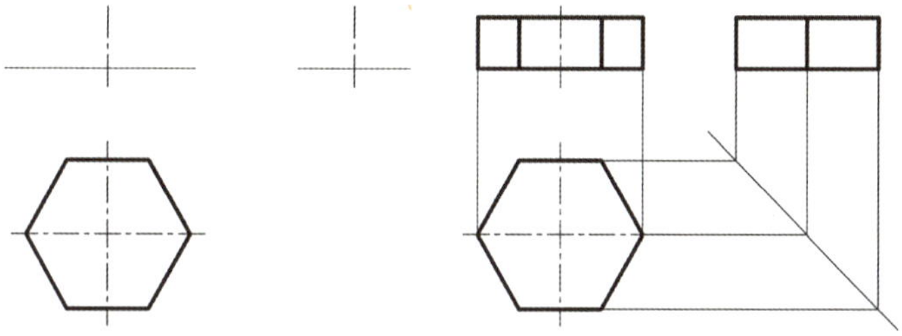

图 2－2　正六棱柱三视图的画法

二、棱锥的三视图

如图 2－3 所示为正五棱锥的直观图，其底面正五边形 *ABCDE* 平行于 *H* 面放置，棱面△ *SDE* 垂直于 *W* 面，然后分别向三个投影面进行投影。由于底面为水平面，在 *H* 面上的投影反映实形，为正五边形 *abcde*，在另两个投影面上的投影分别积聚成直线；棱面△ *SDE* 垂直于 *W* 面，其侧面投影 *s″e″*（*d″*）积聚成直线，水平投影和正面投影均为类似形；棱面△ *SAB*、△ *SBC*、△ *SCD*、△ *SAE* 为一般位置平面，它们的三面投影均为类似形。

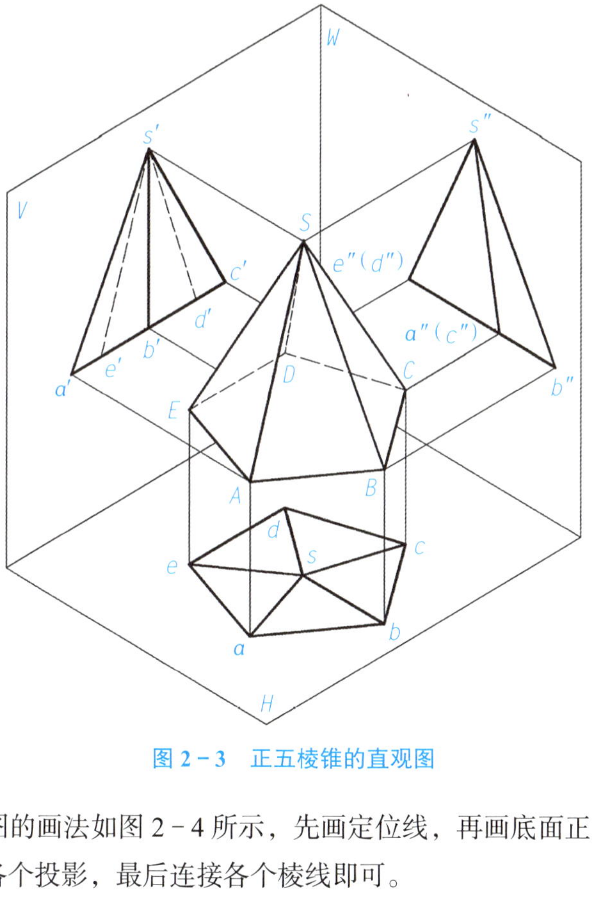

图 2－3　正五棱锥的直观图

正五棱锥三视图的画法如图 2－4 所示，先画定位线，再画底面正五边形的各个投影，然后作出锥顶 *S* 的各个投影，最后连接各个棱线即可。

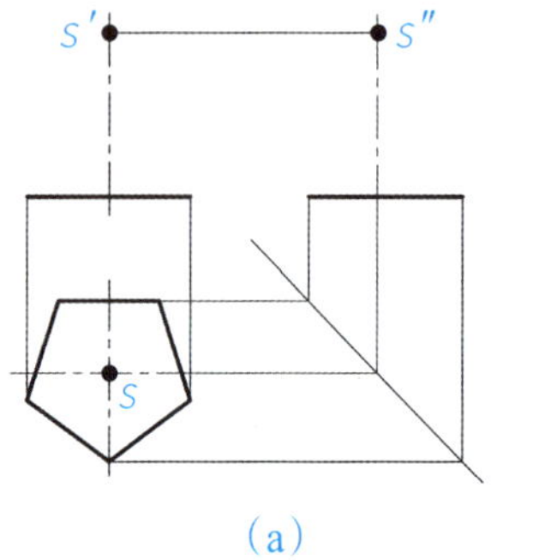

图 2－4　正五棱锥三视图的画法

三、平面立体切口的投影

平面立体被平面切割或穿孔后，就出现了斜面、缺口、凹槽以及孔等结构。绘制带切口穿孔平面体的三视图时，应在掌握完整平面体三视图画法的基础上，综合应用点、线、面的投影规律，正确画出斜面、缺口、凹槽及孔等结构的投影。

1. 棱柱截切的画法

【例 2－1】如图 2－5（a）所示，正六棱柱被正垂面 P 切割，试画出切割后正六棱柱的三视图。

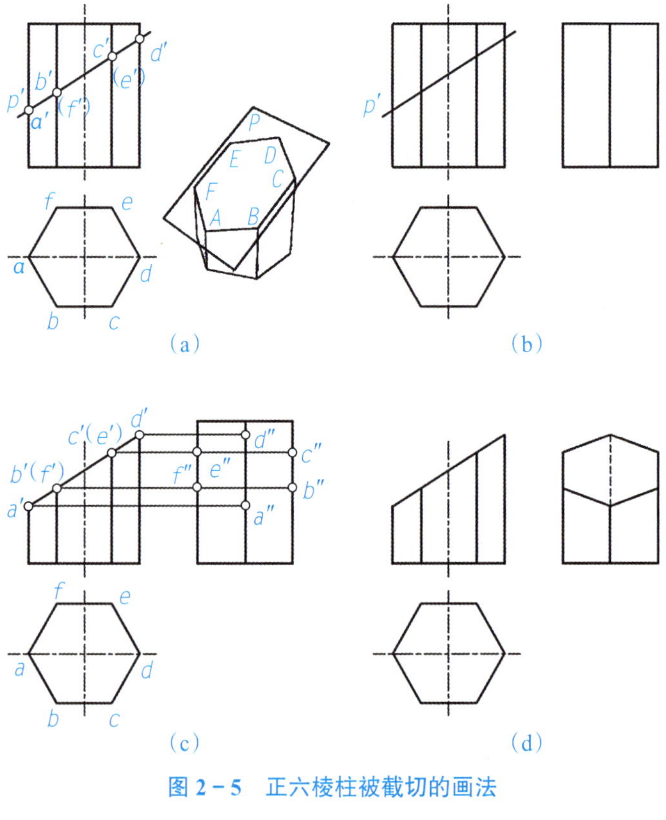

图 2－5　正六棱柱被截切的画法

分析：正六棱柱被正垂面 P 切割，截平面 P 与正六棱柱的六个棱面都相交，所以截交线是一个六边形。六边形的顶点为各棱线与平面 P 的交点。截交线的正面投影积聚在截平面 P 的正面投影 p' 上，a'、b'、c'、d'、e'、f' 分别为各棱线的正面投影与 p' 的交点。由于正六棱柱的六个棱面在俯视图的投影具有积聚性，所以截交线的水平投影为已知。根据截交线的正面、水平面投影可作出侧面投影。

作图步骤如下：

（1）画出被切割之前的正六棱柱的左视图，如图 2－5（b）所示。

（2）根据截交线六边形各顶点的正面、水平面投影可作出截交线的侧面投影 a''、b''、c''、d''、e''、f''，如图 2－5（c）所示。

（3）连接 a''、b''、c''、d''、e''、f''，补画遗漏的线，擦去多余的作图线（注意，六棱柱上最右棱线的侧面投影为不可见，左视图上不要漏画一段虚线）。作图结果如图 2－5（d）所示。

【例 2－2】 在四棱柱上切割一个通槽，如图 2－6（a）所示。已知通槽的正面投影，求作水平和侧面投影。

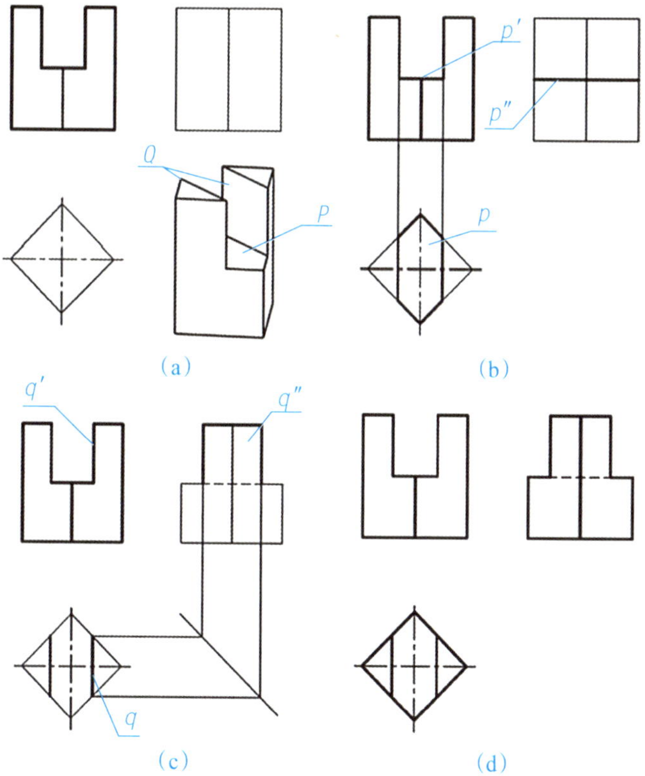

图 2－6　四棱柱开槽的画法

分析：该四棱柱的通槽由一个水平面 P 和两个侧平面 Q 切割而成，故在正面的投影具有积聚性。槽底为水平面 P，其水平投影反映实形，侧面投影积聚成一直线（部分不可见)；侧壁为侧平面 Q，其侧面投影反映实形，水平投影积聚成一直线。

作图步骤如下：

（1）画出完整四棱柱的俯视图和左视图。根据投影规律，作出水平面 P 的水平投影 p 和侧面投影 p''，如图 2-6（b）所示。

（2）作出侧平面 Q 的侧面投影 q'' 和水平投影 q，如图 2-6（c）所示。

（3）擦除多余的作图线，描深切割后的图形轮廓，左视图中的一段虚线不要漏画，结果如图 2-6（d）所示。

2. 棱锥截切的画法

【例 2-3】如图 2-7（a）所示为被正垂面 P 截切的正四棱锥，作其三视图。

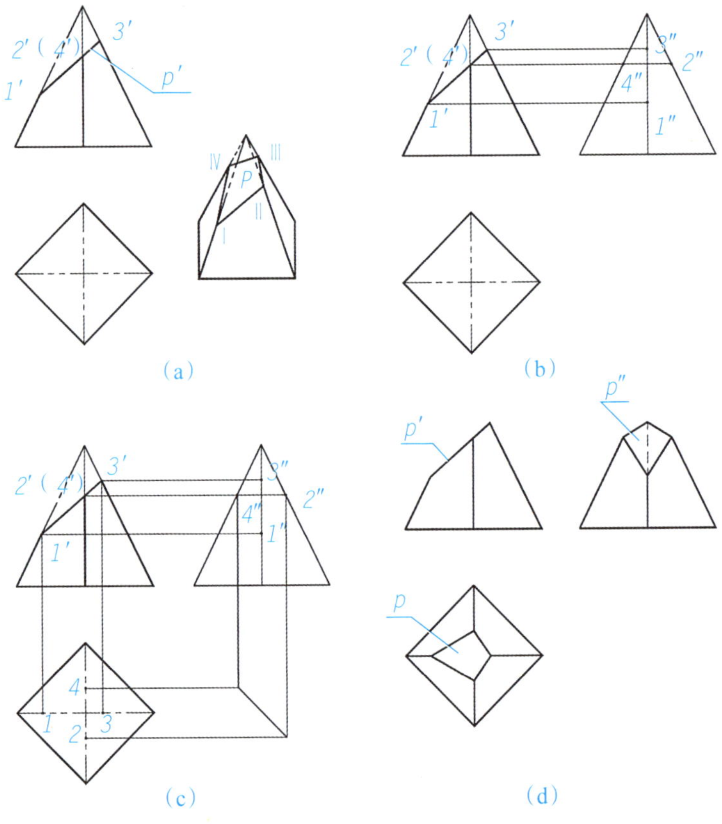

图 2-7　正四棱锥截切的画法

分析：如图 2-7（a）所示，正四棱锥被正垂面切割，截交线是四边形，四边形的顶点是四条棱线与截平面 P 的交点。由于正垂面的正面投影具有积聚性，所以截交线的正面投影积聚在 p' 上，$1'$、$2'$、$3'$、$4'$ 分别为四条棱线与截面 P 交点的正面投影。

作图步骤如下：

（1）画出被切割前的四棱锥的左视图，根据截平面 P 的各顶点的正面投影，作出顶点的侧面投影 $1''$、$2''$、$3''$、$4''$，如图 2-7（b）所示。

（2）根据点的投影规律，作出截平面 P 的各顶点的水平投影 1、2、3、4（注意 2、4 两投影还应分别从侧面投影 $2''$ 和 $4''$ 关系得出），如图 2－7（c）所示。

（3）依次连接各投影点，补画遗漏的线，擦去多余的作图线。注意截面 p 和 p'' 应为类似图形，左视图上不要漏画一段虚线。作图结果如图 2－7（d）所示。

【例 2－4】如图 2－8（a）所示，三棱锥被截切成带缺口的三棱锥，已知其主视图，求作其俯视图和左视图。

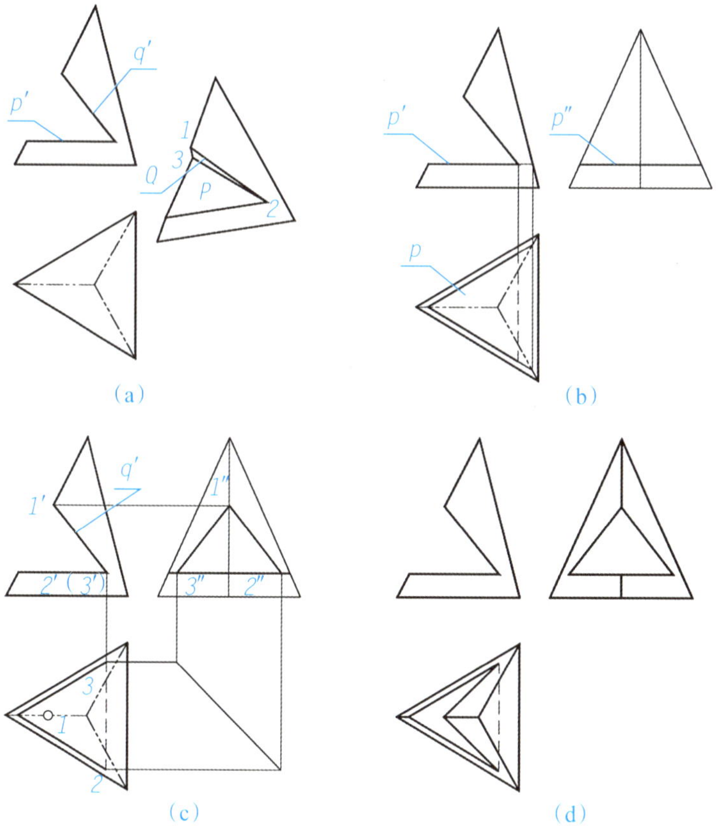

图 2－8　三棱锥截切的画法

分析：如图 2－8（a）所示，三棱锥缺口由一个水平面 P 和一个正垂面 Q 切割而成，故在正面的投影具有积聚性。水平面 P 只有局部截切三棱锥，可先假想为整体截切，求出截交线后再取局部。其截交线的水平投影与底边平行，侧面投影积聚成一直线；正垂面 Q 的侧面投影和水平投影均为平面图形。

作图步骤如下：

（1）画出完整三棱锥的俯视图和左视图。先假想三棱锥整体被平面 P 截切，则水平面 P 的水平投影与底面平行，再取局部，从而得到水平投影 p，侧面投影为一直线 p''，如图 2－8（b）所示。

（2）正垂面 Q 为一个三角形，求出各顶点 *1*、*2*、*3* 的水平投影和侧面投影，即得其侧面投影△ $1''2''3''$ 和水平投影△ 123，如图 2－8（c）所示。

（3）擦除多余的作图线，描深切割后的图形轮廓，俯视图中的一段虚线不要漏画，结果如图 2－8（d）所示。

2.2 回转体的投影

表面由曲面或曲面和平面所围成的几何形体称为曲面基本体。工程中常见的曲面基本体是回转体，如圆柱、圆锥、圆球等。在投影图上表示回转体就是把围成立体的回转面或平面表示出来，并判别其可见性。

一、圆柱体的三视图

1. 圆柱体的形成

圆柱体由圆柱面和上、下底面组成，其中圆柱面可以看作由一直线（母线 AA'）绕与之平行的轴线 OO' 回转而成，如图 2－9 所示。圆柱面上任意一条平行于轴线的直线称为圆柱面的素线。

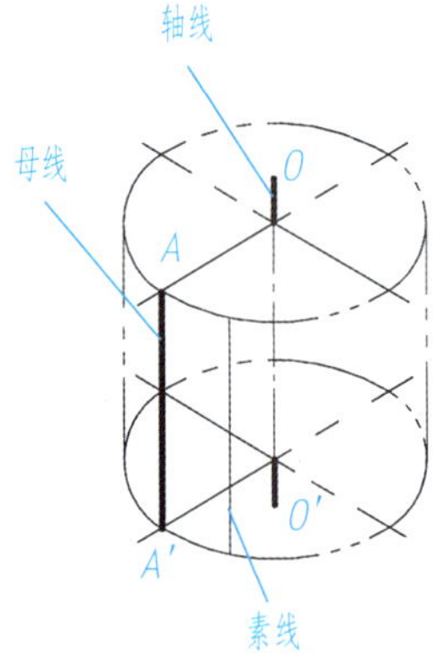

图 2－9　圆柱体的形成

2. 圆柱体三视图的分析及画法

如图 2－10 所示为圆柱体投影的直观图。该圆柱轴线为铅垂线。其上、下底面圆为水平面，在水平投影上反映实形，正面投影和侧面投影分别积聚为一直线。圆柱面上所有素线（母线在回转面上任意位置）都是铅垂线，因此，圆柱面的水平投影积聚为一个圆；圆柱面的正面投影和侧面投影分别是决定投影范围的外形轮廓素线，即为圆柱面可见部分与不可见部分的分界线的投影。如正面投影上是最左、最右两条素线的投影，最左、最右两条素线是正面投影可见的前半圆柱面和不可见的后半圆柱面的分界线，也称为正面投影的转向轮廓素线。侧面投影上是最前、最后两条素线的投影，最前、最后两条素线是侧面投影可见的左半圆柱面和不可见的右半圆柱面的分界线，也称为侧面投影的转向轮廓素线。

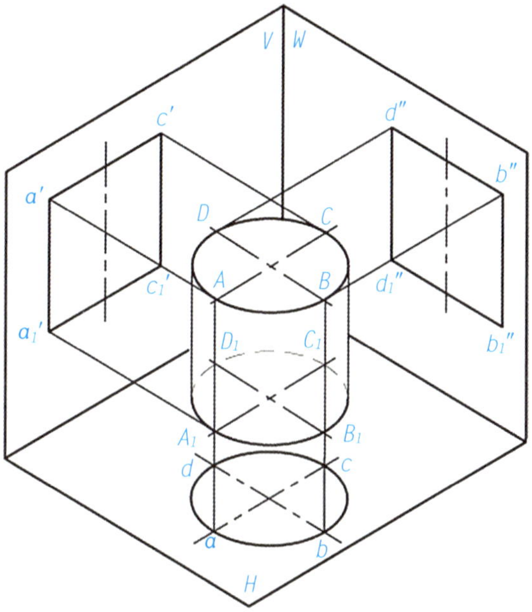

图 2－10　圆柱体投影的直观图

如图 2－11 所示为圆柱体三视图的画法，作图时先画出水平投影的圆，再画出其他两个投影。

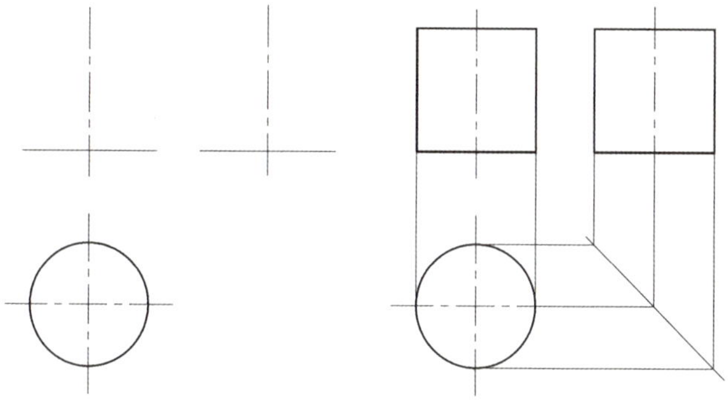

(a)　(b)

图 2－11　圆柱体三视图的画法

二、圆锥体的三视图

1. 圆锥体的形成

圆锥表面由圆锥面和底圆组成。圆锥面是由一直线作母线（*SA*），绕与它相交成一定角度的轴线 *SO* 回转而成。在圆锥面上通过锥顶 *S* 的任一直线称为圆锥面的素线，如图 2－12 所示。

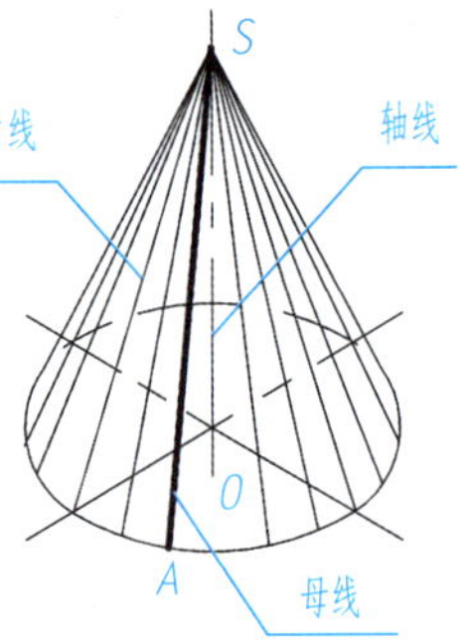

图 2－12　圆锥体的形成

2. 圆锥体三视图的分析及画法

如图 2－13 所示为圆锥体投影的直观图，该圆锥轴线为铅垂线。底面为水平面，它的水平投影反映实形，其正面投影和侧面投影积聚为一直线。圆锥面上所有素线均与轴线相交于锥顶，因此圆锥面的正面、侧面投影分别为决定其投影范围的外形轮廓素线。正面投影上是最左、最右两条素线的投影，它们是正面投影可见的前半圆锥面和不可见的后半圆锥面的分界线，也称为正面投影的转向轮廓素线。侧面投影上是最前、最后两条素线的投影，它们是侧面投影可见的左半圆锥面和不可见的右半圆锥面的分界线，也称为侧面投影的转向轮廓素线。圆锥面的水平投影与底面的水平投影重合。显然，圆锥面的三个投影都没有积聚性。

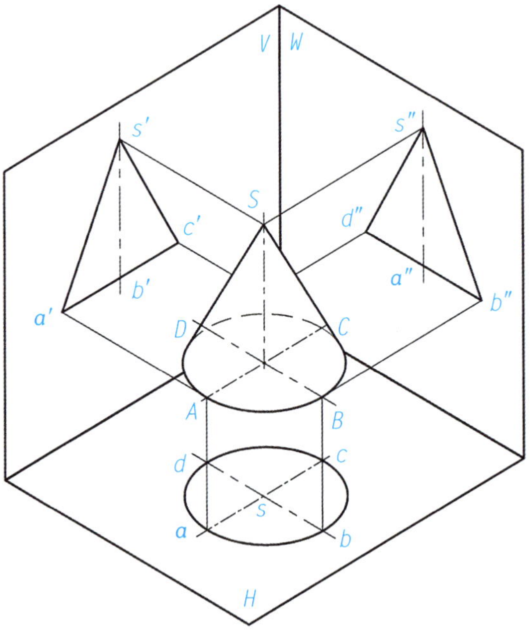

图 2－13　圆锥体投影的直观图

作图时，先画出底面圆的各个投影，再画出锥顶的投影，然后分别画出其外形轮廓素线的投影，即完成圆锥体的各个投影，如图 2 - 14 所示。

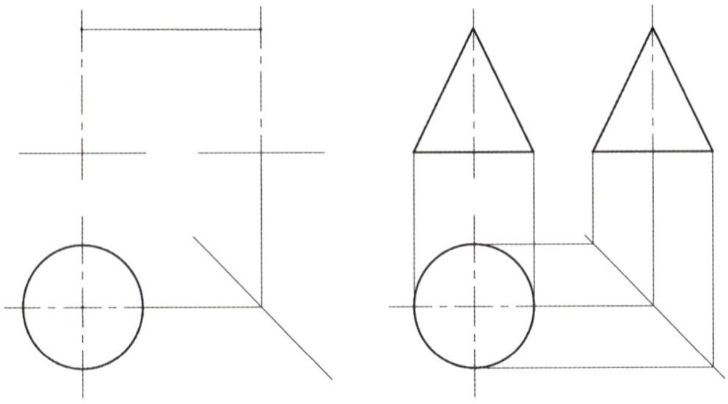
(a)　　(b)

图 2 - 14　圆锥体三视图的画法

三、圆球的三视图

1. 圆球的形成

圆球的表面可以看作由一个圆周母线绕其直径回转而成，如图 2 - 15 所示。

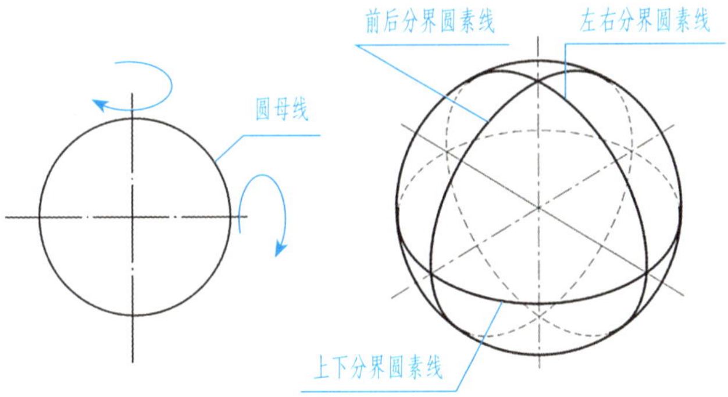

图 2 - 15　圆球的形成

2. 圆球三视图的分析及画法

如图 2 - 16 所示为圆球的投影及画法。其投影特征是三个投影均为圆，直径与球的直径相等。正面投影上的圆是球面上平行于 *V* 面的最大圆的投影，该圆为前半球面和后半球面的分界线的投影；水平投影是球面上平行于 *H* 面的最大圆的投影，该圆为上半球面和下半球面的分界线的投影；侧面投影是球面上平行于 *W* 面的最大圆的投影，它是左半球面和右半球面的分界线的投影，如图 2 - 16 (a) 所示。

作图时，可先确定球心的三个投影，再画出三个与球等直径的圆，如图 2 - 16 (b) 所示。

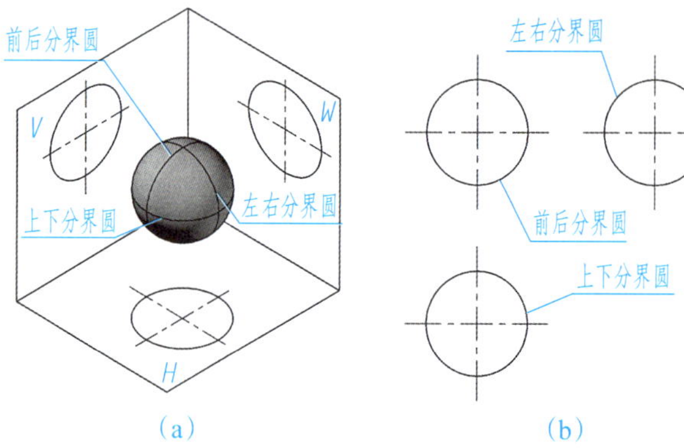

图 2－16　圆球的投影及画法

四、回转体截交线

平面与立体表面相交，可以认为是立体被平面截切，因此，该平面通常称为截平面。截平面与立体表面的交线称为截交线，截交线围成的平面图形称为截断面。

截平面与回转体相交时，截交线是封闭的平面图形。作图时，首先分析截平面与回转体的相对位置，从而了解截交线的形状。当截平面为特殊位置平面时，截交线的投影就重合在截平面具有积聚性的同面投影上，再根据表面取点的方法作出截交线的投影。先求特殊位置点，再求一般位置点，最后将这些点相连即形成截交线的投影，注意标明可见性。

1. 圆柱截切

截平面与圆柱体的相对位置不同，截交线的形状也不同，可分为三种情况，具体见表 2－1。

表 2－1　圆柱体的截交线

截平面的位置	截平面垂直于轴线	截平面平行于轴线	截平面倾斜于轴线
立体图	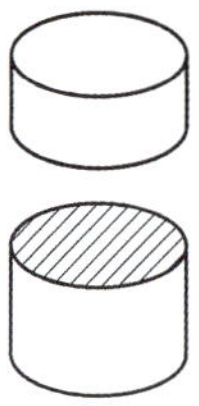	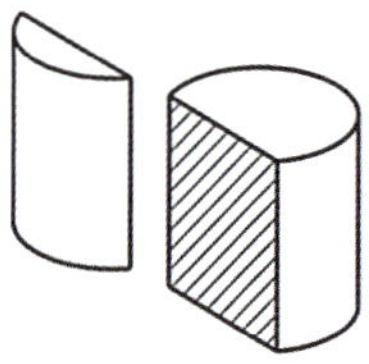	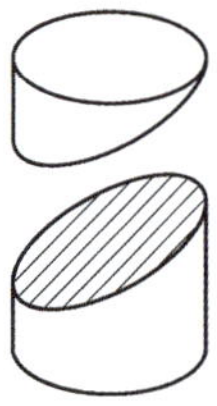
投影图	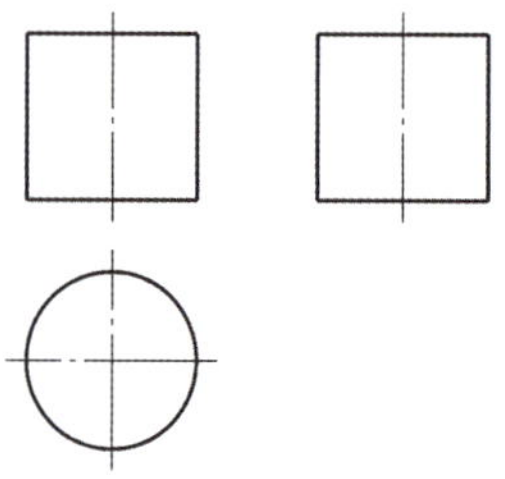	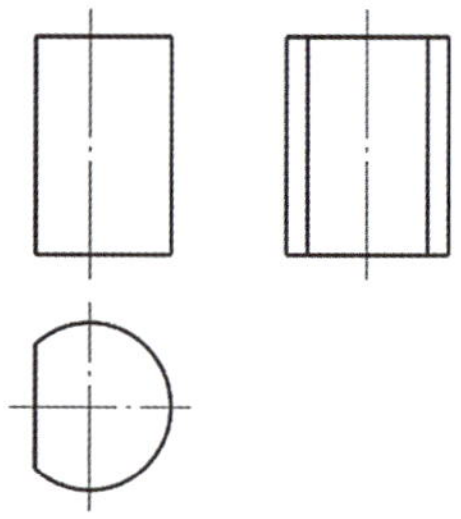	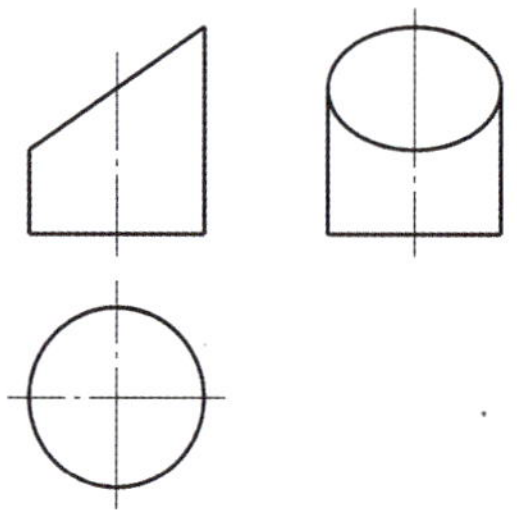
截交线形状	圆	矩形	椭圆

【例2-5】如图2-17(a)所示，圆柱体被正垂面斜切，求作左视图。

分析：由于截平面与圆柱体轴线倾斜，故截交线应为椭圆。截交线的正面投影积聚成直线。由于圆柱面具有积聚性，故截交线的水平投影与圆柱面的投影重合。截交线的侧面投影可根据圆柱面取点的方法求出。

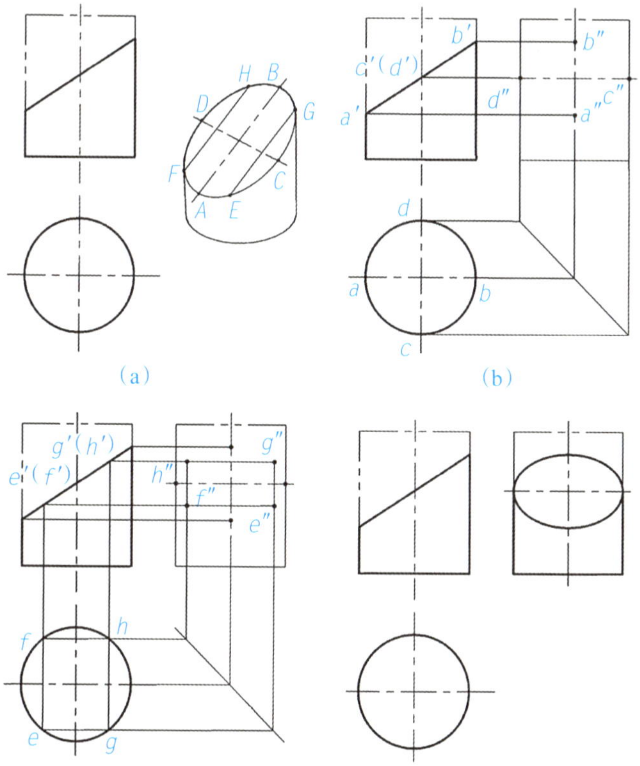

(a) (b) (c) (d)

图2-17 圆柱体被正垂面斜切

作图步骤如下：

(1) 求特殊点。如图2-17(b)所示，先找出截交线上特殊点的正面投影 a'、b'、c'、d' 和水平投影 a、b、c、d。它们是圆柱体的最左、最右以及最前、最后素线上的点的投影，也是椭圆长、短轴的4个端点的投影。作出其侧面投影 a''、b''、c''、d''。

(2) 求中间点。为了准确作图，需要作出适当数量的中间点。如图2-17(c)所示，先在正面投影上选取 e'、f'、g'、h'，根据圆柱面的积聚性，找出其水平投影 e、f、g、h，由点的两面投影作出侧面投影 e''、f''、g''、h''。

(3) 将这些点的侧面投影依次光滑地连接起来，就得到截交线的三面投影，结果如图2-17(d)所示。

拓展思考：

随着截平面与圆柱轴线倾角的变化，所得截交线椭圆的长短轴的投影也相应变化。当截平面（正垂面位置）与轴线成 45° 时，截交线的侧面投影是什么图形？

【例 2-6】 如图 2-18（a）所示，求作带切口圆柱体的侧面投影。

分析：圆柱切口由水平面 P 和侧平面 Q 切割而成，截平面 P 产生的交线为一段圆弧，其正面投影 p' 为一段水平线，水平投影 p 反映实形。截平面 Q 所截得平面为一矩形，其正面投影 q' 和水平投影 q 均为一段直线。

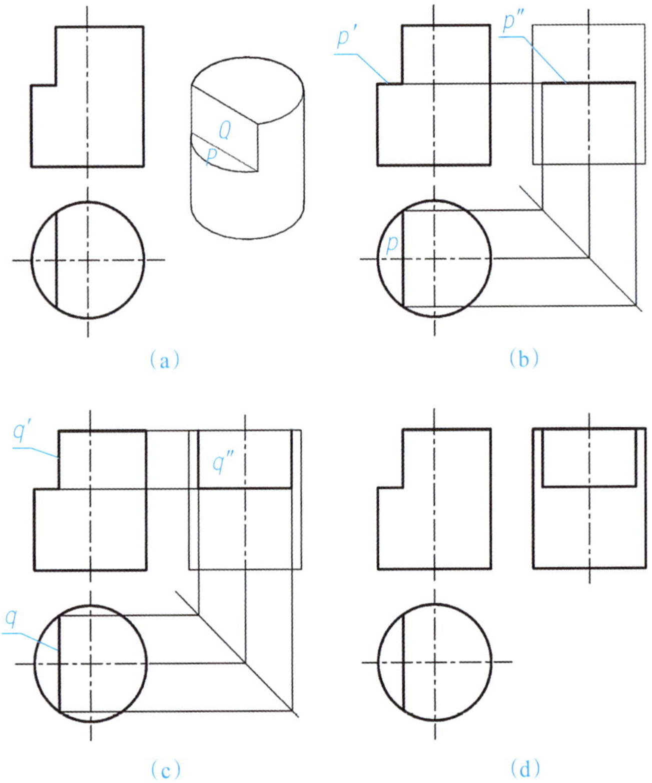

图 2-18　带切口圆柱体的侧面投影

作图步骤如下：

（1）作基本体圆柱的左视图。

（2）作 P 面的侧面投影，如图 2-18（b）所示。

（3）作 Q 面的侧面投影，如图 2-18（c）所示。

（4）检查，加深轮廓，擦除多余线段，结果如图 2-18（d）所示。

拓展思考：

若扩大切割圆柱的范围，使截平面 Q 切过圆柱的轴线，此时圆柱面的前后两段轮廓已被切去。观察图 2-19 所示的侧面投影与图 2-18（d）所示的侧面投影有何不同。请仔细分析由于切割位置不同而形成的侧面投影轮廓线的区别。

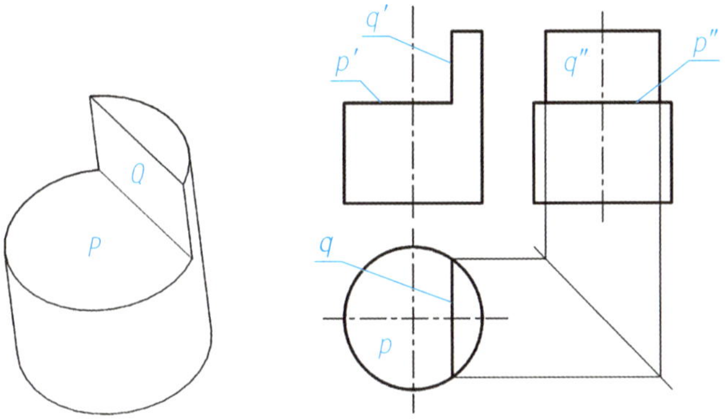

图 2-19 切割平面位置不同造成的侧面投影的变化

【例 2-7】完成开槽圆柱体的水平投影和侧面投影，如图 2-20（a）所示。

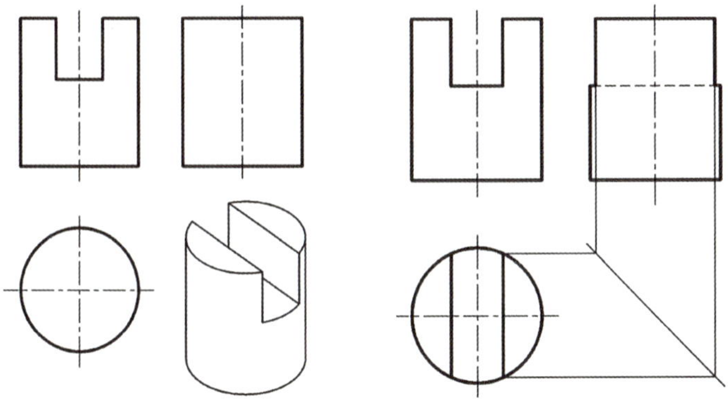

(a)　(b)

图 2-20 开槽圆柱体的投影

分析：该圆柱体的槽口由两个侧平面和一个水平面切割而成，产生的截交线为直线和圆。

作图步骤如下：

（1）先绘制槽口的截平面的水平投影，再绘制其侧面投影，如图 2-20（b）所示。注意判别可见性。

（2）擦除多余的图线，描深，完成开槽圆柱体的三视图。

拓展思考：

如果在该圆柱体内挖一个圆孔，即形成圆筒，如图 2-21（a）所示，如何求圆筒通槽的侧面投影呢？当平面截切圆筒时，应同时考虑到一个截平面与内、外两个圆柱面相截切，形成的截交线应由内、外两部分组成。作图时，应先作出槽口截面与圆柱体外表面的截交线的侧面投影，再作出槽口截面与圆孔内表面的截交线的侧面投影，结果如图 2-21（b）所示。

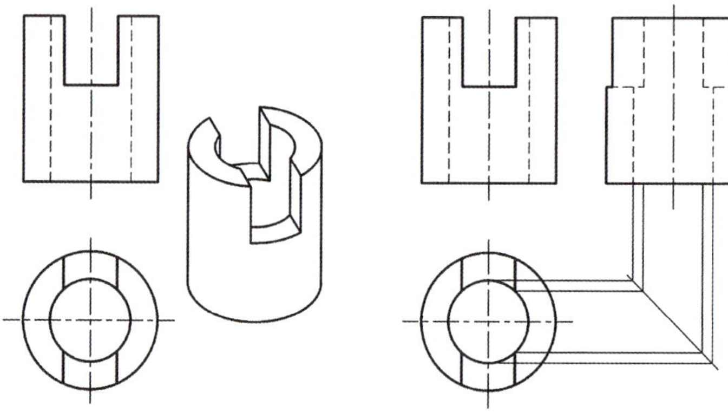

（a）　　（b）

图 2－21　圆筒通槽的侧面投影

2. 圆锥体截切

根据截平面与圆锥体轴线的相对位置不同，平面截切圆锥体形成的截交线有 5 种情况，具体见表 2－2。

表 2－2　圆锥体的截交线

截平面的位置	垂直于轴线	倾斜于轴线	平行于素线	平行于轴线	过锥顶
立体图	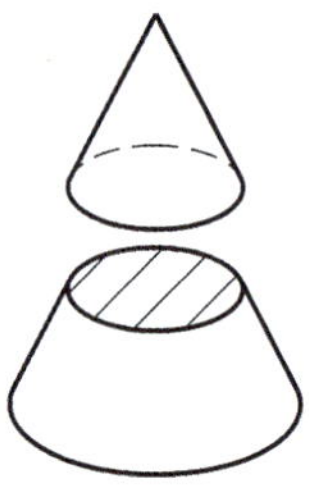	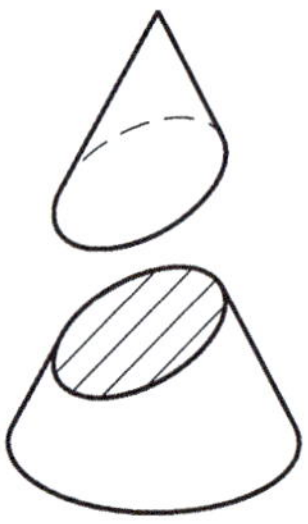	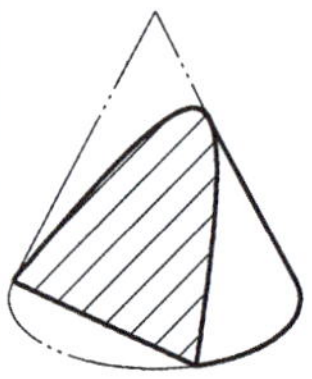	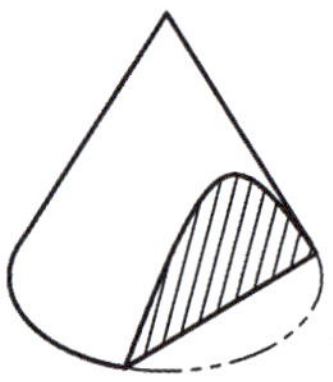	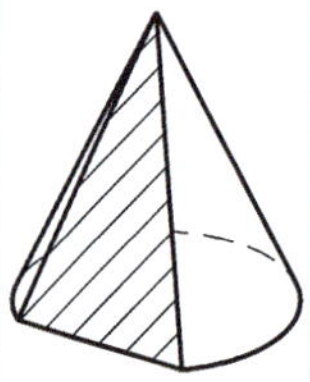
投影图	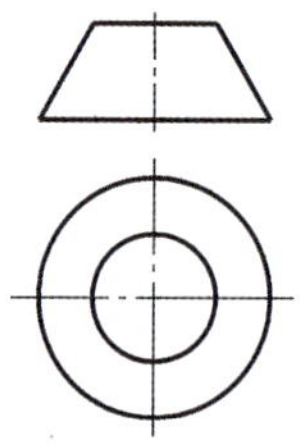	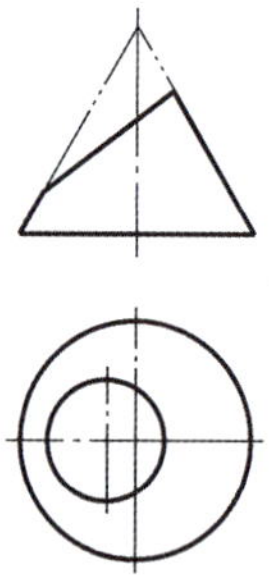	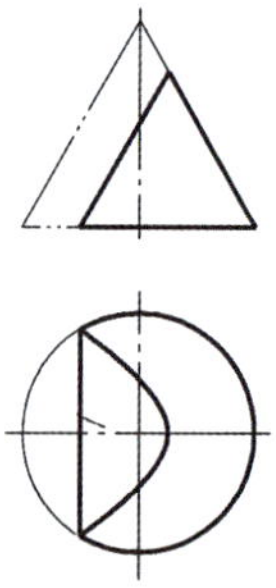	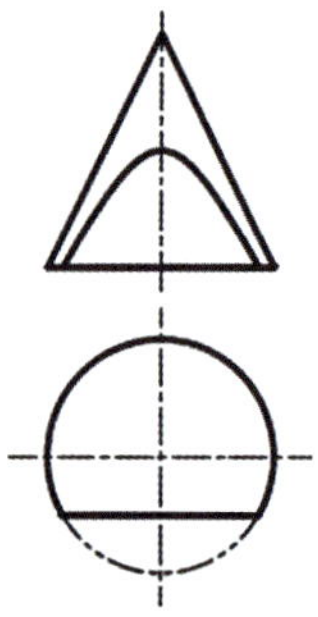	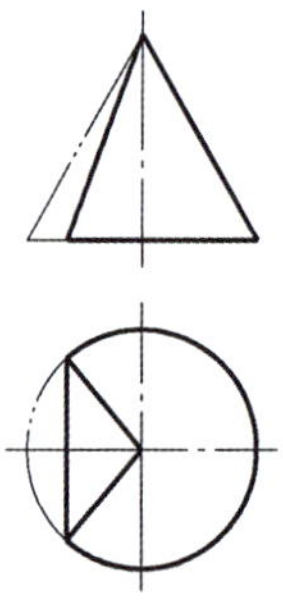
截交线的形状	圆	椭圆	抛物线	双曲线	三角形

【例 2-8】如图 2-22（a）所示，补全圆锥体被正平面截切后的三视图。

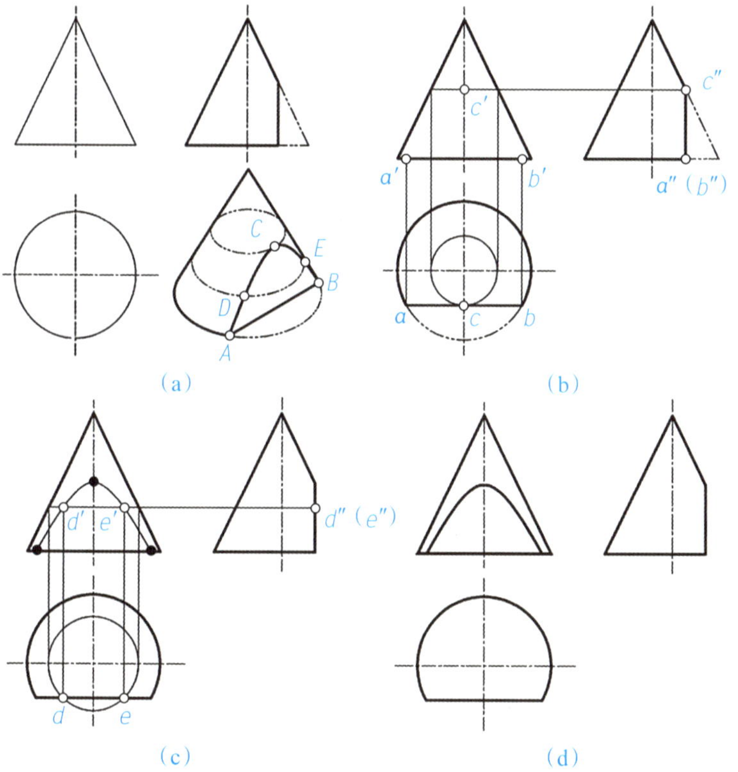

图 2-22　圆锥体的直切

分析：正平面与圆锥轴线平行，与圆锥面和底面的交线为双曲线和直线，可采用辅助纬圆法或辅助素线法求作双曲线的正面投影。

作图步骤如下：

（1）求特殊点。截交线的最低点 A、B 是截平面与圆锥底圆的交点，可直接作出 a、b 和 a'、b'。由于截交线的最高点 C 是截平面与圆锥面上最前素线的交点，所以最高点的水平投影 c 在 ab 的中点处，过 c 作水平纬圆的水平投影，该圆的正面投影为水平线，由 c 作出 c'，也可利用积聚性直接定出侧面投影 c''，再作出 c'，如图 2-22（b）所示。

（2）求中间点。在截交线的适当位置（最高点和最低点之间）作水平纬圆，该圆的水平投影与截交线的水平投影交于 d、e，即为截交线上两点的水平投影，由 d、e 作出 d'、e'。依次光滑连接 a'、d'、c'、e'、b'，即为截交线的正面投影，如图 2-22（c）所示。

（3）擦除多余的图线，描深，结果如图 2-22（d）所示。

【例 2-9】如图 2-23（a）所示，求作圆锥体被切割后的水平和侧面投影。

分析：圆锥体被水平面 P 和过锥顶的正垂面 P 截切后而形成缺角的圆锥体。截平面 P 截得一段平行于水平面的圆弧，截平面 Q 的截交线为三角形。

作图步骤如下：

（1）绘制圆锥基本体的左视图。

（2）截平面 P 为水平面，画出其水平投影 p 为一段圆弧，侧面投影 p'' 为一条直线，如图 2－23（b）所示。

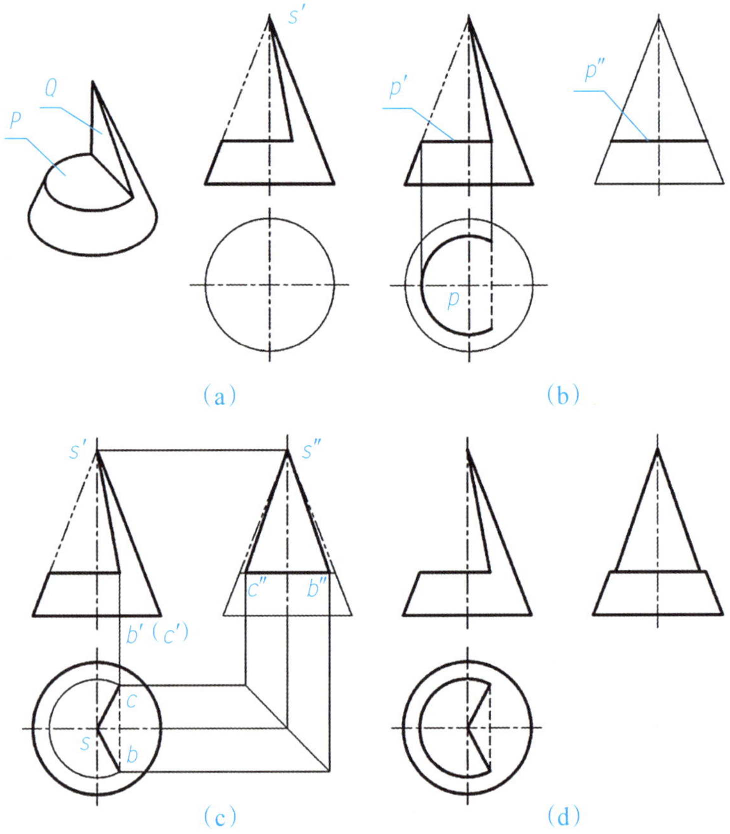

图 2－23　圆锥体的截切

（3）截平面 Q 为过锥顶的三角形截面△ SBC。求得两截平面交线 BC 的水平投影 bc 和顶点的水平投影 s，从而求出截平面 Q 的水平投影△ sbc，然后求出截平面 Q 的侧面投影△ $s''b''c''$，如图 2－23（c）所示。

（4）擦除被截切部分的线段，描深可见轮廓。因为交线 BC 的水平投影 bc 为不可见，所以画成虚线。结果如图 2－23（d）所示。

3. 圆球截切

平面与圆球相交，不论平面与圆球的相对位置如何，其截交线都是圆。一般情况下，应将截平面平行于某一投影面来截切球体，以便截交线的投影能反映实形，如图 2－24（a）所示，所得截交线为水平圆。截切平面对投影面的相对位置不同，所得截交线（圆）的投影也会不同，截切平面距球心越近，即 h 越小，圆的直径（d）越大；h 越大，其直径

(*d*) 越小，如图 2－24 (b) 所示。

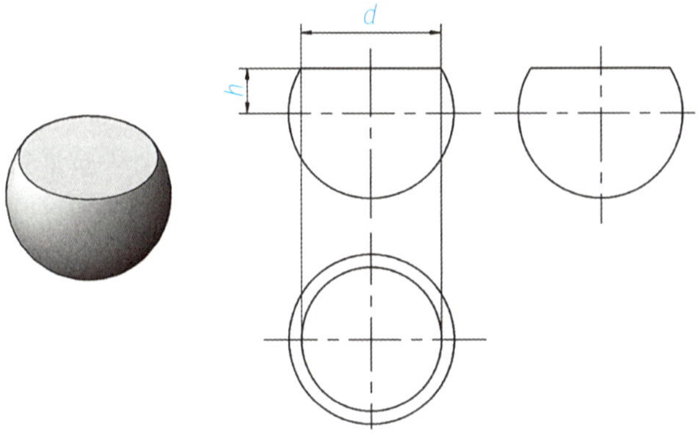

(a)　　　　(b)

图 2－24　圆球被水平面截切

【例 2－10】如图 2－25 所示，补全开槽半球的水平投影和侧面投影。

分析：球表面的凹槽由两个侧平面 *P* 和一个水平面 *Q* 切割构成，截平面 *P* 截得一段平行于侧面的圆弧，截平面 *Q* 截得前、后各一段水平圆弧，截平面之间的交线为正垂线。

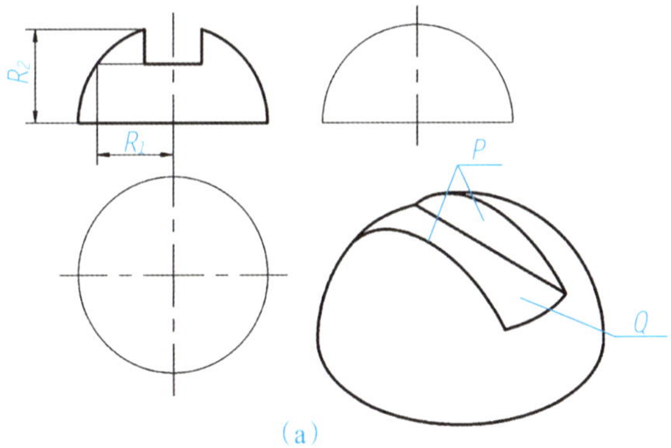

(a)

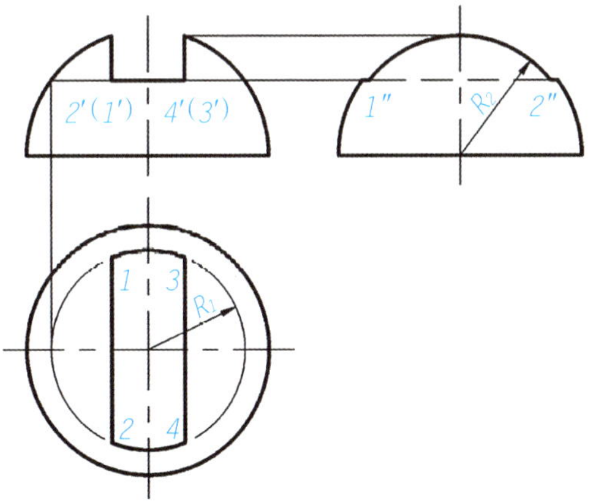

(b)

图 2－25　开槽半球的投影

作图步骤如下：

（1）作 Q 平面的截交线，以 R_1 为半径作出截平面 Q 的截交线圆弧的水平投影为$\frown 13$和$\frown 24$，从而求得截平面 Q 的水平投影。截平面 Q 的侧面投影为一直线。

（2）作 P 平面的截交线，以 R_2 为半径作出截平面 P 的截交线圆弧的侧面投影（两平面的侧面投影重合），它与截平面 Q 的侧面投影交于 $1''2''$，从而求得截平面 P 的侧面投影。两个截平面 P 的水平投影分别为直线 12 和 34。

（3）整理轮廓，判别可见性。圆球侧面投影的转向轮廓线处在截平面 Q 以上的部分为截切，不必画出。截平面 Q 的侧面投影处在 $1''2''$ 之间的部分不可见，故画虚线。作图结果如图 2－25（b）所示。

2.3 立体及其切口的尺寸注法

视图只能表达物体的结构与形状，而物体的大小则要通过尺寸标注来确定。在简单立体的视图上标注尺寸，不仅要求标注格式规范正确，而且各形状要素的尺寸还要标注齐全，既不遗漏，也不多余。

一、基本立体的尺寸注法

（1）平面立体的尺寸注法。平面立体一般应注出其长、宽、高 3 个方向的尺寸。对于棱柱、棱锥及棱台，除了应标注高度尺寸外，还要标注决定其顶面和底面形状的尺寸，如图 2－26 所示。

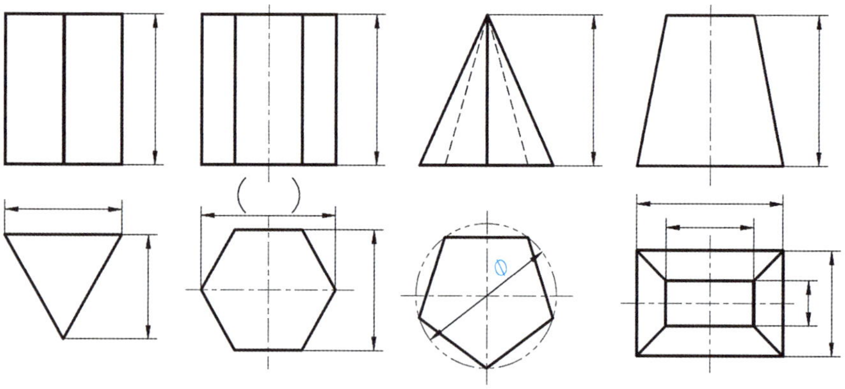

图 2－26　平面立体的尺寸注法

（2）回转体的尺寸注法。圆柱体和圆锥体应标注底圆直径和高度尺寸，圆锥台还应加注顶圆直径。注意，标注直径尺寸时应在数字前面加注“ϕ”，通常注在非圆视图上；圆球在直径数字前加注“$S\phi$”，在半径数字前加注“SR”。如图 2－27 所示。

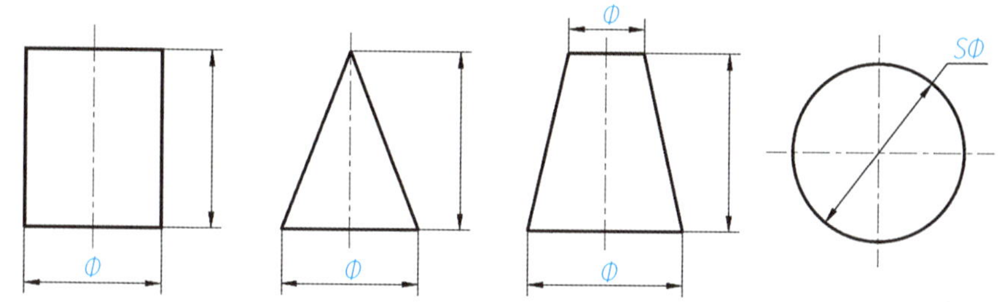

图 2-27　回转体的尺寸注法

二、切口立体的尺寸注法

对于带切口的立体，除了要注出基本形体的尺寸外，还要注出确定切平面位置的尺寸。注意，由于形体与截平面的相对位置确定后，切口的交线便已完全确定，因此不应在交线上标注尺寸。如图 2-28 所示，画"×"的为多余的尺寸。

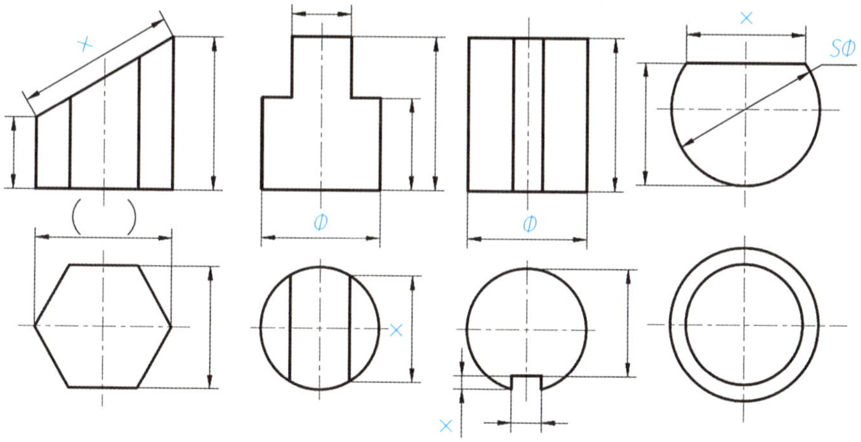

图 2-28　切口立体的尺寸注法

单 元 3

轴测图

学习目标

（1）了解正等轴测图和斜二轴测图的投影方法。

（2）能正确绘制简单的正等轴测图。

（3）能正确绘制简单的斜二轴测图。

知识要点及学时分配建议

知识要点		学时	备注
1. 轴测图的基本知识		0.5	简述
2. 正等轴测图的画法	正等轴测图的形成及参数	0.5	简述
	平面体的正等轴测图画法	2	
	回转体的正等轴测图画法	2	
3. 斜二轴测图的画法		2	初学者选择学习

多面正投影图能完整、准确地反映物体的形状和大小，如图 3－1（a）所示，而且作图简单，但它缺乏立体感，只有具备一定读图能力的人才能看懂。如图 3－1（b）所示的轴测图能够同时反映物体长、宽、高三个方向的形状，具有立体感，但作图复杂，在机械图样中常作为辅助图样。此外，绘制轴测图可以提升空间想象能力。

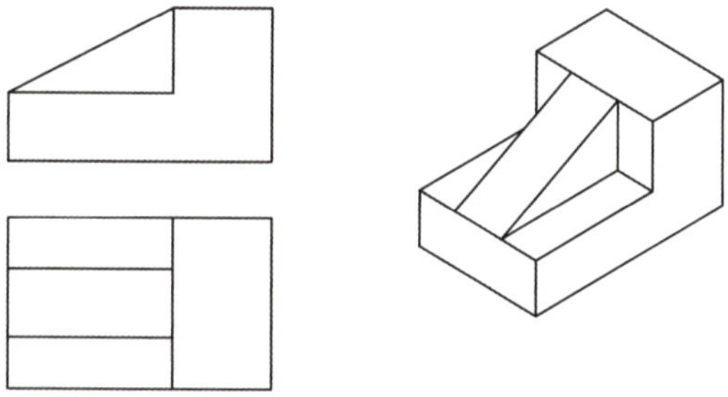

（a）正投影图　　（b）轴测图

图 3-1　正投影图与轴测图的比较

3.1 轴测图的基本知识

将物体连同其所在的直角坐标系，沿不平行于任一坐标平面的方向，用平行投影法投射在单一投影面上所得到的具有立体感的图形称为轴测投影图，简称轴测图。

一、轴测图的形成和分类

如图 3-2 所示，沿投射方向 S 用平行投影法对空间物体进行投射，所得的投影即为轴测图，投影面 P 称为轴测投影面。

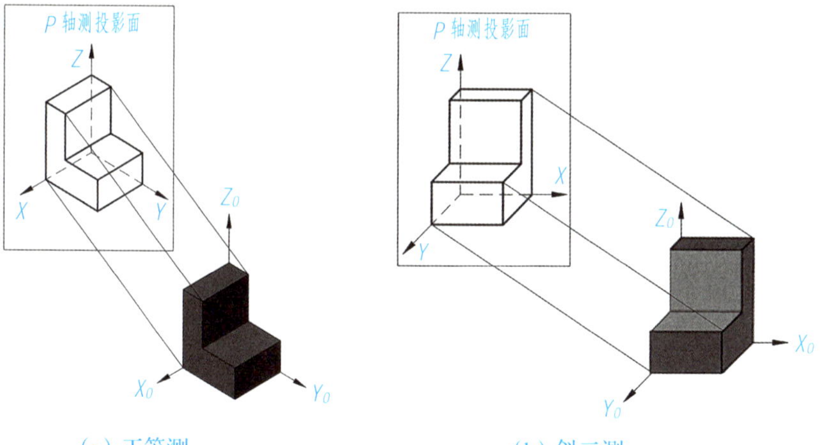

（a）正等测　　（b）斜二测

图 3-2　轴测图的形成和分类

按照投射方向（投射线）和轴测投影面的夹角，轴测图可分为以下两种：

（1）正等轴测图：轴测投射方向与轴测投影面垂直，如图 3-2（a）所示。

（2）斜等轴测图：轴测投射方向与轴测投影面倾斜。工程上常用的是斜二等轴测图，简称斜二测，如图 3-2（b）所示。

二、轴测图的投影特性

空间直角坐标轴 O_0X_0、O_0Y_0、O_0Z_0 在轴测投影面上的投影 OX、OY、OZ 称为轴测轴；任意两轴测轴之间的夹角称为轴间角，如图 3－3 所示的 $\angle XOY$、$\angle XOZ$、$\angle YOZ$。轴测轴上的单位长度与相应的直角坐标轴上对应的单位长度的比值，称为轴向伸缩系数。X、Y、Z 轴的轴向伸缩系数分别用 p、q、r 表示。

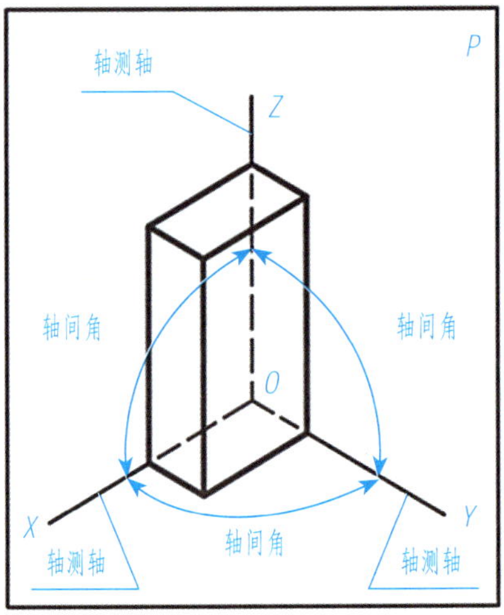

图 3－3　轴测图的术语

由于轴测投影属于平行投影，因此，轴测投影具有平行投影的基本性质。

（1）物体上相互平行的线段，其轴测投影也相互平行。

（2）物体上与坐标轴平行的线段，其轴测投影平行于相应的坐标轴，且其变形系数与该坐标轴的轴向伸缩系数相同。

（3）所谓“轴测”，就是画轴测图时，凡物体上与轴测轴平行的线段的尺寸可以沿轴向直接测得，即只能沿轴测轴方向测量尺寸，不平行于轴线的线段不能从投影图中直接量取尺寸。

3.2 正等轴测图的画法

一、正等轴测图的形成及参数

当物体的三根坐标轴与轴测投影面的倾角均相等，用正投影法得到的投影称为正等轴测图，简称正等测，如图 3－4（a）所示。正等测的轴间角均为 120°。作图时，OZ 轴处于铅垂方向，OX 轴和 OY 轴与水平方向成 30°，如图 3－4（b）所示。

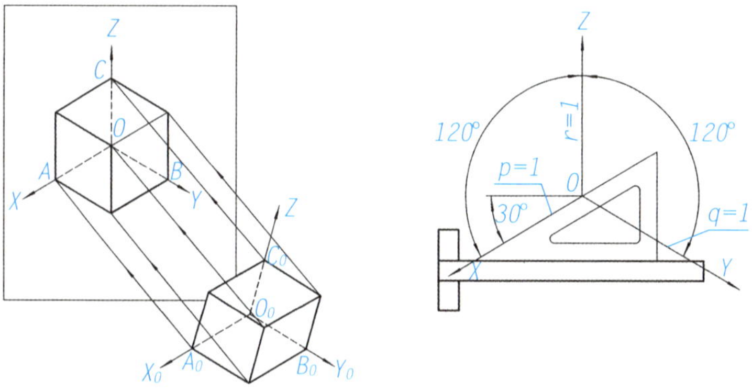

（a） （b）

图 3－4 正等轴测图轴间角和轴向伸缩系数

由于空间直角坐标轴与轴测投影面的倾角相同，所以三个轴向伸缩系数均相等，经推证并计算得知 $p=q=r=0.82$。为了作图方便，实际作图时采用简化的系数，即 $p=q=r=1$，这样，画正等轴测图时，沿轴向的所有尺寸可直接采用物体的实际长度。

二、平面体的正等轴测图画法

绘制正等轴测图通常采用坐标法和切割法。作图时，首先定出空间直角坐标系，画出轴测轴；再根据立体表面上各顶点或直线的端点坐标，画出其轴测投影；最后按可见性连接各点，完成轴测图。

【例 3－1】 画出楔形块的正等轴测图，如图 3－5 所示。

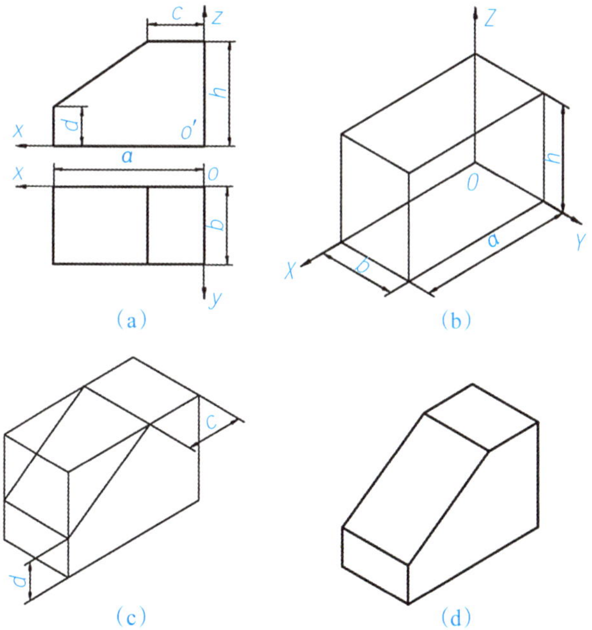

（a） （b）

（c） （d）

图 3－5 楔形块的正等测画法

该楔形块可采用切割法作图，即将其看作由一个长方体斜切一角而成。对于切割后的斜面中与三个坐标轴都不平行的线段，在轴测图上不能直接从正投影图中量取，而应按坐标求出其端点，然后再连线。

作图步骤如下：

（1）确定坐标原点和坐标轴，如图 3－5（a）所示。

（2）按给出的尺寸 *a*、*b*、*h* 作出长方体的轴测图，如图 3－5（b）所示。

（3）按给出的尺寸 *c*、*d* 定出斜面上线段端点的位置，并连成平行四边形，如图 3－5（c）所示。

（4）擦除多余的图线，描深并完成全图，如图 3－5（d）所示。

【例 3－2】画出正六棱柱的正等轴测图，如图 3－6 所示。

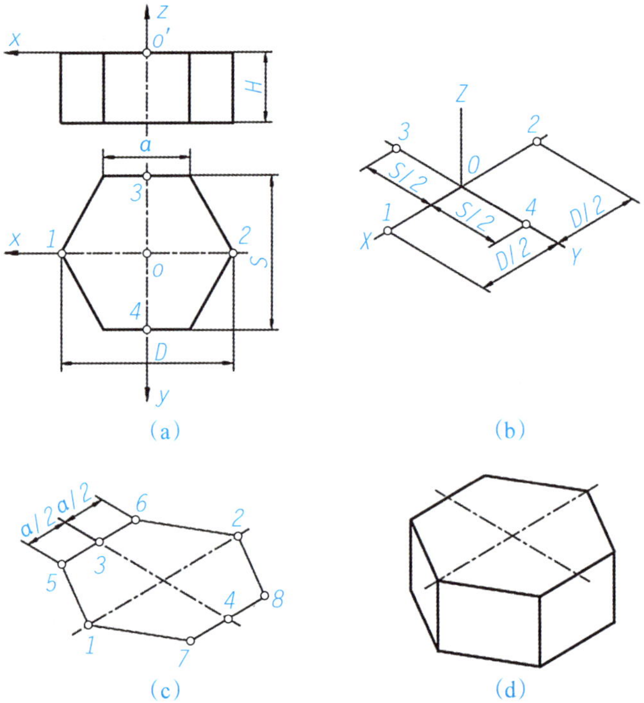

图 3－6　正六棱柱的正等测画法

由于正六棱柱前后、左右对称，故选择顶面的中点作为坐标原点，棱锥的轴线作为 *Z* 轴，顶面的两条对称线作为 *X*、*Y* 轴。

作图步骤如下：

（1）在视图上定出坐标轴，如图 3－6（a）所示。

（2）画轴测图并根据尺寸 *D* 和 *S* 确定 *1*、*2*、*3*、*4* 点，如图 3－6（b）所示。

（3）过 3、4 点作 *X* 轴平行线，根据尺寸 *a* 确定正六棱柱的顶点 5、6、7、8 点，如图 3－6（c）所示。

（4）作正六棱柱的高度 H，完成轴测图，如图 3－6（d）所示。

三、回转体的正等轴测图画法

绘制回转体的正等轴测图，关键是要掌握圆的正等测画法。

1. 圆的正等测画法

圆的正等测是椭圆，一般情况下采用菱形法绘制。作图时，首先作出圆的外切正方形轴测投影，即椭圆的外切菱形，然后定出画椭圆所需的 4 个圆心，由 4 段圆弧连接成椭圆。下面以水平圆为例说明作图步骤，如图 3－7 所示。

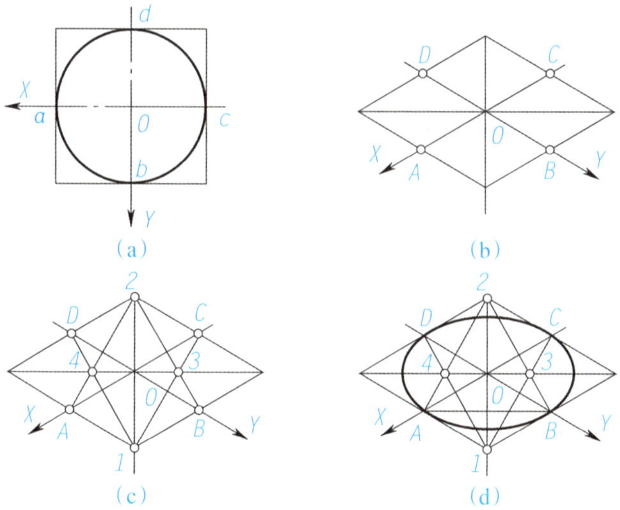

图 3－7　菱形法绘制椭圆

作图步骤如下：

（1）确定直角坐标轴和原点。作圆的外切正方形，得切点 a、b、c、d，如图 3－7（a）所示。

（2）画轴测轴，定出四个切点 A、B、C、D，过四点分别作 X、Y 轴的平行线，得外切正方形的轴测图（菱形）。

（3）过菱形两顶点 1、2，连 $1C$、$2B$ 得交点 3，连 $1D$、$2A$ 得交点 4。1、2、3、4 即为形成近似椭圆的四段圆弧的圆心（该椭圆的画法也称为四心法）。

（4）分别以 1、2 为圆心，$1C$ 为半径画大圆弧；分别以 3、4 为圆心，$3B$ 为半径画小圆弧。

与正面和侧面平行的圆的正等测画法和水平圆相似，只是圆平面所含的轴测轴应分别为 X 轴、Z 轴和 Y 轴、Z 轴，外切菱形和椭圆的长短轴方向不同。这类椭圆的长轴总在外切菱形的长对角线方向，且与不属于该圆平面的轴测轴垂直；短轴总在外切菱形的短对角线方向，且与不属于该圆平面的轴测轴平行。具体来说，即水平椭圆的长轴与 Z 轴垂直，

短轴与 Z 轴平行；正面椭圆的长轴与 Y 轴垂直，短轴与 Y 轴平行；侧面椭圆的长轴与 X 轴垂直，短轴与 X 轴平行。如图 3-8 所示。

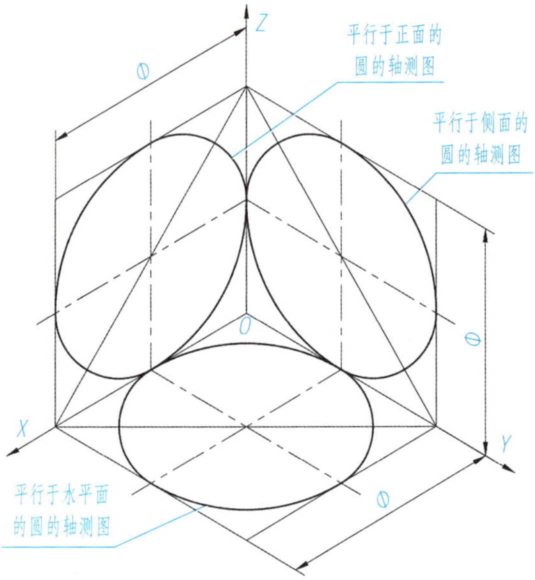

图 3-8 不同坐标面上圆的正等轴测图

【例 3-3】根据图 3-9 (a) 所示的圆柱的视图，作出其正等轴测图。

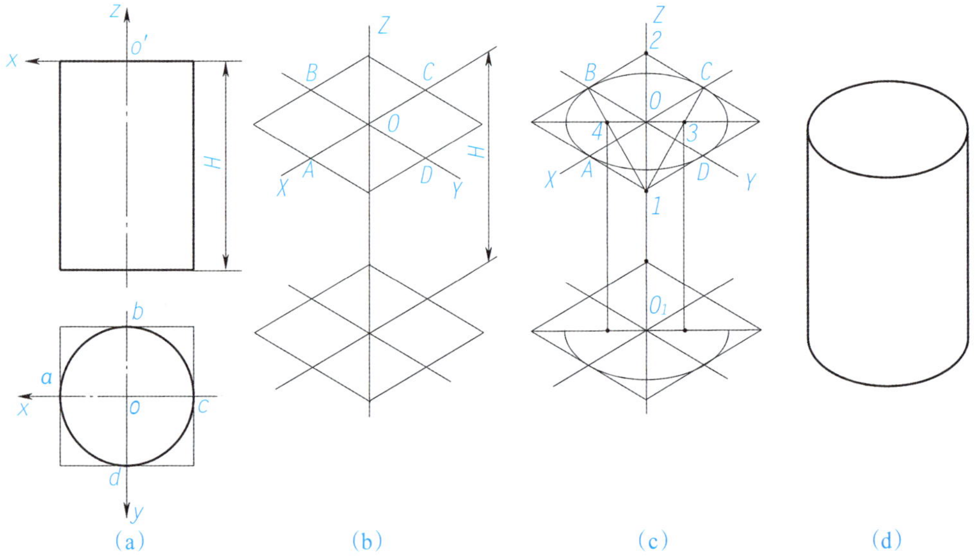

图 3-9 圆柱的正等测画法

作图步骤如下：

（1）选定坐标轴和坐标原点。根据其底圆直径 D 和高度 H，作出两个外切的菱形，A、B、C、D 为切点，如图 3-9 (b) 所示。

（2）连接 *1B* 交菱形对角线于 *4*，连接 *1C* 交菱形对角线于 *3*。再分别以 *1*、*2*、*3*、*4* 为圆心，采用四心法绘制顶面椭圆。然后将四个圆心向下平移 *H*，作出底面椭圆的可见部分，如图 3－9（c）所示。

（3）绘制公切线，擦除多余图线，描深，完成圆柱的轴测图，如图 3－9（d）所示。

2. 圆角的简化画法

平行于坐标面的圆角是圆的一部分，如图 3－10 所示为常见的四分之一圆周的圆角。这些圆角的轴测图分别对应椭圆的 4 段圆弧，画圆角时不必作出整个椭圆，直接画出该段圆弧即可。

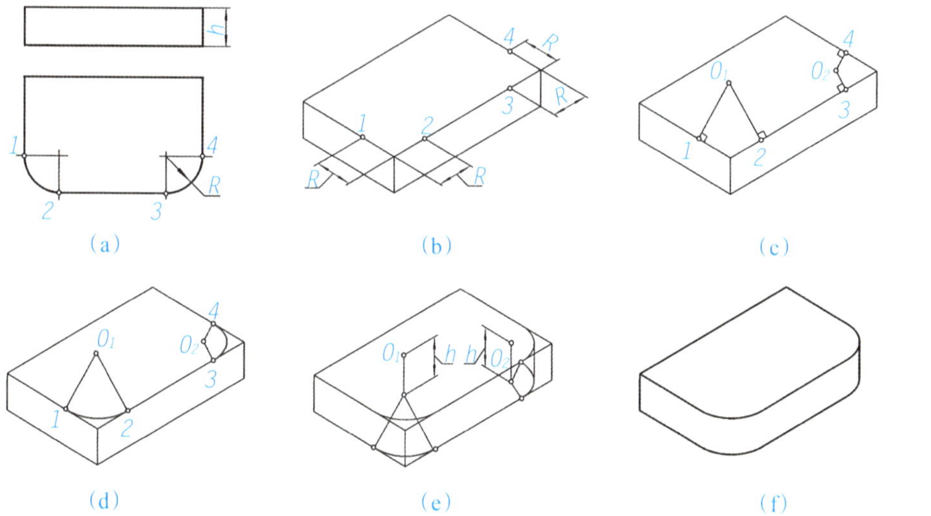

图 3－10　圆角的正等测简化画法

作图步骤如下：

（1）先作出平板（长方体）的轴测图，然后根据圆角半径 *R*，在平板顶面相应的棱线上作出切点 *1*、*2*、*3*、*4*，如图 3－10（b）所示。

（2）过切点 *1*、*2* 分别作相应棱线的垂线，得交点 O_1；过切点 *3*、*4* 作相应棱线的垂线，得交点 O_2，如图 3－10（c）所示。再以 O_1 为圆心，垂线长 O_11 为半径画圆弧；以 O_2 为圆心，垂线长 O_23 为半径画圆弧，即得所需的圆角，如图 3－10（d）所示。

（3）将圆心和切点向下平移 *h*，再用同样的方法分别作两个圆弧，并作出平板右端上、下小圆弧的公切线，如图 3－10（e）所示。

（4）擦去多余的作图线并描深，结果如图 3－10（f）所示。

【例 3－4】根据图 3－11 所示的轴承座的视图，作其正等轴测图。

轴承座由底板和支承板组成。底板前面的左右角倒圆；支承板的上部为半圆柱，中间有圆孔。

作图步骤如下：

（1）根据底板的长、宽、高，绘制底板，如图 3－12（a）所示。

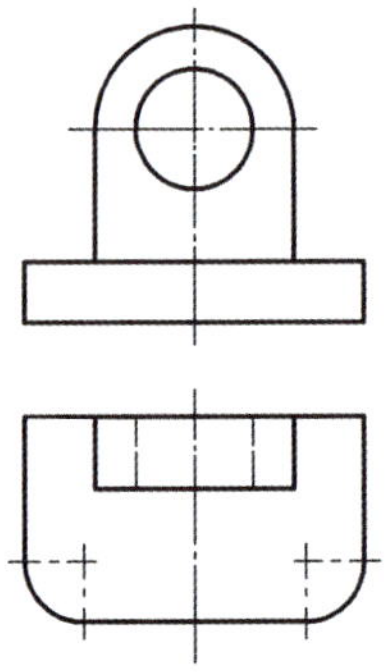

图 3－11　轴承座的视图

（2）根据圆角半径 R，绘制底板的圆角，如图 3－12（b）所示。

（3）测量支承板的长、宽、高，绘制正等轴测图，如图 3－12（c）所示。

（4）绘制半圆柱的轴测图，如图 3－12（d）所示。

（5）绘制圆孔，如图 3－12（e）所示。

（6）擦除多余图线，描深可见轮廓线，如图 3－12（f）所示。

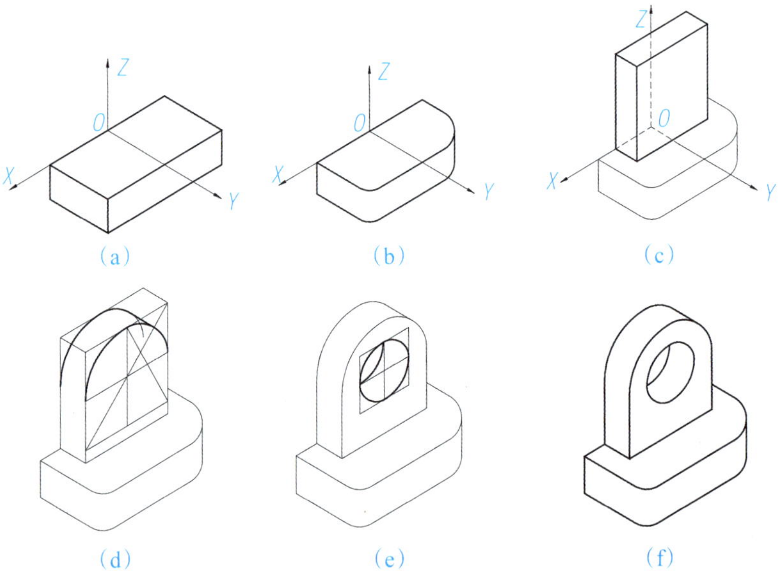

图 3－12　轴承座的正等测画法

3.3　斜二轴测图的画法

当立体的正面形状复杂，具有较多的圆或圆弧，而在其他平面上的图形较简单时，采用斜二轴测图呈现比较方便。

一、斜二轴测图的形成及参数

在确定物体的直角坐标系时，使 *OX* 轴与 *OZ* 轴平行轴测投影面 *P*，用斜投影法将物体连同其坐标轴一起向 *P* 面投射，得到的轴测图称为斜二轴测图，简称为斜二测，如图 3－13（a）所示。

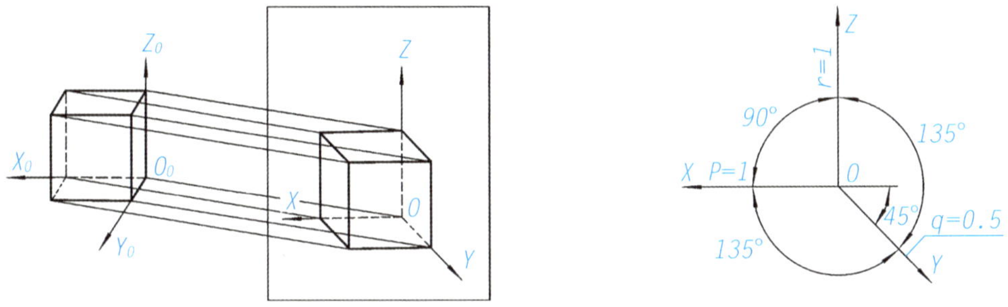

图 3－13　斜二轴测图的轴向伸缩系数和轴间角

如图 3－13（b）所示，斜二轴测图的三个坐标轴 *OX*、*OY*、*OZ* 之间的夹角为轴间角，一般取∠ *XOY* = ∠ *YOZ* = 135°，∠ *XOZ* = 90°。

由于 *XOZ* 坐标面与轴测投影面平行，*OX*、*OZ* 轴的轴向伸缩系数相等，即 $p = r = 1$；*OY* 轴的轴向伸缩系数 *q* 随着投射方向的不同而不同，可以任意选定，因此，为了绘图简便，国家标准规定 $q = 0.5$。

按照上述规定绘制出来的斜轴测图，就是斜二轴测图。斜二轴测图的特点是，物体上凡是正面（平行于 *XOZ* 坐标面）的表面，其轴测投影反映实形。利用这一特点，画斜二轴测图时，尽量将形状复杂的平面放在正面的位置上，特别是当形体正面有圆或圆弧时，作图会更加简便、快捷。不同坐标面上圆的斜二测如图 3－14 所示。

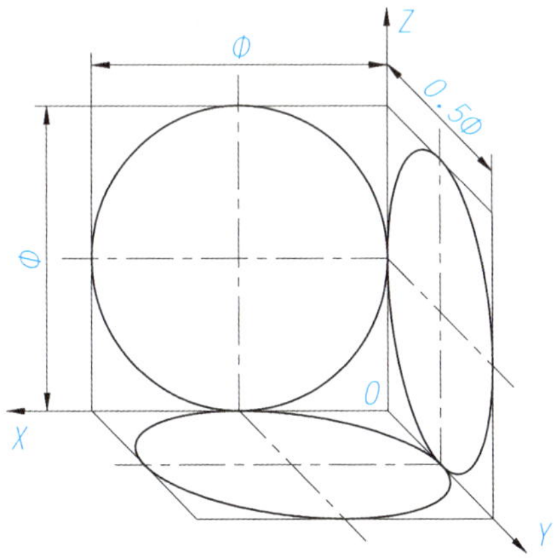

图 3－14　不同坐标面上圆的斜二测

二、斜二测的画法

【例 3－5】如图 3－15（a）所示，绘制空心圆台的斜二轴测图。

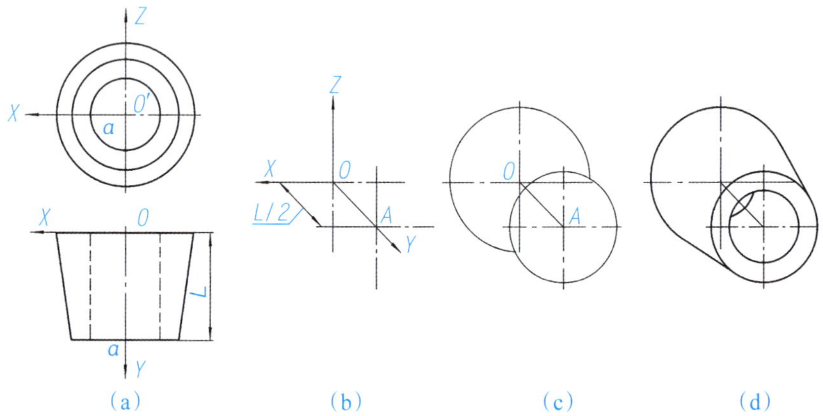

图 3－15　空心圆台的斜二测画法

如图 3－15（a）所示的空心圆台，由于单方向的圆较多，因此将其轴向垂直于 *XOZ* 坐标面，使前后两底圆均平行于 *XOZ* 坐标面，其轴测图反映实形（圆），沿 *Y* 轴以 0.5 轴向伸缩系数依次确定各圆的圆心位置，画出各圆。

作图步骤如下：

（1）作轴测轴，在 *Y* 轴上量取 *L*/2，定出前、后端面的圆心 *A*、*O*，如图 3－15（b）所示。

（2）分别以 *A*、*O* 为圆心画出前、后端面圆的轴测图，如图 3－15（c）所示。

（3）作两端面圆的公切线，画前孔口和后孔口的可见部分，擦除多余图线，描深，结果如图 3－15（d）所示。

【例 3－6】如图 3－16 所示，已知支架两面视图，画斜二轴测图。

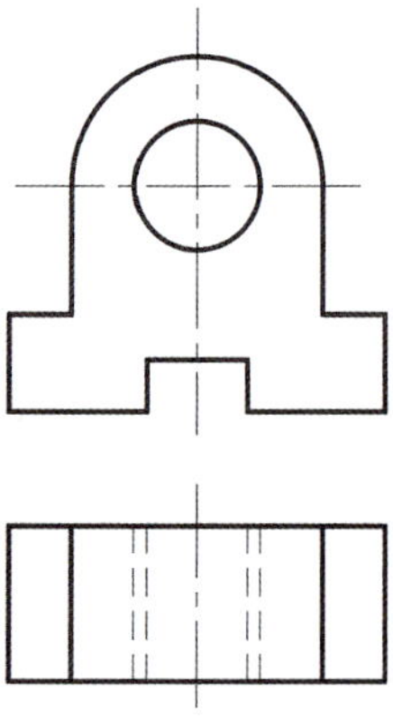

图 3－16　支架的视图

作图步骤如下：

（1）确定原点和坐标轴，画 *XOZ* 坐标面的轴测图，如图 3－17（a）所示。

（2）向后（*OY* 负方向）以 0.5 轴向伸缩系数确定可见顶点和圆心 O_1 的位置，画出支架后端面的轴测图，并用公切线连接。如图 3－17（b）所示。

（3）加深可见轮廓线，便得到支架的斜二轴测图，如图 3－17（c）所示。

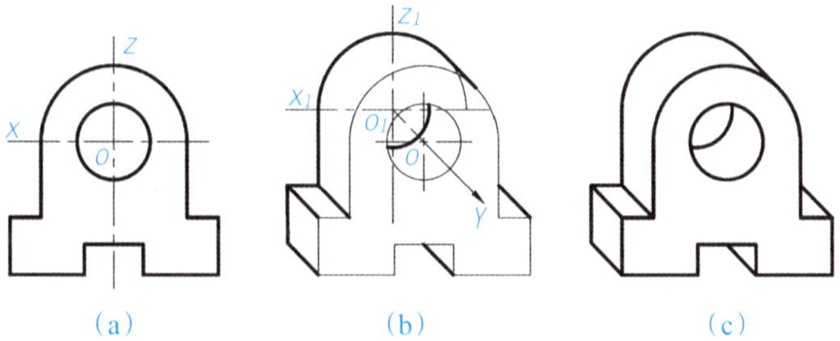

图 3－17　支架的斜二测画法

正等测的三个轴测轴方向上的长度都可直接度量；斜二测只能在两个方向上直接度量，在另一个方向（*OY*）要按比例缩短，作图较为麻烦；在立体感和度量方便程度上，正等测较斜二测好。但当物体在平行某一投影面的方向上有较多形状复杂的圆或圆弧，且其他方向无圆时，采用斜二测就比较方便。而三个方向上均有圆或圆弧的物体，采用正等测较为方便。

单元 4

组合体

学习目标

（1）理解组合体的组合形式，掌握各种表面邻接关系的画法。

（2）掌握圆柱相贯线的画法。

（3）掌握组合体三视图的画法。

（4）能正确绘制组合体三视图并进行尺寸标注。

（5）掌握组合体三视图的识图方法。

（6）学会补画第三视图或三视图中的缺线。

知识要点及学时分配建议

知识要点		学时	备注
1. 组合体的组合形式与表面关系	相邻形体表面的连接关系	2	
	两圆柱组合的相贯线画法	4	
2. 组合体视图的画法	组合体三视图的画法	6	
	组合体三视图的尺寸标注	3	
	组合体三视图综合应用	4	
3. 读组合体视图	读组合体三视图的方法	1	
	补画组合体第三视图	4	
	补画组合体三视图中的缺线	3	

任何复杂的机器零件都可以看作由若干简单基本体经过叠加、切割等方式组合而成，这种由两个或两个以上基本体组成的立体称为组合体。掌握组合体的画图和读图的基本方法及尺寸注法十分重要，可以为后续学习识读和绘制零件图打下基础。

4.1 组合体的组合形式与表面关系

组合体的组合形式有叠加型、切割型和综合型三种。叠加型组合体可看作由若干基本形体叠加而成，如图 4-1（a）所示。切割型组合体可看作一个完整的基本体经过切割或穿孔后形成，如图 4-1（b）所示。多数组合体则是既有叠加又有切割的综合型，如图 4-1（c）所示。

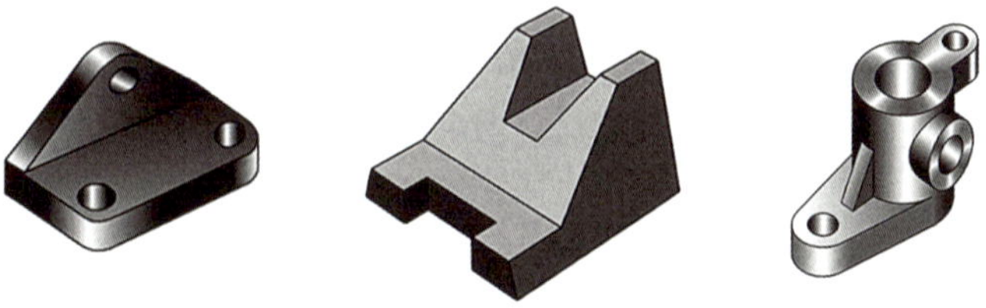

（a）叠加型　（b）切割型　（c）综合型

图 4-1　组合体的组合形式

一、组合体中相邻形体表面的连接关系

组合体中各基本体的表面连接方式一般可分为以下四种：

1. 平齐

当相邻两个基本体的表面互相平齐并连成一个平面时，两个基本体之间不存在分界线，如图 4-2 所示的主视图。

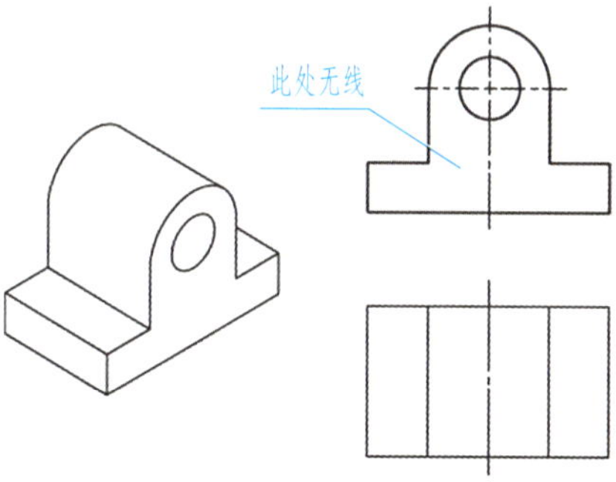

图 4-2　两个基本体表面平齐

2. 不平齐

当相邻两个基本体的表面不平齐时，两个基本体之间存在分界线，应在视图中画出分

界线，如图 4－3 所示的主视图

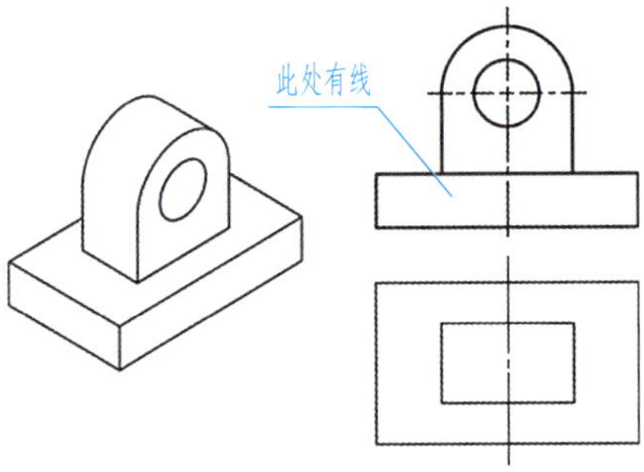

图 4－3　两个基本体表面不平齐

3. 相切

当两个基本体表面相切时，在相切处光滑连接无交线，视图中该处的投影一般不画线，而相邻平面（底板的顶面）的投影应画到切点，如图 4－4 所示。

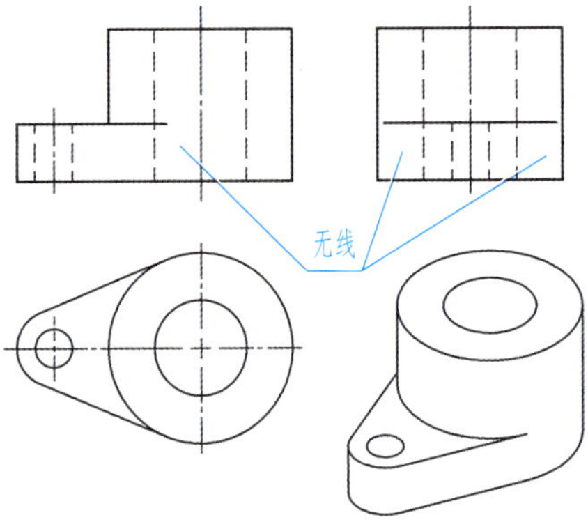

图 4－4　两个基本体相切

4. 相交

当两个基本体表面相交时，相交处产生的交线应在视图中画出来，如图 4－5 所示。

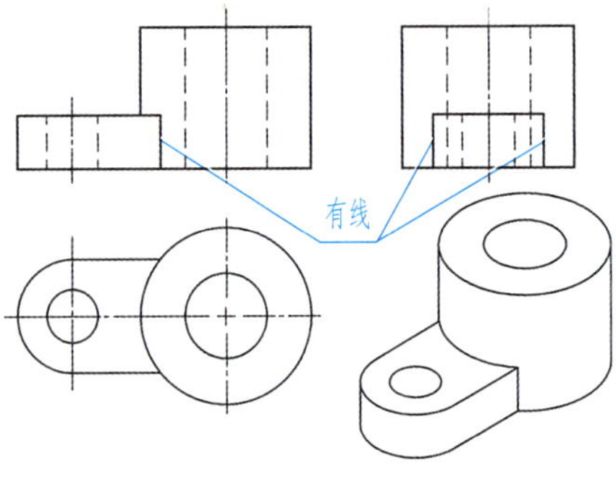

图 4－5　两个基本体相交

【例 4－1】求如图 4－6 所示的棱柱与圆柱垂直相交时的正面投影。

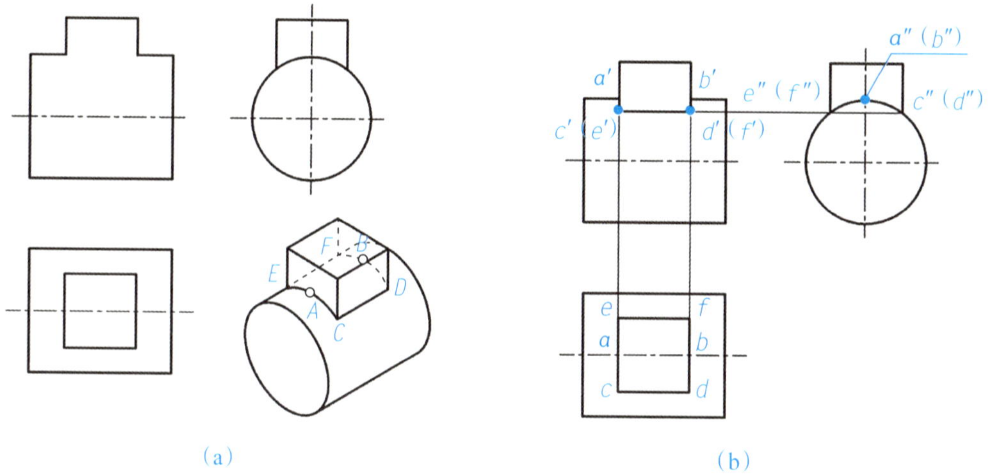

图 4－6 棱柱与圆柱垂直相交的投影

棱柱的左、右面为侧平面，与圆柱的交线为圆的一部分；前、后两面为正平面，与圆柱的交线为两条直线。

作图步骤如下：

（1）前、后两条交线的正面投影重合，前面交线 *CD* 的水平投影为 *cd*，侧面投影积聚于一点 *c*″（*d*″），可画出其正面投影 *c*′*d*′。

（2）左、右两条交线为两段圆弧，其水平投影为 *ce* 和 *df*，侧面投影重合为圆弧 *e*″*c*″，可画出其正面投影为 *a*′*c*′ 和 *b*′*d*′。

拓展思考：

如果四棱柱变成四棱柱孔，如图 4－7 所示，那么相交线的投影将如何变化？此时，由于四棱柱孔不可见，主、左视图绘制了虚线，但交线的求法与四棱柱和圆柱相交类似，也是求各棱面与回转面的截交线，因此交线不变。

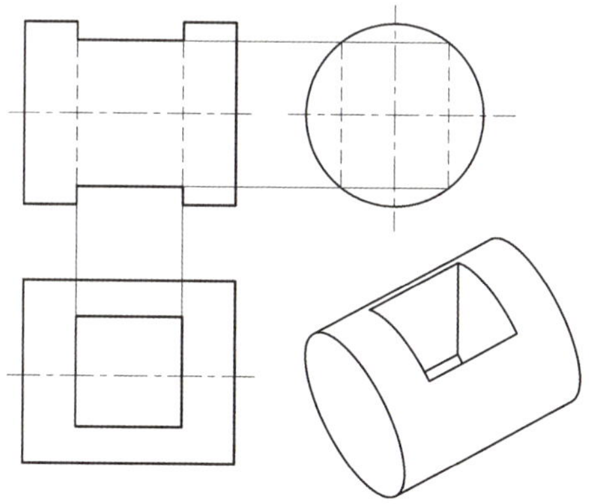

图 4－7 圆柱表面与四棱柱孔的截交线

二、相贯线的画法

1. 圆柱和圆柱相贯

两回转体表面的交线称为相贯线。

【例 4－2】求两圆柱（不等径）轴线垂直相交时相贯线的投影，如图 4－8 所示。

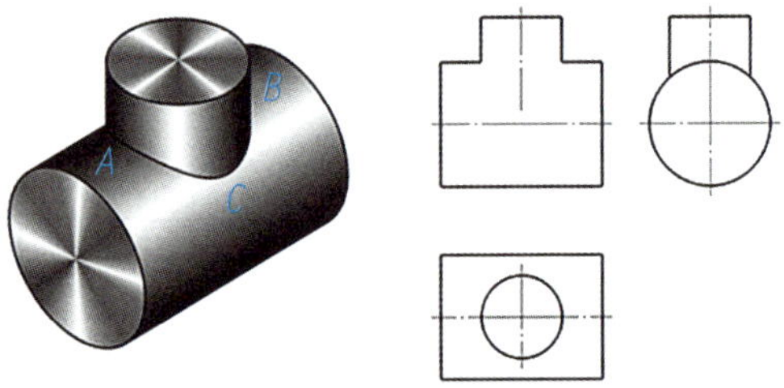

(a)　　　　(b)

图 4－8　不等径两圆柱垂直相交

两圆柱轴线垂直相交，直立圆柱的直径小于水平圆柱的直径，其相贯线为封闭的空间曲线，且前后、左右对称，如图 4－8（a）所示。

由于直立圆柱的水平投影和水平圆柱的侧面投影都有积聚性，所以相贯线的水平投影和侧面投影分别积聚在它们有积聚性的投影圆上，因此，只需作出相贯线的正面投影。

由于相贯线的前后、左右对称，因此，在其正面投影中，可见的前半部和不可见的后半部重合，且左右对称。

作图步骤如下：

（1）求特殊点。水平圆柱的最高素线与直立圆柱的最左、最右素线的交点 *A*、*B* 是相贯线的最高点，也是最左、最右点。*a*′、*b*′ 和 *a*、*b* 以及 *a*″、*b*″ 均可直接作出。直立圆柱的最前、最后素线和水平圆柱表面的交点 *C*、*D* 是相贯线上最前、最后点，也是最低点。*c*″、*d*″ 和 *c*、*d* 可直接作出，再由 *c*″、*d*″ 和 *c*、*d* 求得 *c*′、*d*′，如图 4－9（a）所示。

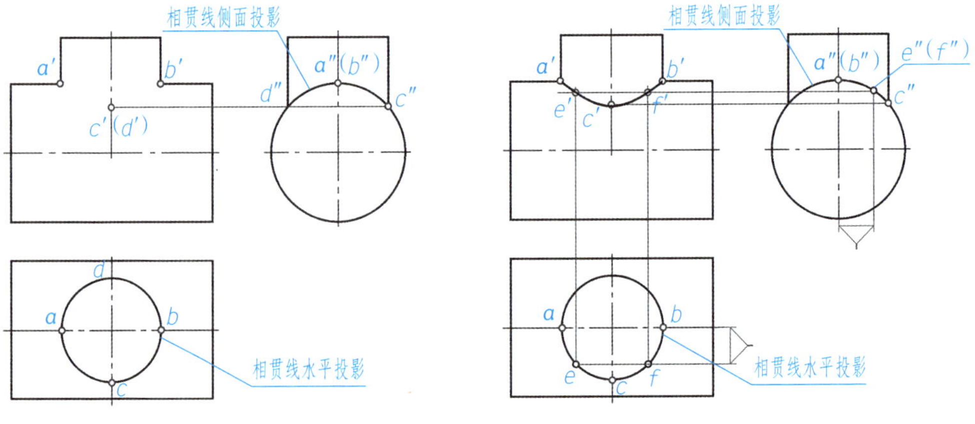

(a)　　　　(b)

图 4－9　不等径圆柱垂直相交的相贯线画法

(2) 求中间点。利用积聚性原理，在侧面投影和水平投影上定出 e''、f'' 和 e、f，再由 e、f 和 e''、f'' 求得 e'、f'。用同样的方法可再作出相贯线上的一系列点。光滑连接各点的正面投影即为相贯线的正面投影，如图 4－9（b）所示。

当两圆柱轴线垂直相交且直径不相等，对相贯线形状的精度要求不是很高时，可采用近似画法，即用圆弧代替相贯线的投影，如图 4－10 所示。注意，相贯线的圆弧是向大圆柱的轴线方向弯曲的。

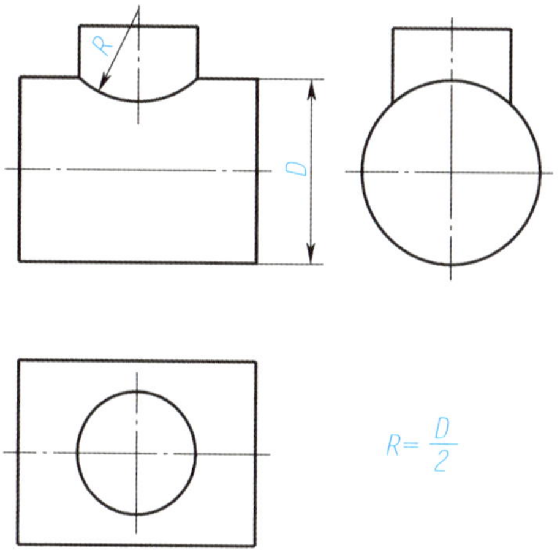

图 4－10 相贯线的近似画法

垂直相交两圆柱直径大小的变化引起相贯线的变化情况见表 4－1。

表 4－1 垂直相交两圆柱直径大小的变化引起相贯线的变化

$d>D$	$D=d$	$d<D$
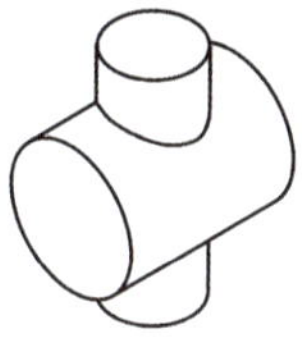	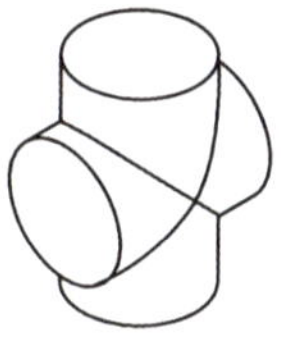	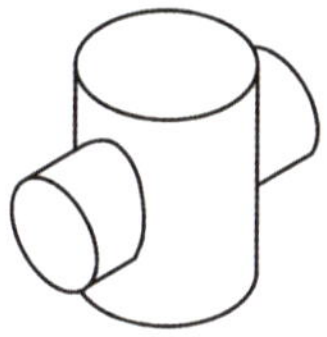
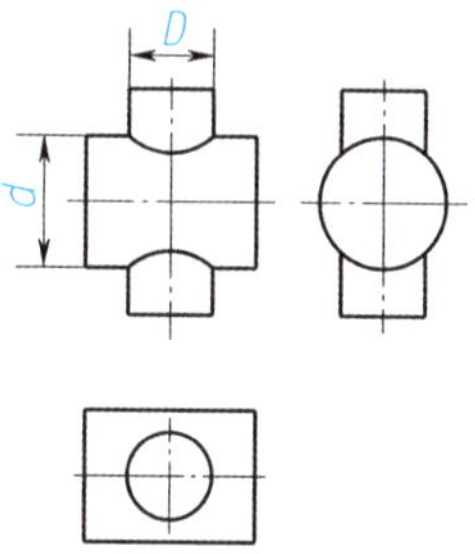	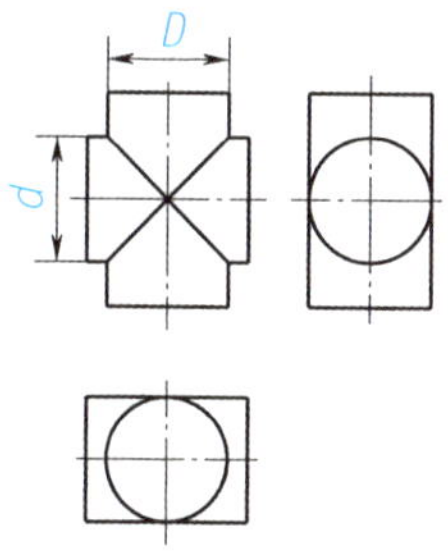	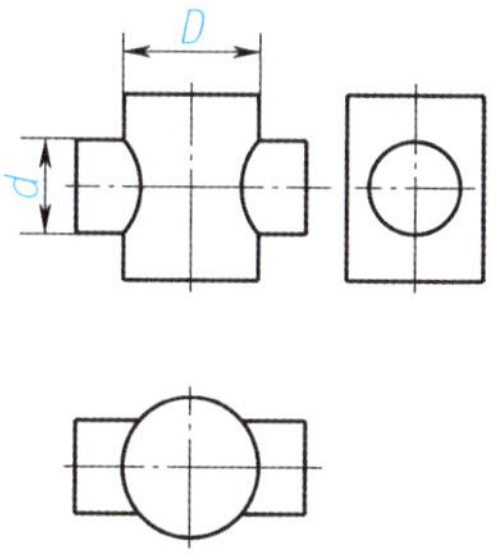

对于圆柱孔内表面的相贯线，作图方法与求作圆柱外表面相贯线相同。但相贯线投影不可见，画成虚线。从圆柱相贯到圆筒相贯的演变过程见表 4－2。

表 4－2　从圆柱相贯到圆筒相贯的演变过程

两圆柱外表面相交	圆柱外表面与圆柱孔内表面相交	两圆柱孔内表面相交
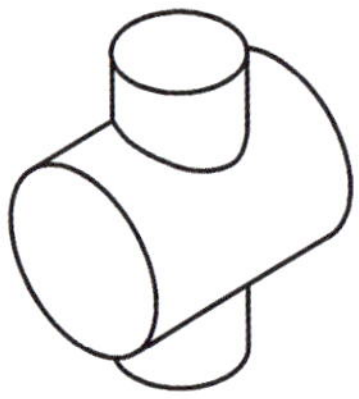	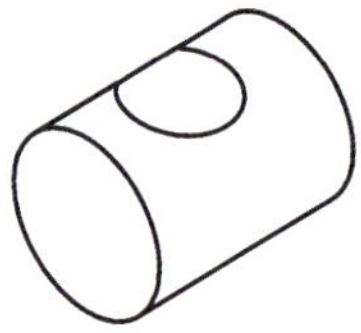	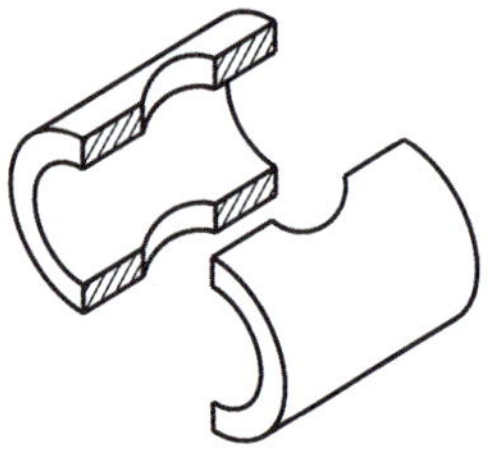
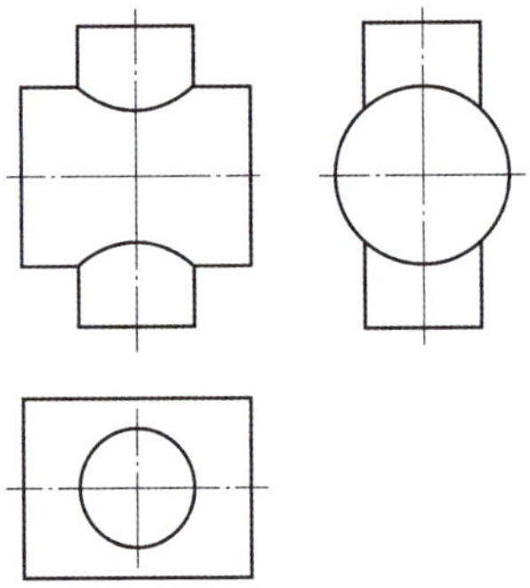	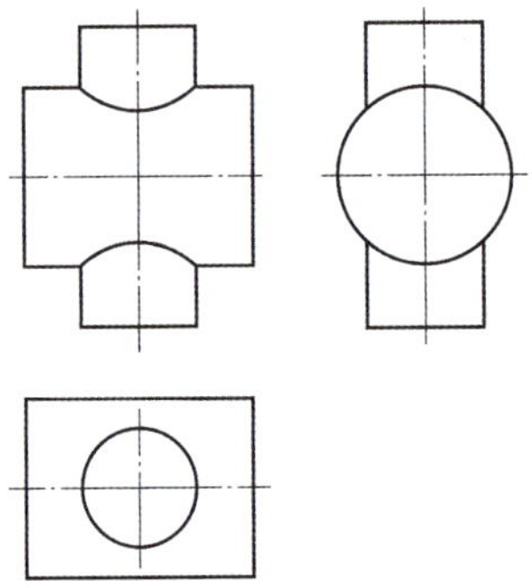	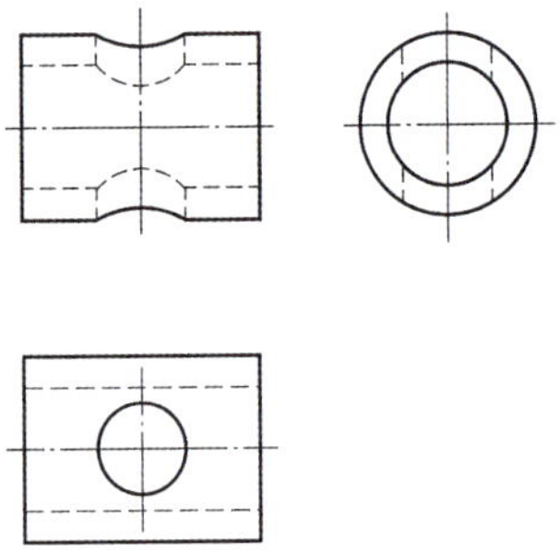

【例 4－3】已知相贯体的俯、左视图，求作主视图，如图 4－11 所示。

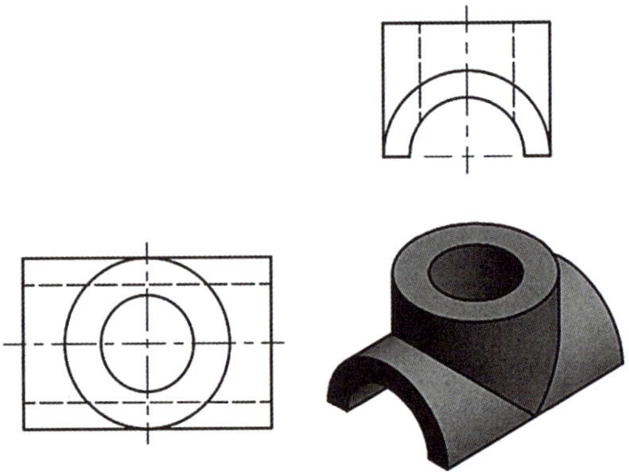

图 4－11　两圆筒相贯

该相贯体由一竖直圆筒与一水平半圆筒垂直相交，内外表面都有交线。外表面为两个等径圆柱面相交，相贯线为两条平行曲线（椭圆），其水平投影和侧面投影都积聚在它们所在圆柱面的积聚投影上，正面投影为两段直线。内表面的相贯线为空间曲线，水平投影和侧面投影也都积聚在圆孔的积聚投影上，正面投影为曲线。

作图步骤如下：

（1）作两等径圆柱外表面相贯线的正面投影，为两段 45° 斜线，如图 4－12（a）所示。

（2）作圆孔内表面相贯线的正面投影，用简化画法作图为圆弧，如图 4－12（b）所示。

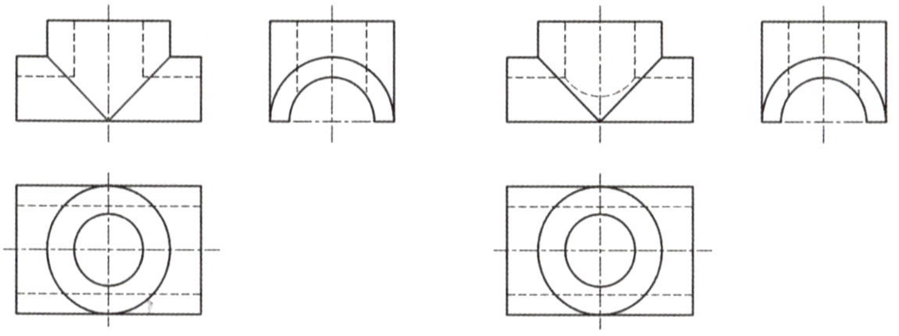

（a）　　（b）

图 4－12　两圆筒相贯的画法

2. 圆柱、圆锥和球同轴（或轴线平行）时的相贯线

同轴圆柱、圆锥和球的相贯线为圆，如图 4－13（a）、图 4－13（b）和图 4－13（c）所示。相交两圆柱轴线平行时的相贯线为直线，如图 4－13（d）所示。

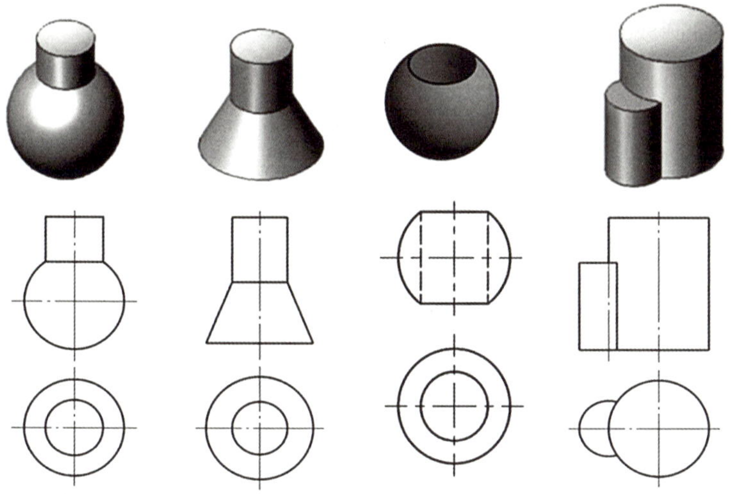

（a）　（b）　（c）　（d）

图 4－13　圆柱、圆锥和球同轴或轴线平行时的相贯线

4.2 组合体视图的画法

组合体的视图经常采用形体分析法绘制。所谓形体分析法，就是按组合体的特点，将组合体假想分解成若干基本体或简单形体，通过分析各基本体的形状、相对位置及表面连接关系，把复杂问题简单化，从而有分析、有步骤地逐一画出各基本形体的视图，最后综合起来即可画出组合体的视图。

一、组合体视图的绘制方法和步骤

1. 形体分析

分解组合体，明确各部分的形状、相对位置及表面连接关系。

2. 确定主视图

主视图是表达组合体的形状和结构最重要的视图。要求选择能较多地表达物体各组成部分的形状特征和相对位置的方位作为主视图的投射方向，并尽可能使形体上的主要表面平行于基本面，以便使投影呈现真实的形状。

3. 布置视图

根据各视图每个方向的最大尺寸和视图的间距，确定各视图的位置，以确保在标注尺寸后尚有适当的间隔。整个图面布置要均匀并充分利用幅面。

4. 画图步骤

（1）画作图基准线。

（2）从能反映主要实体或有积聚性的视图画起，三个视图应结合起来画。

（3）一般原则是先轻打底稿，后加深；先画主要轮廓，后画细部；先画外形轮廓，后画内部结构；先画圆或圆弧，后画直线。

【例 4－4】绘制图 4－14 所示的座体的三视图。

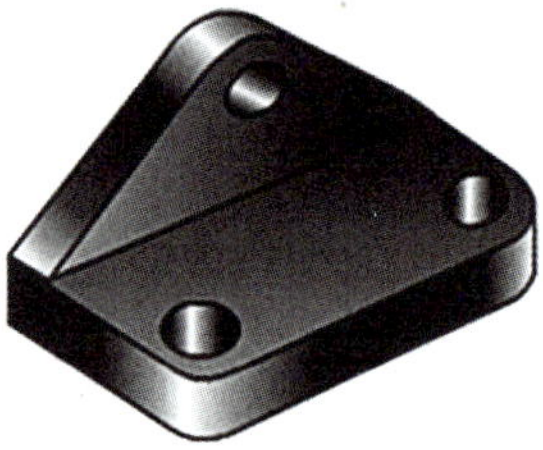

图 4－14　座体立体图

该座体为叠加类组合体，可看作由底板和竖板两部分组成，底板带有圆角并有两个圆孔，竖板上部圆弧过渡并有一个圆孔。底板和竖板的后面对齐，整个座体左右对称。座体三视图的作图步骤见表 4－3。

表 4－3　座体三视图的作图步骤

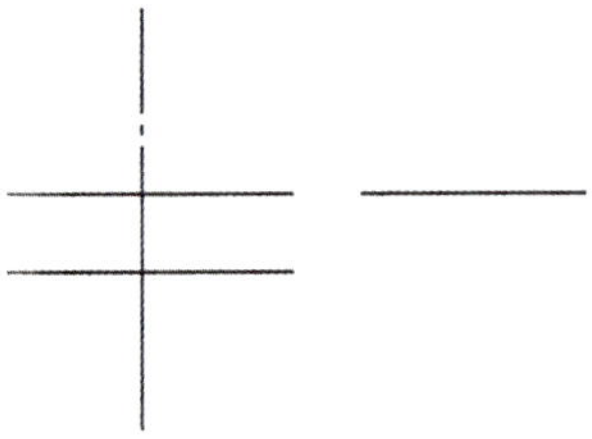	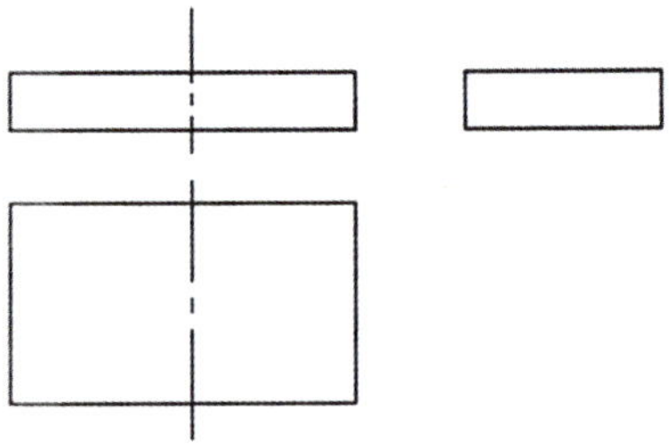
（1）布图，画出作图基准线	（2）画底板轮廓

续表

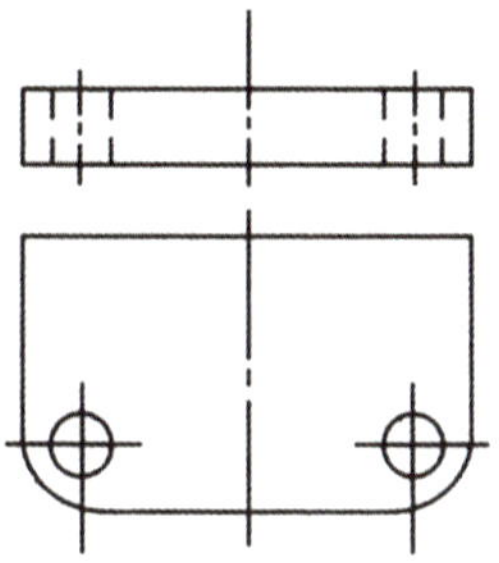	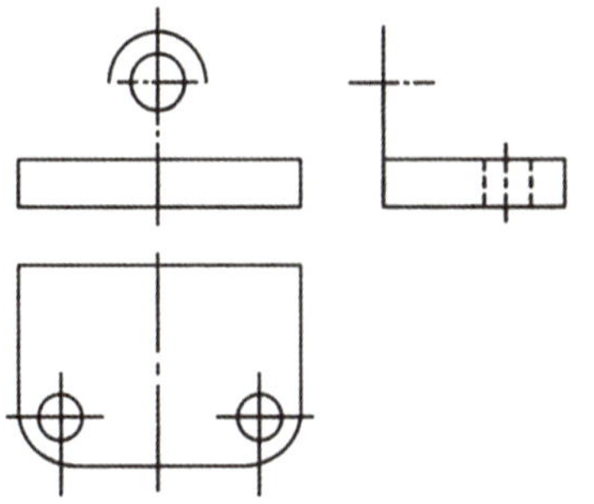
（3）画底板圆孔和小圆角	（4）画竖板上部圆弧和圆孔
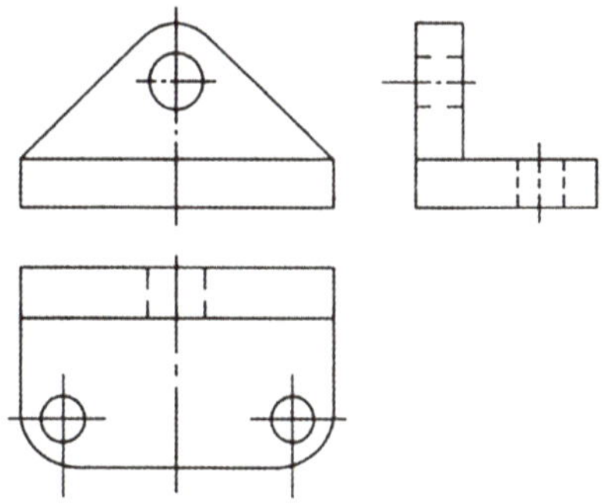	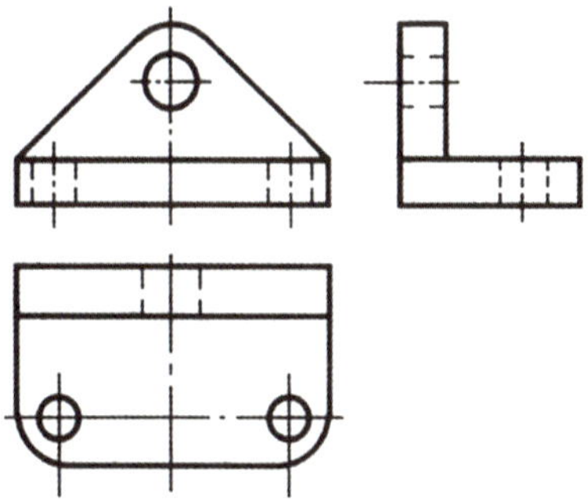
（5）画竖板两边切线	（6）检查，按线型加粗

【例 4－5】绘制图 4－15 所示的座块的三视图。

该座块为切割类组合体，是在长方体的前后各切割了一个三棱柱，在其左上方切去一梯形块，在其左下中部和右上中部开槽。如图 4－16 所示。

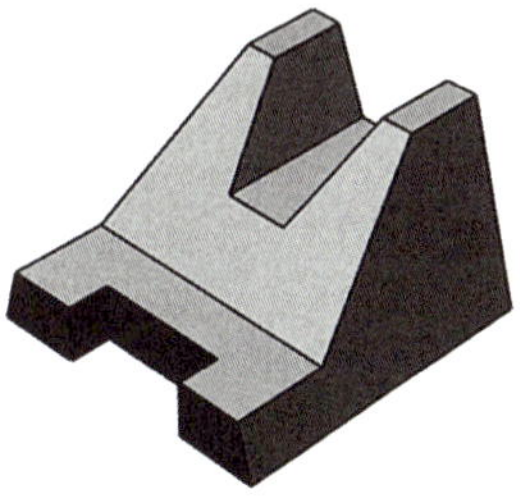

图 4－15　座块的立体图

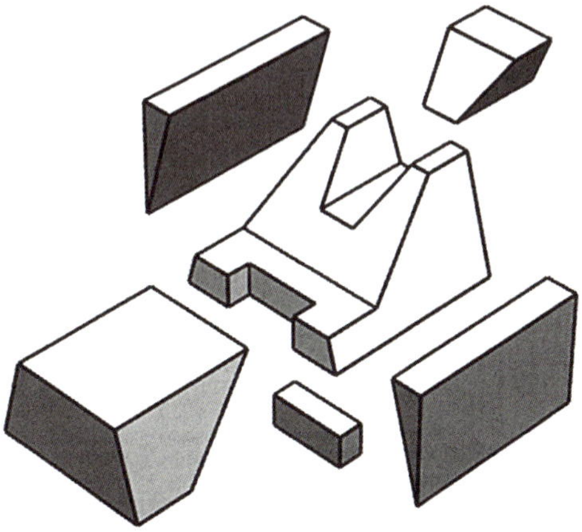

图 4－16　座块的形体分析

座块三视图的作图步骤见表 4－4。

表 4－4　座块三视图的作图步骤

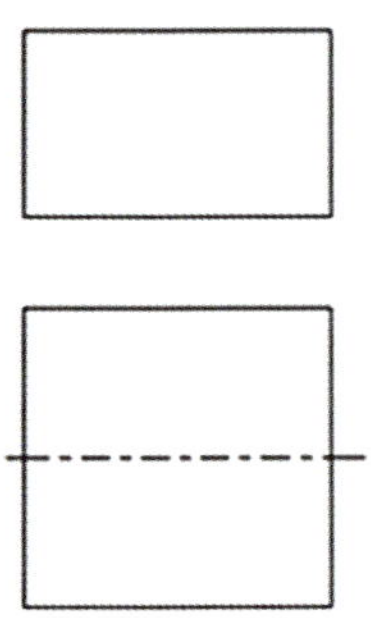	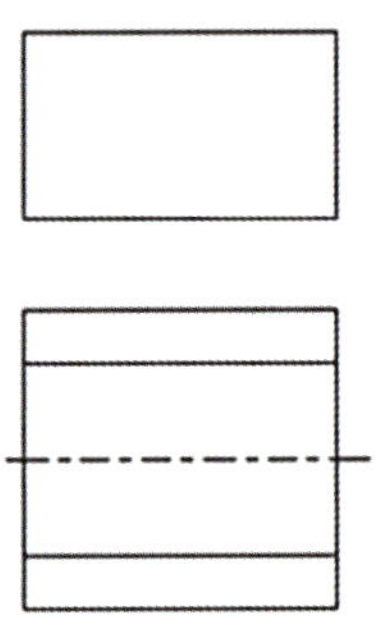
（1）画出长方体的三视图	（2）切去前、后各一个三棱柱
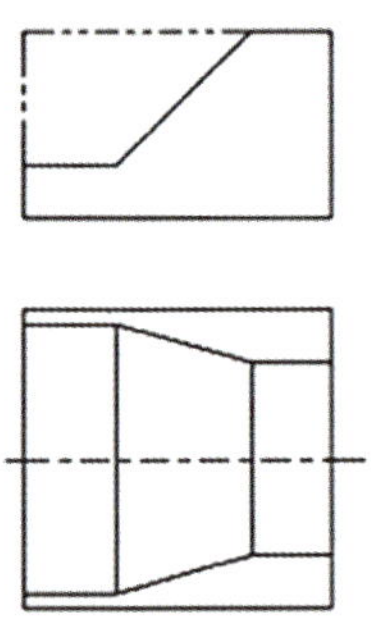	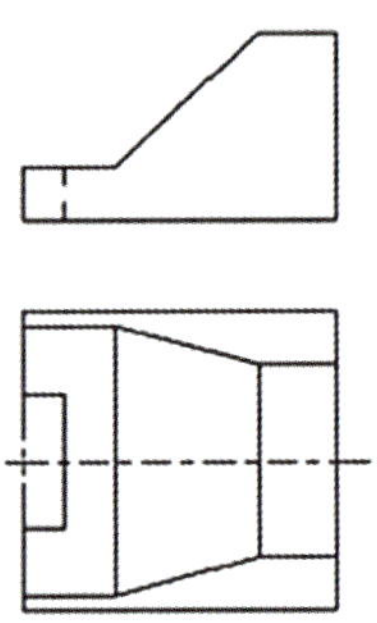
（3）切去左上角梯形块	（4）切去左下方中间部位长方体
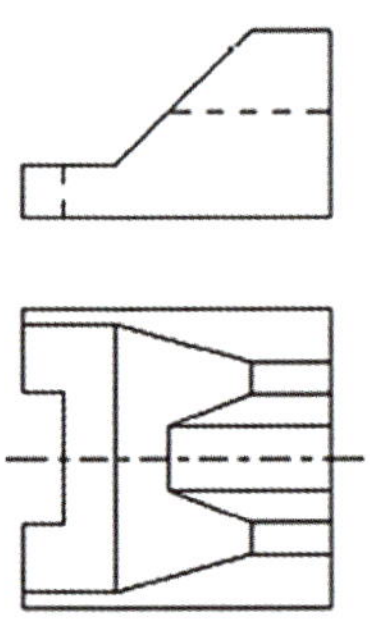	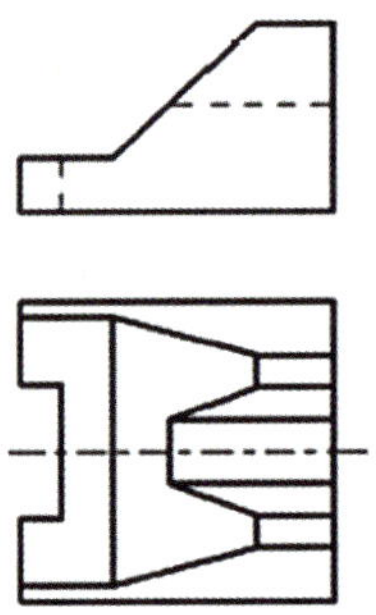
（5）切去右上方中间部位梯形块	（6）检查后，擦去作图线，按线型加粗

二、组合体的尺寸标注

视图只能表达组合体的形状，而组合体的实际大小及各基本体的相对位置是由所标注的尺寸来确定的，因此，尺寸标注必须做到正确、完整、清晰。

1. 尺寸种类

从形体分析的角度来说，组合体的尺寸有定形尺寸、定位尺寸和总体尺寸三种。

（1）定形尺寸。它是确定组合体各基本体的形状和大小的尺寸。如图 4－17 所示，支座是由底板、支承板和肋板组成的，底板的定形尺寸为长 58、宽 34、高 10，圆角半径 $R10$ 及底板上的 2 个圆孔直径 $\phi 10$。

（2）定位尺寸。它是确定组合体各基本体相对位置的尺寸。如图 4－17 所示，尺寸 38 和 24 是底板上 2 个圆孔的定位尺寸，尺寸 32 是支承板上圆孔的定位尺寸。

（3）总体尺寸。它是确定组合体外形的总长、总宽、总高的尺寸。如图 4－17 所示，底板的尺寸 58 为总长尺寸，底板的尺寸 34 为总宽尺寸。当组合体一端或两端为同轴圆孔的回转面时，如图 4－17 所示的支承板，通常只需标注孔的定位尺寸 32 和外端圆柱面的半径 $R17$，而不直接标注出总高尺寸。但有时为了满足加工要求，应同时标注定形尺寸与定位尺寸。如图 4－17 所示的底板的 2 个圆孔与圆角同轴线，但却必须标注出圆角的定形尺寸 $R10$、小圆孔的定位尺寸 38 和总长尺寸 58。

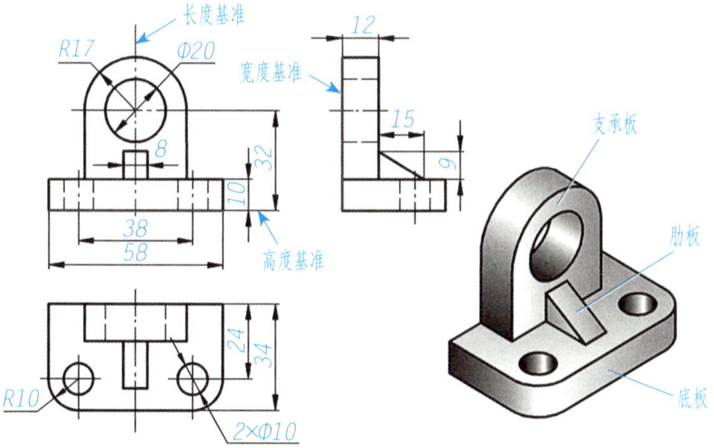

图 4－17　组合体的尺寸分析

2. 尺寸基准

标注或度量尺寸的起点，称为尺寸基准。组合体具有长、宽、高三个方向的尺寸，每个方向应至少选择一个尺寸基准，以便从基准出发确定各基本体的定位尺寸。一般应选择组合体的对称平面、底面、重要端面以及回转体的轴线作为尺寸基准，如图 4－17 所示。

3. 尺寸标注的基本要求

（1）尺寸标注必须正确。尺寸标注应符合国家标准的有关规定，尺寸数值应正确无误。

（2）尺寸标注必须完整。应采用形体分析法，逐一标注尺寸，所注尺寸必须完整，能据此确定各基本体的大小及相对位置，不得遗漏尺寸，也不得重复。

（3）尺寸标注必须清晰。尺寸标注必须清晰、美观，便于读图。为此应注意以下几点要求：

1）同一基本体的定形尺寸与定位尺寸应集中标注。如图 4－18 所示的两圆孔，其定形尺寸 ϕ8 及定位尺寸 22 和 14，在图 4－18（a）中是分散标注在三个视图中，而在图 4－18（b）中是集中标注在左视图中，显然后者更加便于读图。

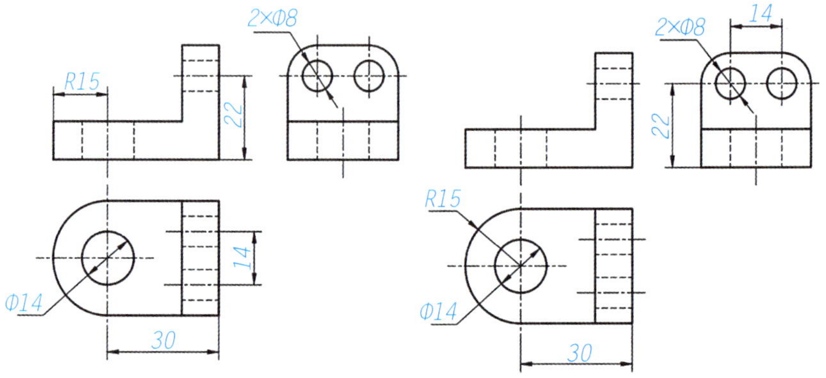

（a）不清晰　　（b）清晰

图 4－18　尺寸标注的清晰性（一）

2）尽量标注在反映形状特征和位置特征较为明显的视图上。如图 4－19 所示的俯视图最能反映物体形状特征，因此，该物体的槽口定形尺寸 44 和 14 标注在图 4－19（a）所示的主视图和左视图中显然是不合理的，应该标注在图 4－19（b）所示的俯视图中；且尽量避免标注在虚线上，如图 4－19（a）所示的 ϕ22。

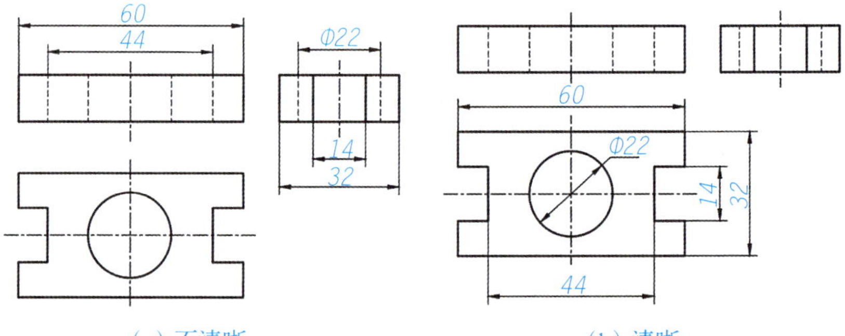

（a）不清晰　　（b）清晰

图 4－19　尺寸标注的清晰性（二）

3）同轴回转体的直径尺寸尽量标注在投影为非圆的视图上。如图 4－20 所示的同轴圆柱尺寸 ϕ20、ϕ30、ϕ60，如果按图 4－20（a）所示标注在有圆的视图上，就会显得杂乱，而标注在图 4－20（b）所示的非圆的视图上，就显得清晰明了。另外，圆弧尺寸必须标注在投影为圆弧的视图上，如图 4－18（b）所示的圆弧半径 R15。

4）尽量将尺寸标注在视图的外面。与两相邻视图相关联的尺寸，宜标注在两视图之间，如图 4－21（b）所示的尺寸 18；对于“并列”尺寸，应把小尺寸注在里面（即靠近视图），大尺寸注在外边，如图 4－21（b）所示的尺寸 28、40 和 12、24。

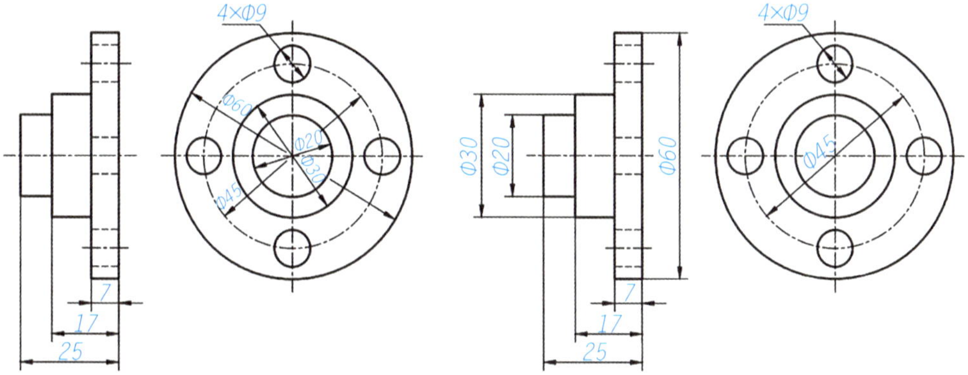

（a）不清晰　　（b）清晰

图 4－20　尺寸标注的清晰性（三）

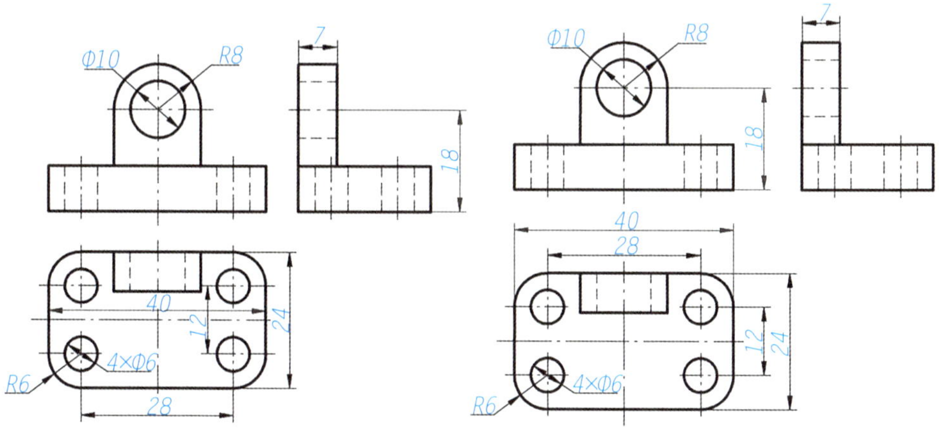

（a）不清晰　　（b）清晰

图 4－21　尺寸标注的清晰性（四）

标注尺寸时，有时不能兼顾上面几点要求，那么应在保证尺寸完整、清晰的前提下，合理安排尺寸。

【例 4－6】标注图 4－22 所示的座体三视图的尺寸。

标注步骤如下：

（1）分别标注底板和竖板的定形尺寸，如图 4－23 所示。

（2）确定座体长、宽、高三个方向的尺寸基准，标注定位尺寸，如图 4－24 所示。

（3）根据需要，标注合理的总体尺寸，完成三视图的标注，如图 4－25 所示。

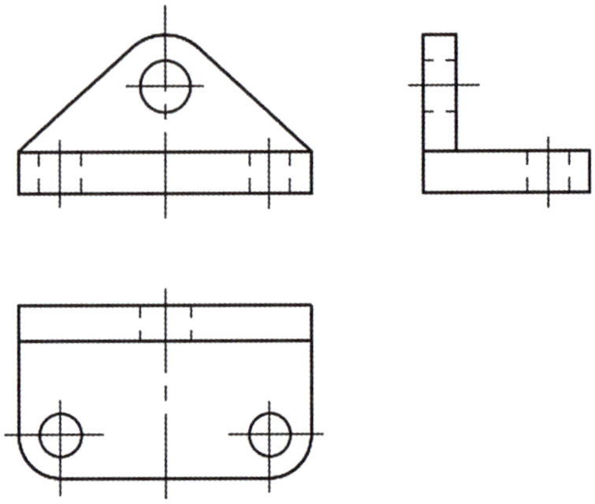

图 4－22　座体三视图

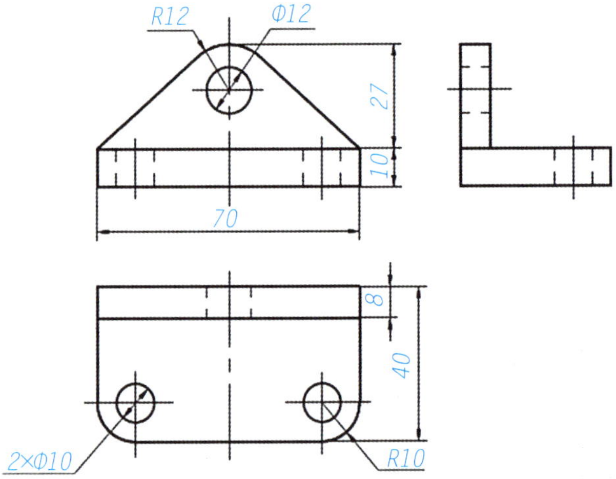

图 4－23　座体的定形尺寸

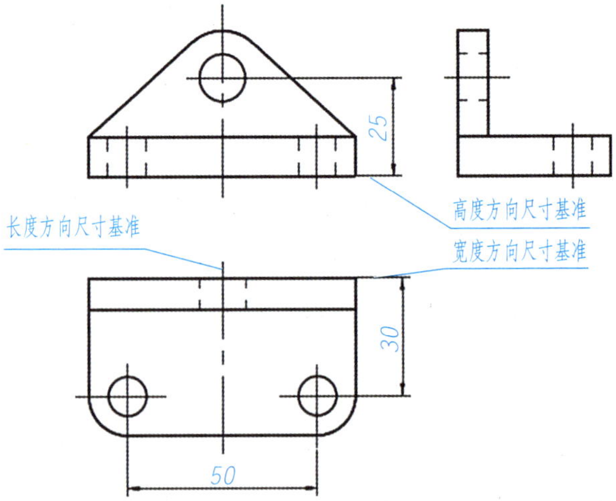

图 4－24　座体的尺寸基准和定位尺寸

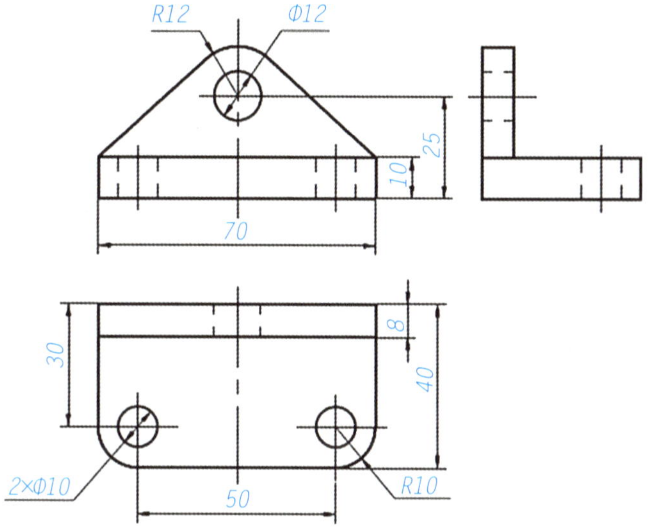

图 4-25 座体的尺寸标注

4. 组合体常见结构的尺寸注法

如图 4-26 所示为组合体常见结构的尺寸注法。

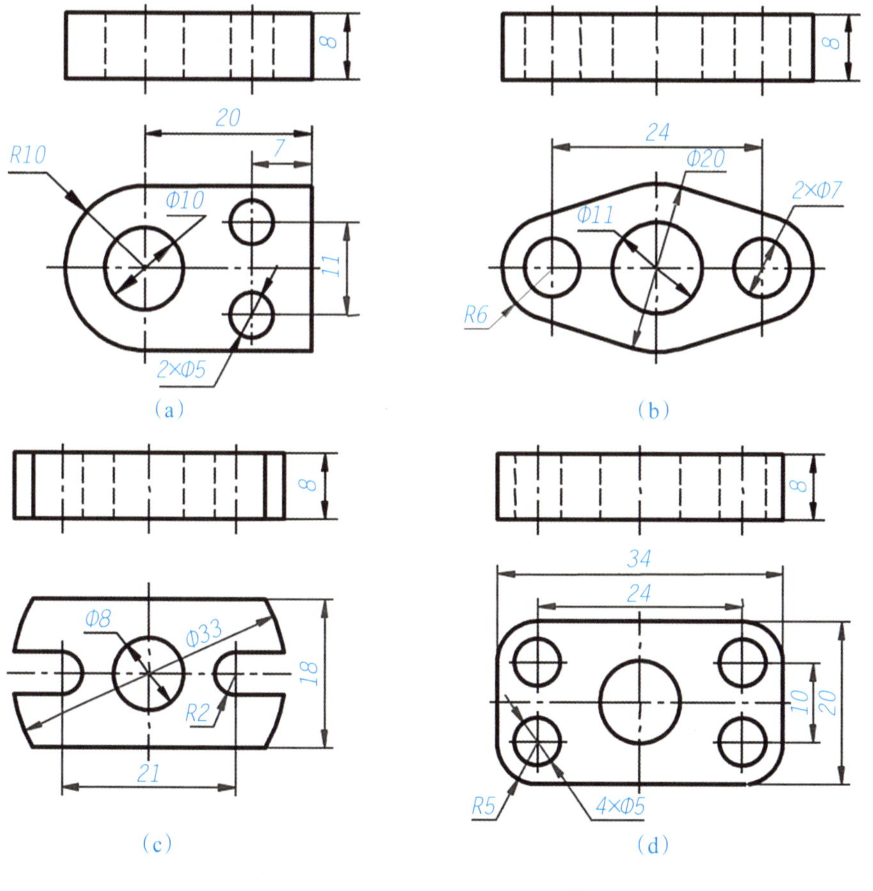

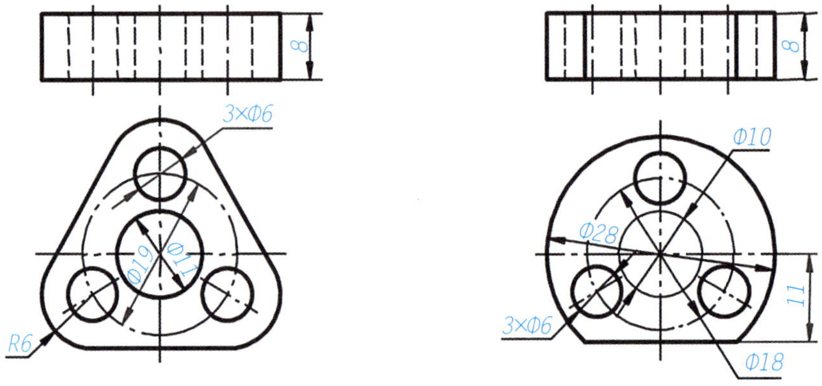

图 4-26　常见结构的尺寸注法

三、综合实例应用

【例 4-7】绘制图 4-27（a）所示的支座的三视图，并进行尺寸标注。

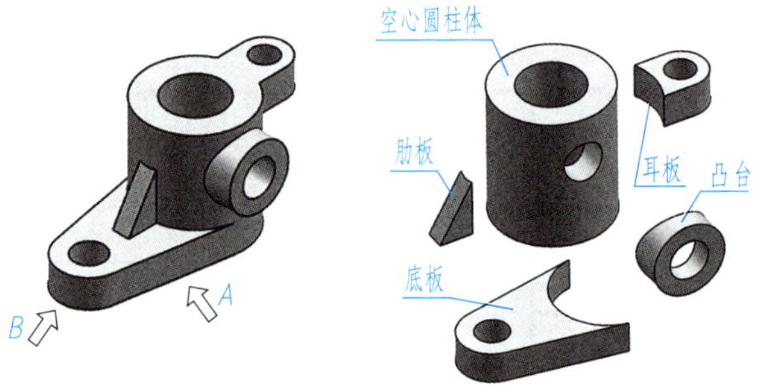

图 4-27　支座的立体图

1. 形体分析

绘图前，应对组合体进行形体分析。该支座由底板、肋板、耳板、空心圆柱体和凸台等组成，如图 4-27（b）所示。

2. 选择主视图

如图 4-27（a）所示，将支座按自然位置放置后，比较投射方向 *A* 和 *B*，显然 *A* 方向最能清晰反映支座的各基本体的形状特征和相对位置特征，而 *B* 方向并没有清晰反映肋板的形状及其与空心圆柱体的相对位置关系，所以应选择 *A* 方向作为主视图的投影方向。主视图确定后，其他视图也就确定了。

3. 布置视图

布置视图时，应按实际尺寸及所选比例合理布置视图。以各视图的最大尺寸画出各视图的作图基准线，各视图间隔应恰当，视图间应留有足够的位置用于尺寸标注。作图基准线一般是图形的对称中心线、较大圆或孔的轴线、底面、端面等。

4. 绘图步骤（见表 4－5）

表 4－5　支座三视图的绘图步骤

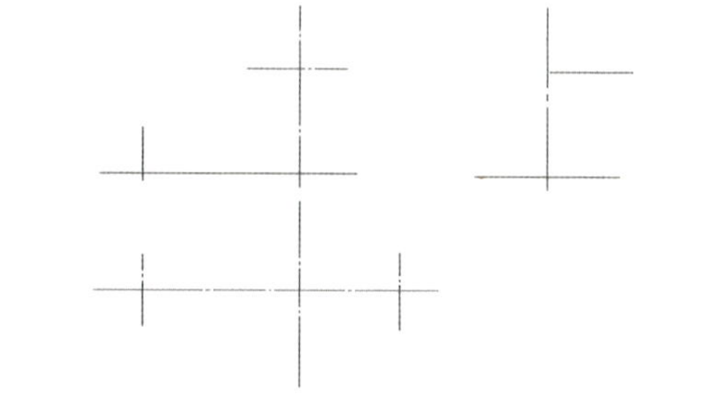	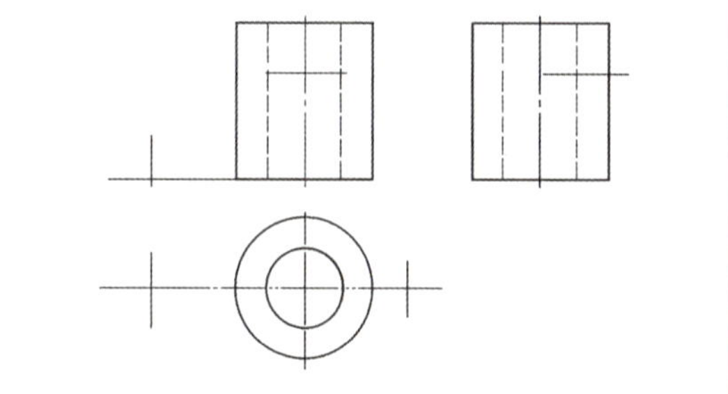
（1）绘制各图的基准线	（2）绘制圆筒的三视图
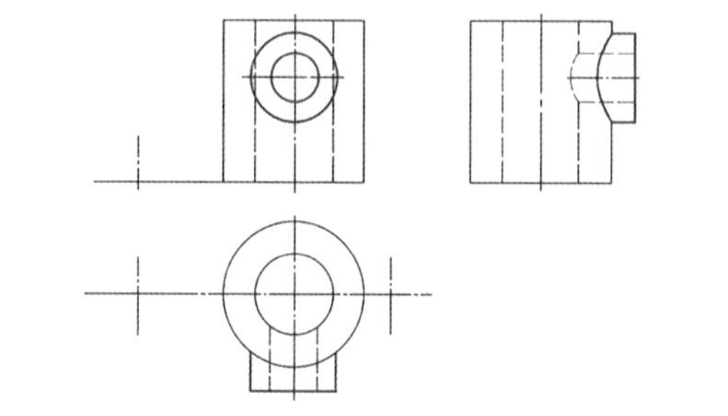	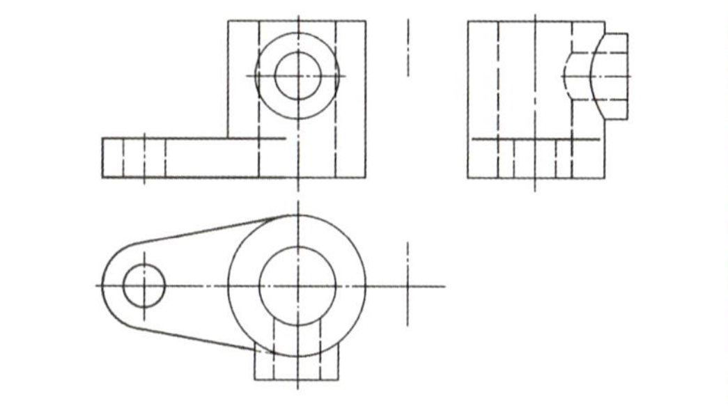
（3）绘制凸台的三视图	（4）绘制底板的三视图
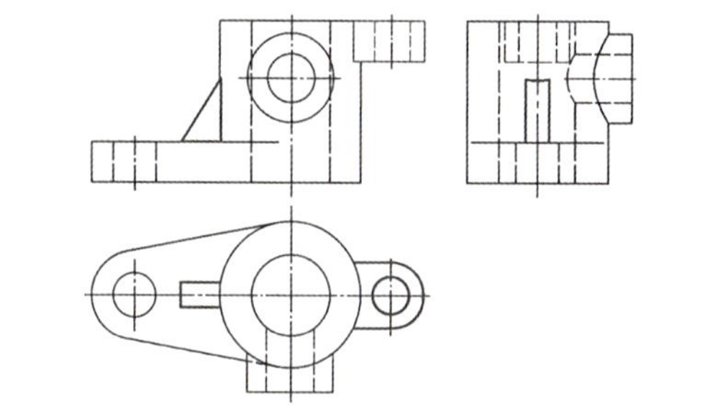	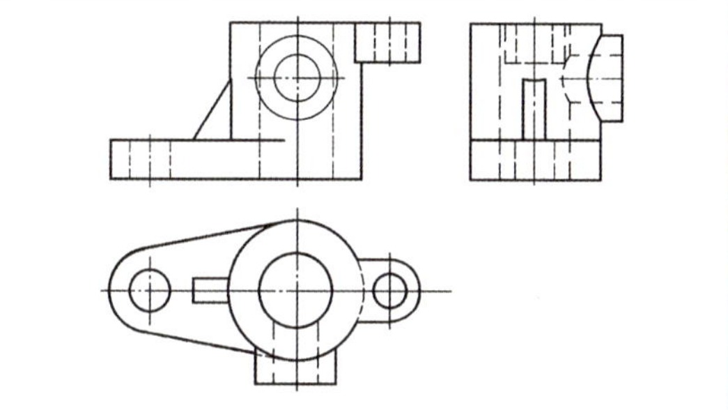
（5）绘制耳板和肋板的三视图	（6）检查、修改，描深全图

注意，为了提高作图速度并保证视图间的投影关系，对于每个基本体，尽可能三个视图同时画，而不能画完一个视图再画另一个视图。

画完底稿后，仍然按形体分析法逐个检查视图，修改错误或不妥之处，补画漏线，擦去多余图线。经确认无误后，再按标准线型描深全图。

5. 尺寸标注

（1）对组合体进行形体分析，依次标注支座各组成部分的定形尺寸，如图 4－28 所示。

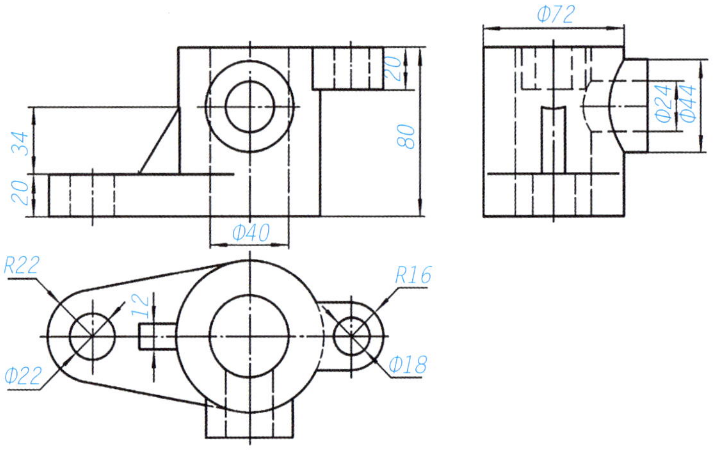

图 4－28　支座的定形尺寸

（2）依次确定支座长、宽、高三个方向的主要尺寸基准，标注定位尺寸，如图 4－29 所示。

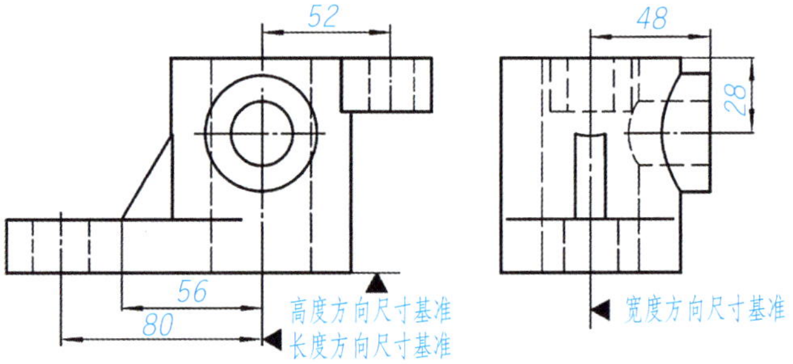

图 4－29　支座的尺寸基准和定位尺寸

（3）标注总体尺寸，完成支座的尺寸标注，如图 4－30 所示。

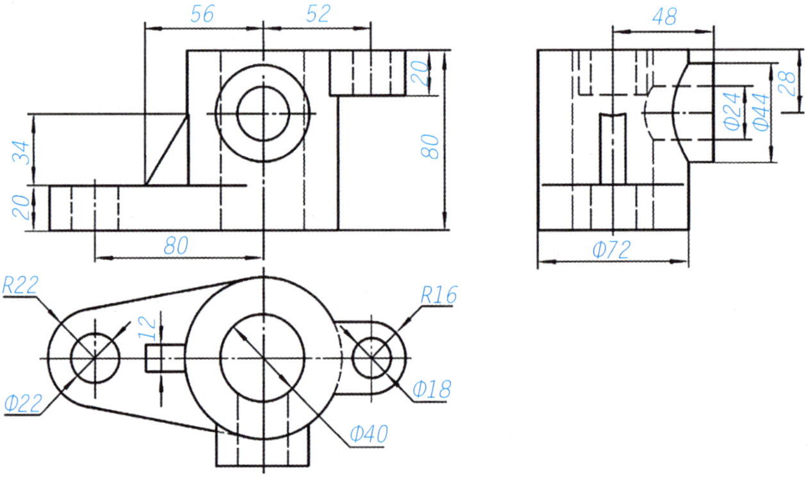

图 4－30　支座的尺寸标注

4.3 读组合体视图

画组合体的视图是采用正投影法将空间的三维结构形状用二维图形表达出来，读图则是运用正投影法，根据二维图形想象其空间三维结构形状的过程，即读图是画图的逆过程。

一、读图的基本要领

1. 要把几个视图联系起来读

组合体的形状一般是通过几个视图来表达的，每个视图只能反映空间形体一个方向的形状。因此，一个或两个视图往往不能唯一确定物体的形状。如图 4－31 所示的四组图形，它们的俯视图都相同，但联系不同的主视图分析、对照，便能看出它们是不同形状的物体。因此，读图时，必须把几个视图联系起来分析，方能准确想出物体的形状。如图 4－32 所示的四组图形，它们的主、俯视图均相同，却是四种不同形状的物体。

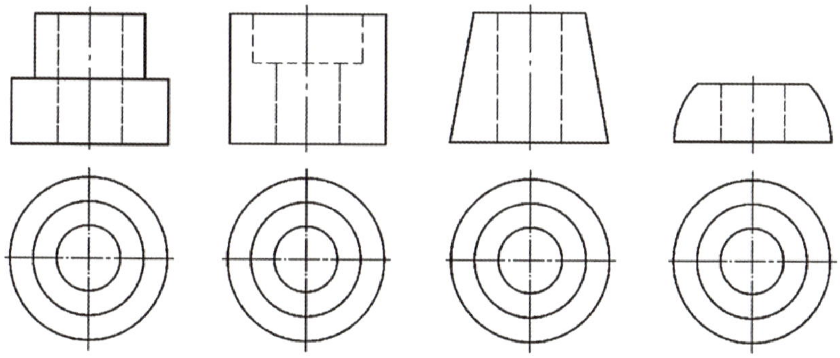

图 4－31　几个视图联系起来识读

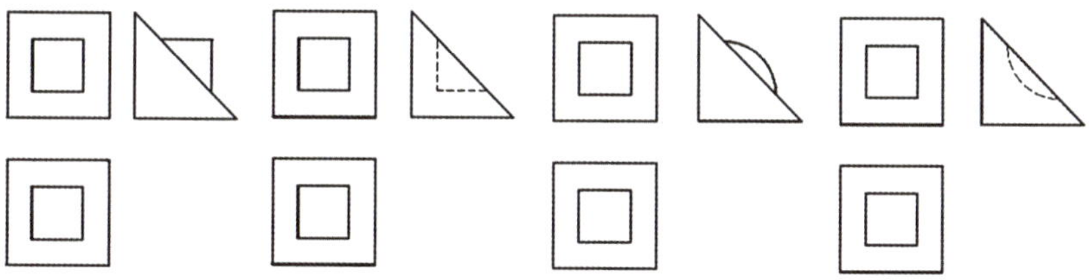

图 4－32　两个视图不能唯一确定物体形状

2. 理解视图中线框及图线的含义

（1）视图上封闭线框的含义。

1）一个封闭线框。表示物体上一个面（平面、曲面）或通孔的投影，如图 4－33（a）所示的线框 4′ 表示的是平面；图 4－33（b）中线框 6′ 表示的是曲面。

2）相邻两线框。它们所代表的两个平面在空间上要么相交，要么错开。如图 4－33

(a) 所示的线框 3′ 与线框 4′ 表示的平面是相交的，而线框 4′ 与线框 1′ 表示的平面是错位的。

3）大线框内有小线框。小线框在空间中代表的部分要么凸起来，要么凹下去；如图 4－33（a）所示的俯视图中的矩形线框是凸起来的；而图 4－33（b）所示的俯视图的矩形线框是凹下去的。

（2）视图上一条图线的含义。

1）表示物体上两个表面交线的投影，如图 4－33（a）所示的 2′。

2）表示曲面的转向轮廓线的投影，如图 4－33（b）所示的 7′。

3）表示垂直面或平行面的投影，如图 4－33（a）所示的 5′ 代表水平面。

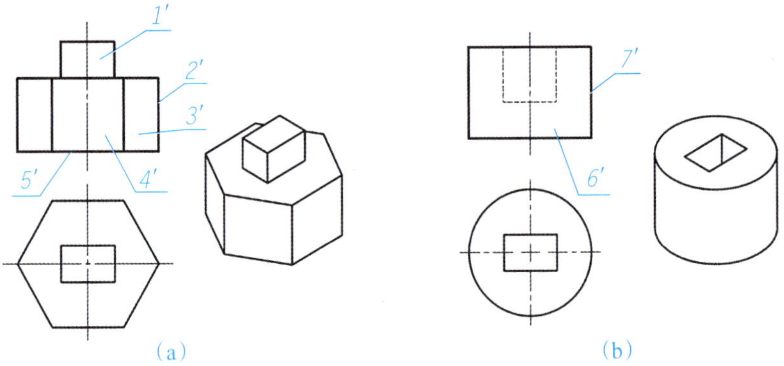

图 4－33　线框和图线的含义

二、读图的方法和步骤

1. 形体分析法

形体分析法是读图的基本方法。读图时，通常从最能反映物体的形状特征的视图着手，分离出若干形状特征线框，然后根据正投影法在其他视图上找出各个线框对应的投影，逐一分析每组线框，想象各组线框所表达的形状及各形体之间的相对位置关系，最后综合想象整个物体的三维结构和形状。

下面以轴承座为例，说明运用形体分析法识读组合体视图的方法与步骤。

（1）划线框，分形体。从主视图入手，将该组合体划分为四个部分，如图 4－34（a）所示。

（2）对投影，想形状。从主视图开始，分别找出各线框对应的其他投影，并结合各自的特征视图逐一构思它们的形状。如图 4－34（b）、图 4－34（c）、图 4－34（d）所示。

（3）合起来，想形状。根据各部分的形状和它们的相对位置综合想象其整体形状，如图 4－34（e）所示。

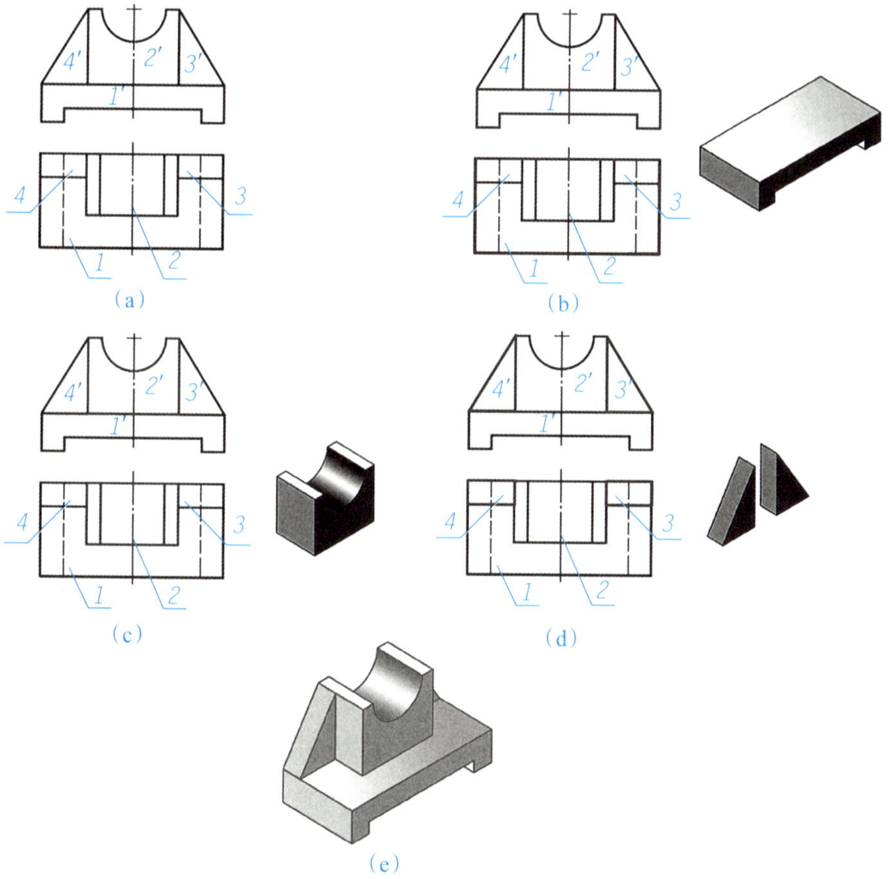

图 4-34 形体分析法读图

【例 4-8】如图 4-35 所示，已知支承的主、左视图，补画俯视图。

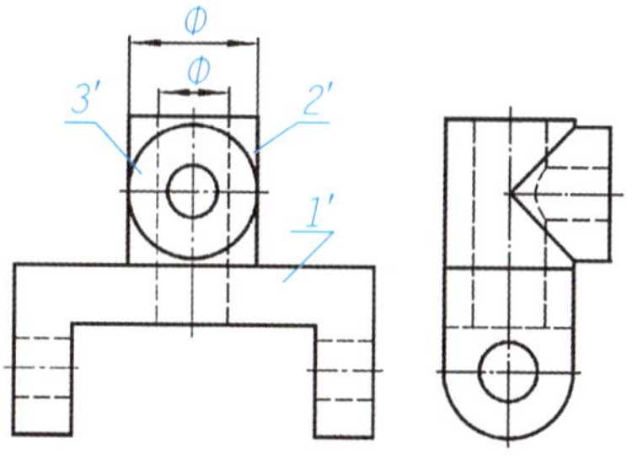

图 4-35 支承的主、左视图

分析：把主视图中的图形划分为三个封闭线框，看作组成支承的三个部分，分析它们的相对位置和表面连接关系，综合想象整体形状，从而补画出支承的俯视图。

作图步骤如下：

（1）在主视图上分离出底板的线框 *1′*，由主、左视图对照后，可看出它是一块倒凹字形板，左右两侧是带圆孔的半圆形耳板。画出底板的俯视图，如图 4-36 (a) 所示。

（2）在主视图上分离出上部长方形线框 2′，由于在图 4－35 中注有直径，因此对照左视图可知，它是轴线垂直于水平面的圆柱体，中间有穿通底板的圆柱孔，圆柱与底板的前后端面相切。画出空心圆柱体的俯视图，如图 4－36（b）所示。

（3）在主视图上分离出圆形线框 3′（中间还有一个小圆线框），对照左视图可知，它也是一个中间有圆柱孔且轴线垂直于正面的圆柱体，其直径与垂直于水平面的圆柱体直径相等，而孔的直径比铅垂的圆柱孔小，它们的轴线垂直相交，且都平行于侧面。画出水平圆柱的俯视图，如图 4－36（c）所示。需要注意的是，当画出水平圆柱的俯视图后，被它遮住的凹字形底板的俯视图部分要改为虚线。

（4）根据底板和两个圆柱体的形状，以及它们之间的相对位置，可以想象出支承的整体形状，如图 4－36（d）所示的轴测图，然后按轴测图校核补画的俯视图。

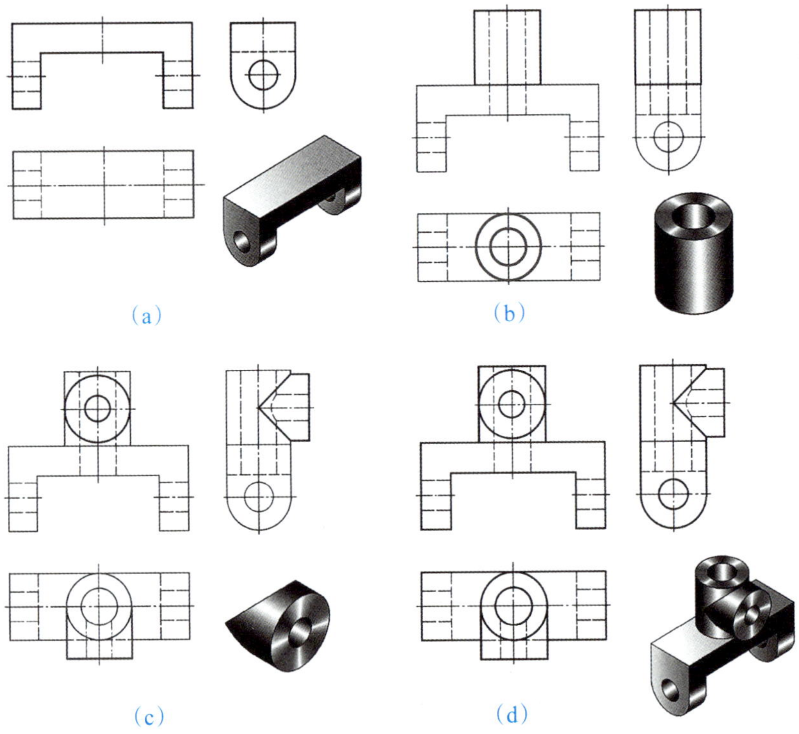

图 4－36　补支承的俯视图

2. 面形分析法

读视图时，对某个局部较难读懂的地方采用形体分析法是行不通的，特别是对一些具有多次切割而成的组合体，其基本形体特征反映得并不明显，这时可运用面形分析法来辅助读图。面形分析法就是运用线、面的投影特性，分析视图中封闭线框及其在其他视图中所对应图线投影的含义及空间位置。例如，当基本体或不完整的基本体被投影面垂直面切割时，与截平面倾斜的投影面上的投影为类似形。如图 4－37（a）、图 4－37（b）、图 4－37（c）所示，分别有一个 L 形的铅垂面、工字形的正垂面和凹字形的侧垂面，在三视图中，与截平面垂直的投影面上的投影积聚成直线，与截平面倾斜的另两个投影面上的投影均为类似形。

图 4－37　倾斜于投影面的截平面的投影为类似形

【例 4－9】已知压板的主、俯视图，如图 4－38（a）所示，补画左视图。

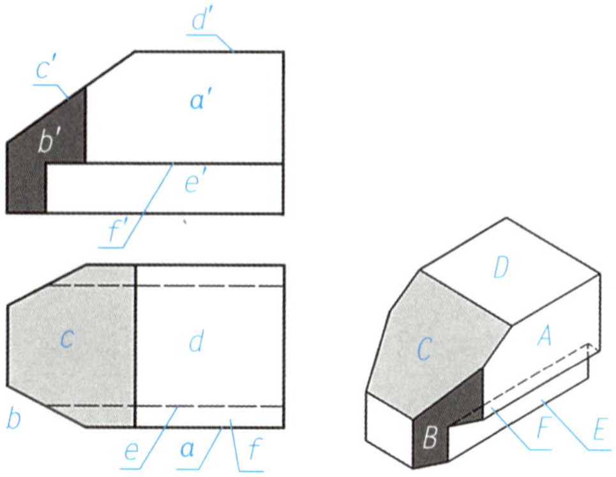

（a）主、俯视图　（b）形体

图 4－38　压板

分析：主视图中三个封闭线框 a'、b'、e'，对应俯视图中压板前半部的三个平面 A、B、E，其水平投影积聚成直线的投影 a、b、e。其中，A 和 E 是正平面，B 是铅垂面。俯视图中两个封闭线框 c 和 d，对应主视图中两个平面 C 和 D，其正面投影积聚成直线的投影 c' 和 d'。其中，C 面是正垂面，D 是水平面。俯视图中压板前半部位于虚线与实线组成的封闭线框 f，对应主视图中平面 F，其正面投影积聚成直线的投影 f'。显然 F 是水平面。由此可想象压板是一个长方体左端被三个平面切割，底部被前后对称的两组平面切割，其形体如图 4－38（b）所示。

作图步骤如下：

（1）长方体被正垂面 C 切去左上角，由主视图补画左视图，如图 4－39（a）所示。

（2）长方体被两个铅垂面切去前、后对称的两个角，按“长对正、高平齐、宽相等”，且前后对应的投影关系补画左视图，如图 4－39（b）所示。必须注意：正垂面 C 的水平投影 c 应与其侧面投影 c'' 类似；铅垂面 B 的正面投影 b'（与后半部铅垂面重影）应与其侧面

投影 b'' 类似。

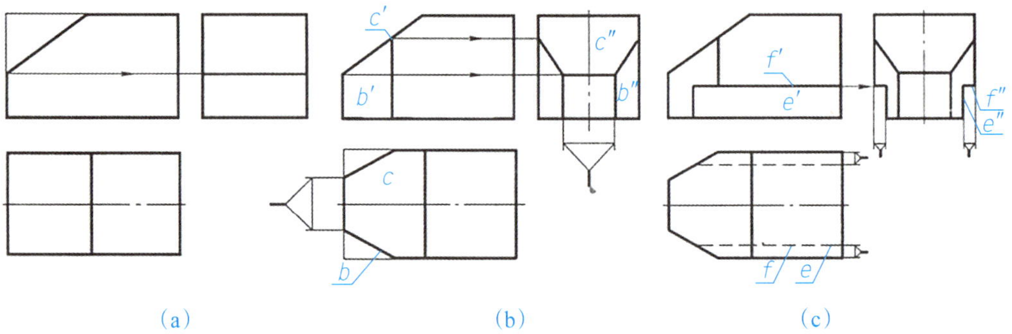

图 4－39　补画压板左视图的方法

（3）下部分别被前后对称的两组水平面 F 和正平面 E 切去前后对称的两块，F 和 E 在左视图上均有积聚性，按“高平齐、宽相等”作出它们的左视图，如图 4－39（c）所示。

综上所述，对压板主、俯视图进行面形分析，从而想象出压板的整体形状，逐步补画出压板的左视图。

【例 4－10】 补画图 4－40（a）所示的三视图的漏线。

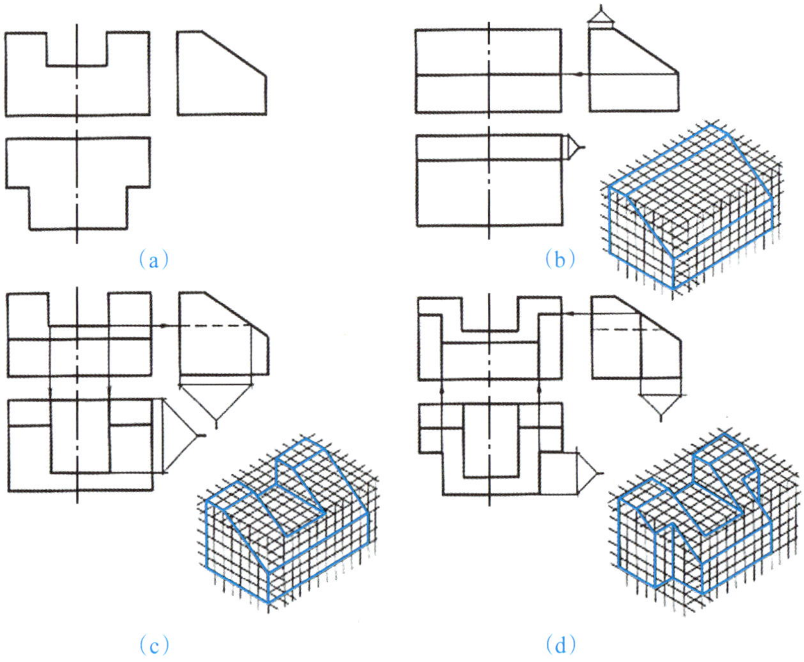

图 4－40　补画三视图中的漏线

分析：如图 4－40（a）所示，对已知三个视图分析可知，该组合体是长方体被几个不同位置的平面切割而成。可采用边切割、边补线的方法逐个补画三个视图中的漏线。在补线的过程中要应用“长对正、高平齐、宽相等”的投影规律，特别要注意俯、左视图宽相等及前后对应的投影关系。三个视图中均没有圆或圆弧，可根据正等测徒手绘制轴测草图，构思形体。

作图步骤如下：

（1）从左视图上的斜线可知，长方体被侧垂面切去一角。在主、俯视图中补画相应的漏线，如图 4－40（b）所示。

（2）从主视图上的凹槽可知，长方体的上部被一个水平面和两个侧平面开了一个槽。补画俯、左视图中相应的漏线，如图 4－40（c）所示。

（3）从俯视图可知，长方体前面被两组正平面和侧平面左、右对称地切去一角，补全主、左视图中相应的漏线，如图 4－40（d）所示。按徒手画出的轴测草图检查三视图。

单元 5

机件的常用表达方法

学习目标

（1）熟悉基本视图的名称、形成原理和配置关系。

（2）熟悉向视图、局部视图和斜视图的画法与标注。

（3）理解剖视图的概念，掌握剖视图的画法与标注。

（4）掌握全剖视图、半剖视图、局部剖视图的画法及标注。

（5）掌握剖切面的种类及画法。

（6）掌握断面图的概念、种类、画法及标注。

（7）了解局部放大图的画法和常用的简化画法。

（8）能够灵活运用各种表达方法。

（9）了解第三角投影的画法。

知识要点及学时分配建议

<table>
<tr><th colspan="3">知识要点</th><th>学时</th><th>备注</th></tr>
<tr><td rowspan="2">1. 视图</td><td colspan="2">基本视图和向视图的概念及画法规定</td><td>2</td><td></td></tr>
<tr><td colspan="2">局部视图和斜视图的概念及画法规定</td><td>2</td><td></td></tr>
<tr><td rowspan="4">2. 剖视图</td><td colspan="2">剖视图的概念及画法规定</td><td>2</td><td></td></tr>
<tr><td rowspan="3">剖视图的种类及画法</td><td>全剖视图</td><td>1</td><td></td></tr>
<tr><td>半剖视图</td><td>2</td><td></td></tr>
<tr><td>局部剖视图</td><td>2</td><td></td></tr>
</table>

续表

知识要点			学时	备注
2. 剖视图	剖切面的种类及画法	单一剖切面	1	
		几个平行的剖切面	2	
		几个相交的剖切面	2	
	复合剖视图		1	初学者选择学习
3. 断面图的概念及画法规定			4	
4. 其他表达方法			2	
5. 表达方法综合应用			4	
6. 第三角画法简介			1	初学者选择学习

在工程实际中，机件的结构形状是多种多样的，有些机件的内、外结构形状都比较复杂，仅用三视图往往不能表达清楚。为此，国家标准《技术制图》和《机械制图》规定了视图、剖视图和断面图等的基本表示法。本单元重点学习机件的各种表示法的特点、画法及标注。

5.1 视图

用多面投影体系按正投影法绘制出的物体的图形称为视图。视图一般只画机件的可见部分，必要时才画出不可见部分。视图通常分为基本视图、向视图、局部视图和斜视图。

一、基本视图

国家标准《技术制图》中对图样画法做了规定，用六面体的六个面作为基本投影面，将机件放置在六面体中，采用正投影法将机件向六个基本投影面投影所得到的六个视图称为基本视图，如图 5－1 所示。

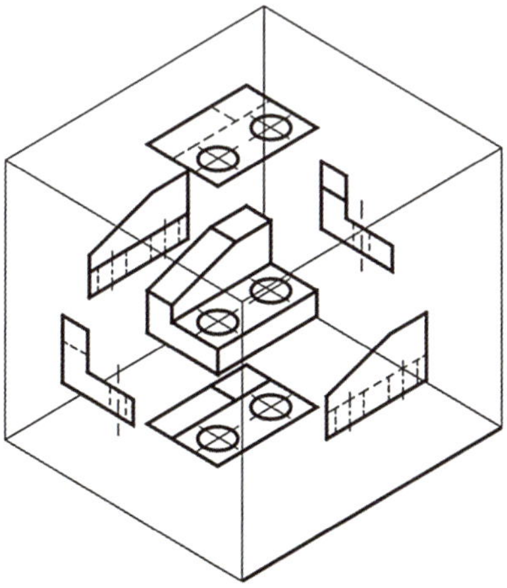

图 5－1　机件的六个基本视图

投影后，规定正面不动，把其他投影面展开，与正面成同一个平面，如图 5－2（a）所示。展开后的基本视图的配置关系如图 5－2（b）所示，它们之间的投影关系满足“长对正、高平齐、宽相等”原则。

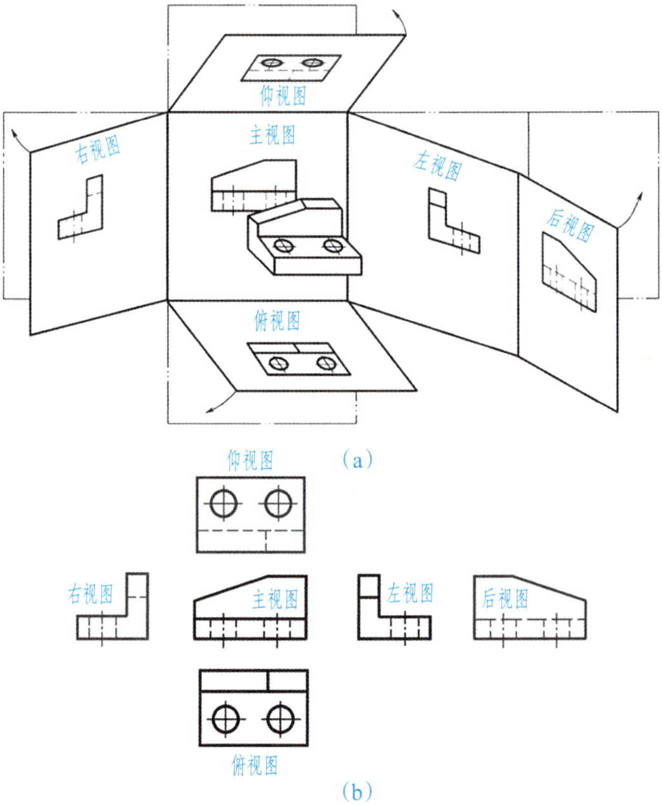

图 5－2　六个基本视图的配置

基本视图名称及其投影方向的规定如下：

主视图：自前向后投射所得的视图。

左视图：自左向右投射所得的视图，配置在主视图右方。

右视图：自右向左投射所得的视图，配置在主视图左方。

俯视图：自上向下投射所得的视图，配置在主视图下方。

仰视图：自下向上投射所得的视图，配置在主视图上方。

后视图：自后向前投射所得的视图，配置在左视图右方。

实际绘图时，应根据机件的复杂程度合理选用必要的基本视图。

二、向视图

实际绘图时，考虑到图纸布局，视图可不按图 5－2（b）所示的位置配置，此时应在视图的上方标出视图的名称“X”（“X”为英文大写字母），并在相应视图附近用箭头指明投射方向，并标注相同的字母，如图 5 - 3 所示，这种自由配置的视图称为向视图。基本视图和向视图均用于表示机件的整体外形。

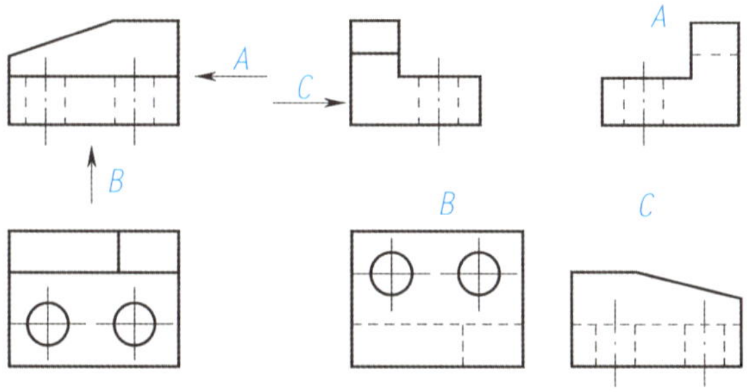

图 5 - 3　向视图

三、局部视图

将机件的某一部分向基本投影面投射所得的视图称为局部视图，如图 5 - 4 所示。画局部视图时，一般应在局部视图上方标出视图的名称“*X*”，在相应视图的附近用箭头指明投射方向，并在箭头旁按水平方向标注相同的字母，如图 5 - 4 中的局部视图 *B*。

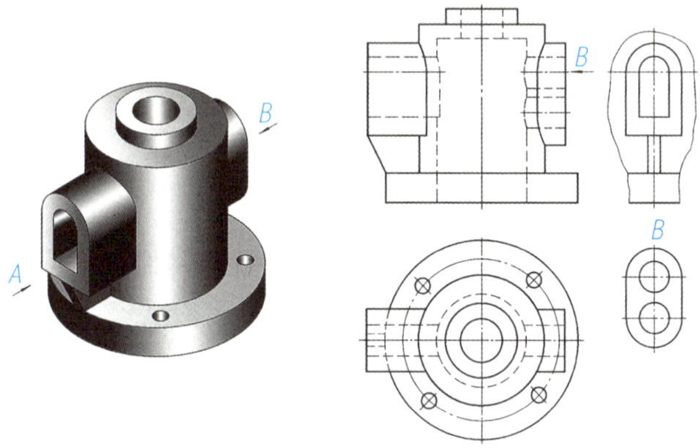

图 5 - 4　局部视图

局部视图按投影关系配置，中间没有其他图形隔开时，可省略标注，如图 5 - 4 中的局部视图 *A*。局部视图断裂处的边界线以波浪线表示，如图 5 - 4 中的局部视图 *A*。当被表达部分的结构是完整的，其图形的外轮廓线封闭时，波浪线可省略不画，如图 5 - 4 中的局部视图 *B*。

四、斜视图

机件向不平形于任何基本投影面的平面投射所得的视图称为斜视图。如图 5 - 5（a）所示的衬板具有倾斜表面，在基本视图上无法反映结构表面的真实形状，给读图、绘图、标注尺寸带来困难。为此可设置一个辅助投影面，使它与倾斜表面平行，把倾斜结构向该面投影，即可得到反映该部分实形的视图，如图 5－5（b）所示。

斜视图只需要表达倾斜表面的局部实形，其断裂边界以波浪线或双折线表示。

画斜视图时，必须在斜视图的上方标出视图名称“X”，在相应的视图附近用箭头指明投射方向，并在箭头旁按水平方向标注同样的字母“X”，如图 5－5（c）所示。

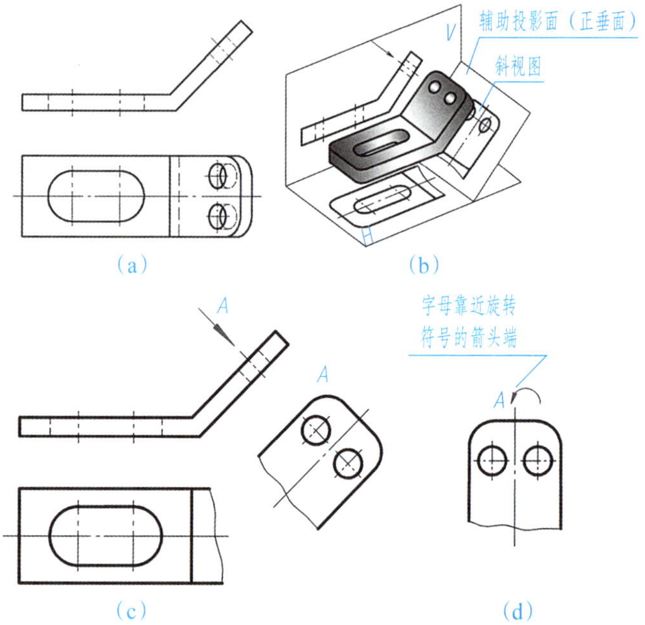

图 5－5 斜视图

斜视图一般应按投影关系配置，必要时也可配置在其他适当位置，在不致引起误解时允许将倾斜的图形旋转至图 5－5（d）所示的位置，此时应在旋转后的斜视图上方标注，如“A↶”。旋转符号的箭头指向应与旋转方向一致。表示斜视图名称的字母应靠近旋转符号的箭头端。

5.2 剖视图

表达机件内部结构时，视图上会出现比较多的虚线，给读图、绘图带来不便。相关国家标准中规定用“剖视”的方法来解决机件内部结构的表达问题。

一、剖视图的概念

1. 剖视图的形成

如图 5－6（a）所示的视图中存在较多虚线，影响读图和绘图。剖视是假想用剖切面剖开机件，如图 5－6（b）所示，将处在观察者和剖切面之间的部分移去，如图 5－6（d）

所示，将其余部分向投影面投射所得的图形称为剖视图，简称剖视，如图 5－6（c）所示。

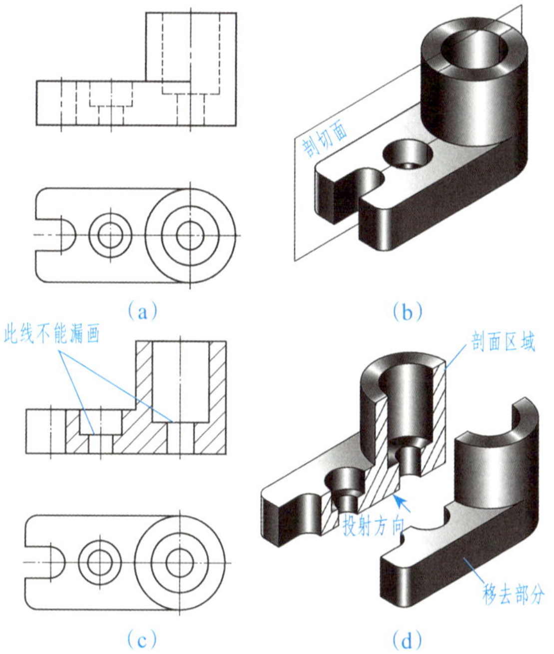

图 5－6　剖视图的形成

2. 剖视图的画法

（1）因为剖切是假想的，所以机件的一个视图画成剖视后，其他视图的完整性不应受到影响，一般仍应完整画出。

（2）为了准确地表达物体的真实形状，所选剖切面一般应与某投影面平行，并通过物体内部孔、槽的轴线或对称面，如图 5－6（b）所示。

（3）剖切后的所有可见轮廓线均要用粗实线画出，不能遗漏，如图 5－6（c）所示。

（4）剖视图上一般不画虚线，以增加图形的清晰性，但若画少量虚线可减少视图数量时，也可画出，如图 5－7 所示。

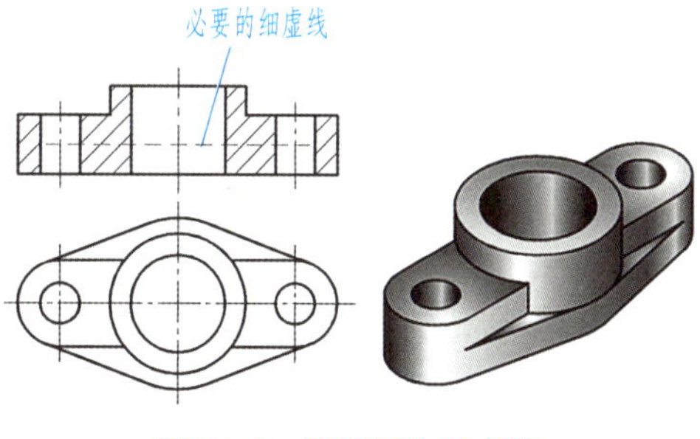

图 5－7　剖视图中的虚线

（5）在机件与剖切面相接触的剖面区域，应画上剖面符号。机件材料不同，其剖面符号画法也不同，具体见表 5－1。

表 5－1　剖面符号

材料名称	剖面符号	材料名称	剖面符号
金属材料	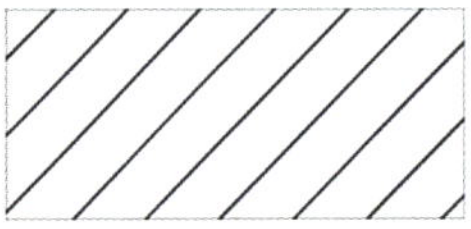	变压器等的叠钢片	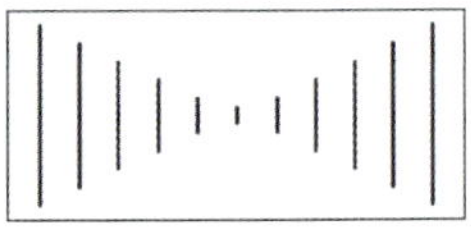
非金属材料	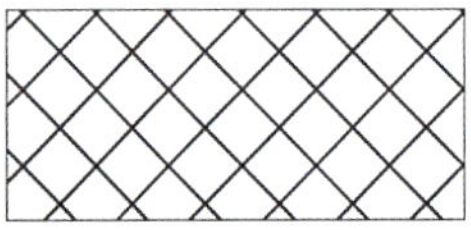	木材横截面	
线圈绕组元件	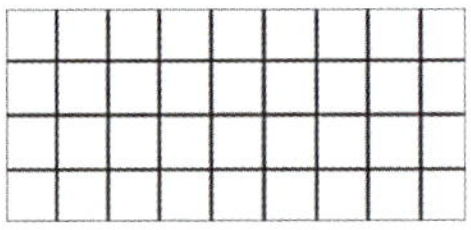	木材纵截面	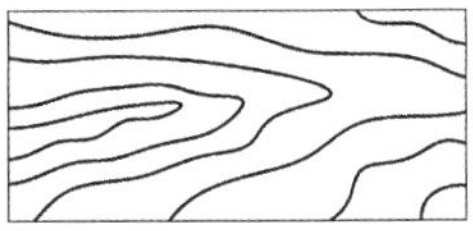
砖	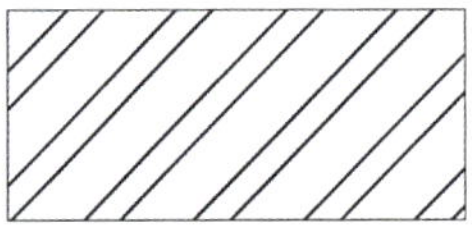	液体	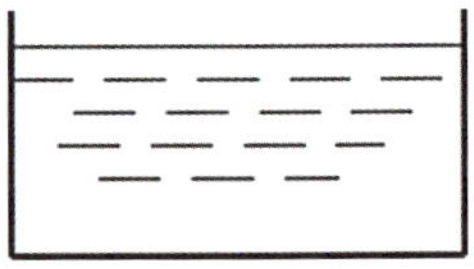
玻璃	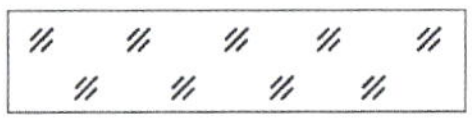	格网	

在机械设计中，金属材料使用最多，为此，相关国家标准规定用简明易画的平行细实线作为剖面符号，称为剖面线。绘制剖面线时，同一机械图样中的同一零件的剖面线应方向相同、间隔相等。剖面线的间隔应按剖面区域的大小选定。剖面线的方向最好与主要轮廓或剖面区域的对称线成 45°，如图 5－8 所示。

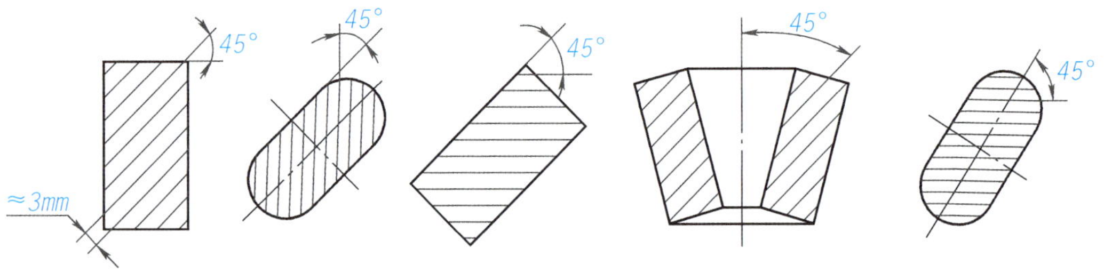

图 5－8　剖面线的方向

3. 剖视图的配置与标注

（1）剖视图名称及剖切符号。

一般应在剖视图的上方用字母标出剖视图的名称“*X*”；在相应的视图上用剖切符号表示剖切位置和投射方向，并注上同样的字母。剖切符号是指剖切面起讫和转折位置（用粗短线表示）及投射方向（用箭头表示）的符号，如图 5－9 中的 *B*—*B*。剖切符号应尽可能不与图形的轮廓线相交。

（2）标注及剖切符号的省略。

当剖视图按投影关系配置，中间又没有其他图形隔开时，可以省略箭头，如图 5 - 9 中的 *A*—*A*。

当用单一剖切面通过机件的对称面或基本对称面，且剖视图按投影关系配置，中间又没有其他图形隔开时，可以省略标注，如图 5 - 6 所示。

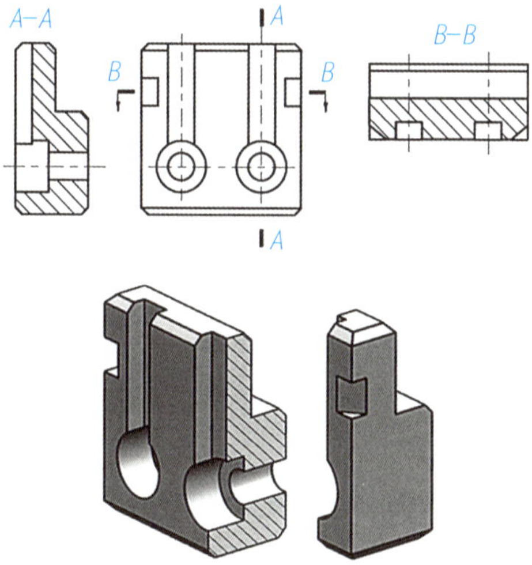

图 5 - 9　剖视图的配置与标注

二、剖视图的种类

1. 全剖视图

用剖切面（一个或几个）完全地剖开机件所得的剖视图称为全剖视图，如图 5 - 6、图 5 - 9、图 5 - 10 所示。

全剖视图一般适用于外形比较简单、内部结构较为复杂的机件。

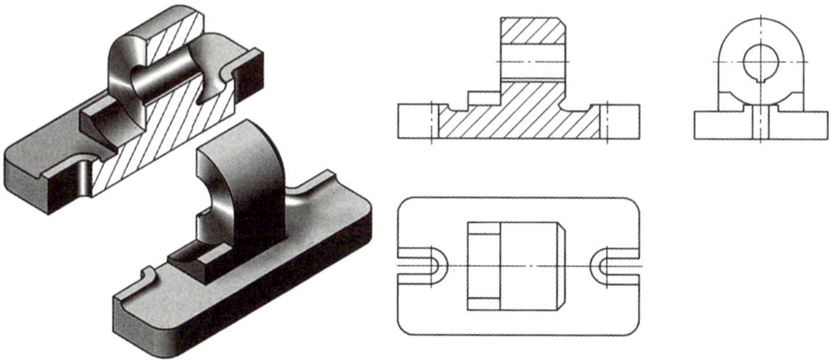

图 5 - 10　全剖视图

2. 半剖视图

当机件具有对称平面时，在垂直于对称平面的投影面上投射所得的图形可以以对称中心线为界，一半画成剖视图，另一半画成视图，这种组合的图形称为半剖视图，如图 5－11 所示。

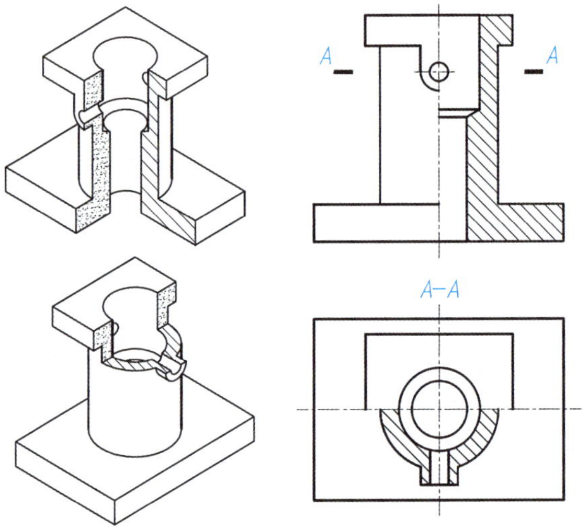

图 5－11　半剖视图（一）

画半剖视图时，视图与剖视图的分界线应是对称中心线（细点画线），不能与轮廓线重合。在半个视图中，虚线可以省略，但对于孔和槽等，应画出中心线位置。半剖视图标注的方法与全剖视图相同，如图 5－11 所示。

如机件的形状接近于对称，而不对称部分已另有图形表达清楚时，也可画成半剖视图，如图 5－12 所示。

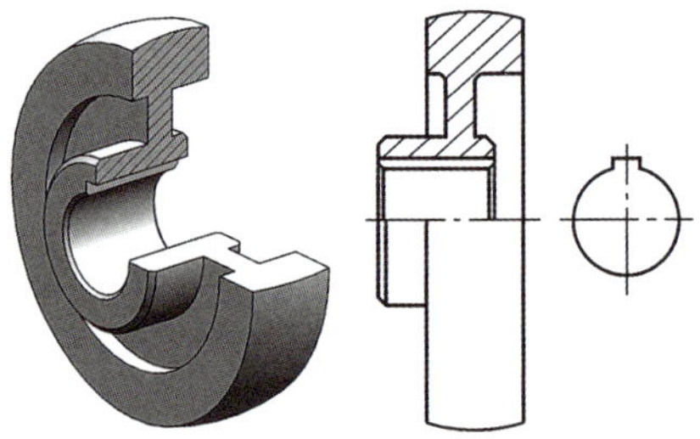

图 5－12　半剖视图（二）

3. 局部剖视图

用剖切面局部地剖开机件所得的剖视图称为局部剖视图。局部剖视是一种比较灵活的表达方法，其剖切面的位置与范围应根据机件需要而定，剖开部分与原视图之间用波浪线分开，波浪线表示机件断裂处的边界线的投影，如图 5－13 所示。

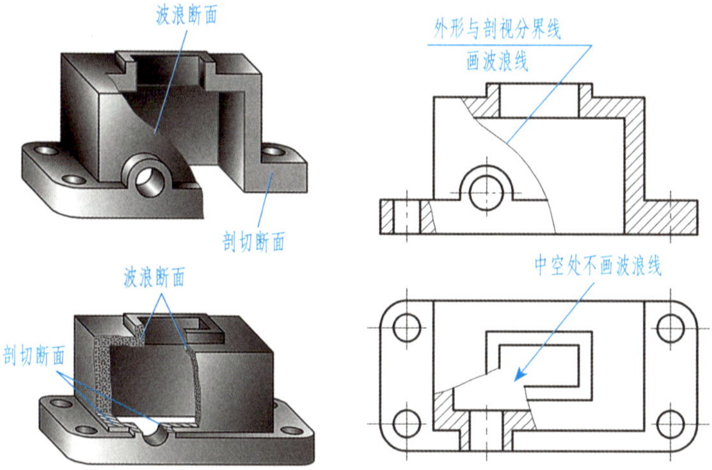

图 5－13　局部剖视图（一）

局部剖视图也适用于下列情况：如图 5－14 所示，虽然机件上下、前后都对称，但由于主视图中的方孔轮廓线与对称中心线重合，因此不宜采用半剖视，而应采用局部剖视。这样，既可表达中间方孔内部的轮廓线，又保留了机件的部分外形。

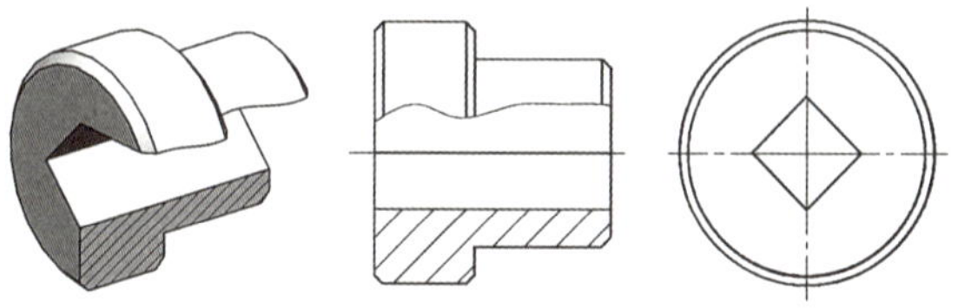

图 5－14　局部剖视图（二）

画局部剖视图时应注意以下问题：

（1）局部剖视图可用波浪线分界，波浪线应画在机件的实体上，不能超出实体轮廓线，也不能画在机件的中空处，如图 5－13 所示。

（2）波浪线不应画在轮廓线的延长线上，也不能用轮廓线代替，或与图样上其他图线重合，如图 5－15 所示。

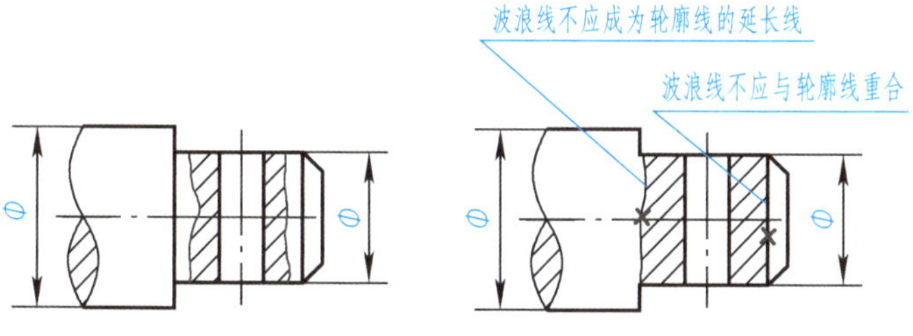

图 5－15　局部剖视图（三）

（3）当被剖结构为回转体时，允许将其中心线作为局部剖的分界线，如图 5－16（c）

所示。

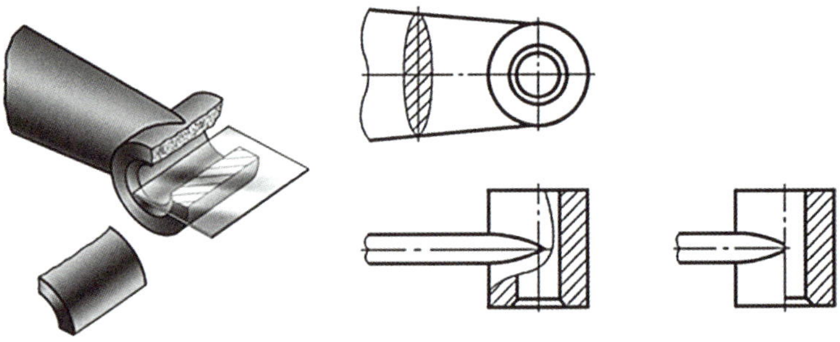

(a)　　(b)　　(c)

图 5－16　局部剖视图（四）

（4）局部剖视图的标注方法与全剖视图基本相同。若为单一剖切面，且剖切位置明显时，通常省略标注。如图 5－17 所示，主、俯视图都用局部剖视的方法表达机件内部结构。

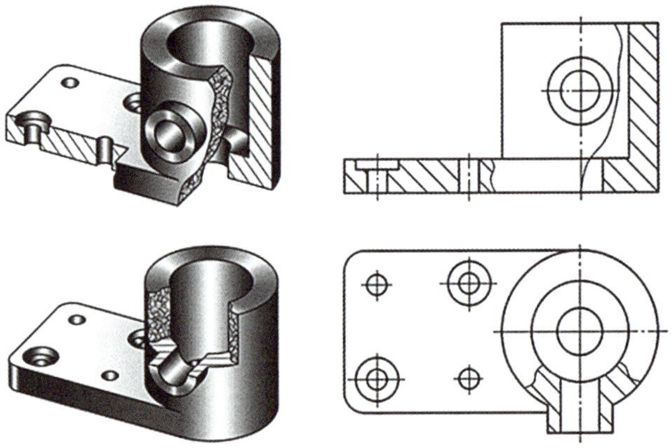

图 5－17　局部剖视图（五）

三、剖切面的种类

由于机件内部结构具有多样性和复杂性，常需要选用不同数量和位置的剖切面来剖开机件，才能把机件的内部形状表达清楚。相关国家标准规定了三种剖切面，即单一剖切面、几个平行的剖切面、几个相交的剖切面。三种剖切面均可剖得全剖视图、半剖视图、局部剖视图。

1. 单一剖切面

单一剖切面是指只用一个剖切面剖开机件。

单一剖切面可以是平行于基本投影面的剖切面，如前所述的全剖视、半剖视、局部剖视所举图例，都是用这种剖切面剖开机件而得到剖视图，如图 5－18 中的 *B—B* 所示。单一剖切面也可以是不平行于任何基本投影面的剖切面（即单一斜剖），如图 5－18 中的 *A*—*A* 所示。通过单一斜剖切面得到的剖视图，最好配置在箭头所指方向上，并与基本视图保持对应的投影关系。为了画图和读图方便，也可将图形转正，但必须标注“⌒ *X*—*X*”，如图 5－18 中的“⌒ *A*—*A*”图。

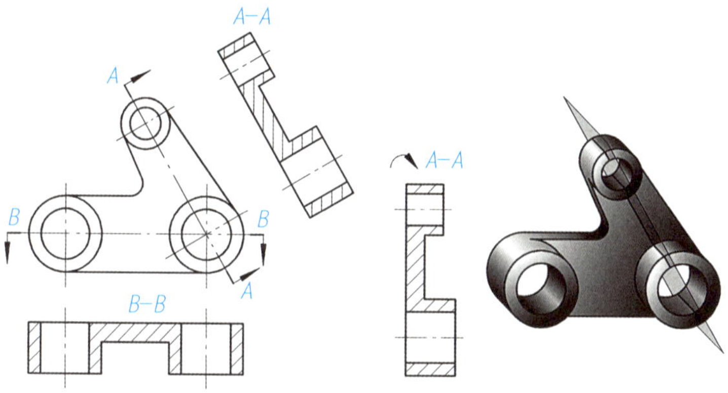

图 5－18　单一剖切面剖得的全剖视图

2. 几个平行的剖切面

当机件上的孔槽及空腔等内部结构不在同一平面内，而是分布在几个相互平行的平面上时，可用相互平行的剖切面将物体不同位置的内部机构剖开，这样就可以在同一个视图上表达几个平行的剖切面所剖切到的所有结构，如图 5－19 所示。

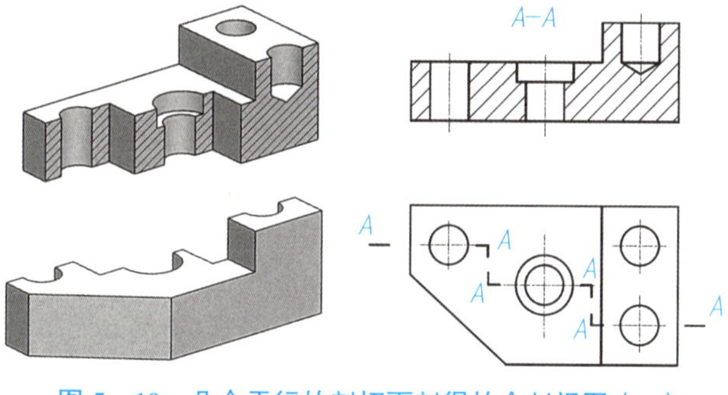

图 5－19　几个平行的剖切面剖得的全剖视图（一）

画图时应注意以下几点：

（1）必须在相应视图上用剖切符号表示剖切面的起讫和转折位置，并注写相同的字母，剖切面的转折处不应与图中的实线或虚线重合，如图 5－20（a）所示。

（2）因为剖切面是假想的，所以不应画出剖切面转折处的投影，如图 5－20（a）所示。

（3）一般情况下不要在孔或槽的中间转折，以免孔或槽的结构仅有一部分被剖切，出现不完整结构要素，如图 5－20（b）所示。但当两个要素在图形上具有公共对称中心线或轴线时，可各画一半，此时应以对称中心线或轴线为界，如图 5－21 所示。

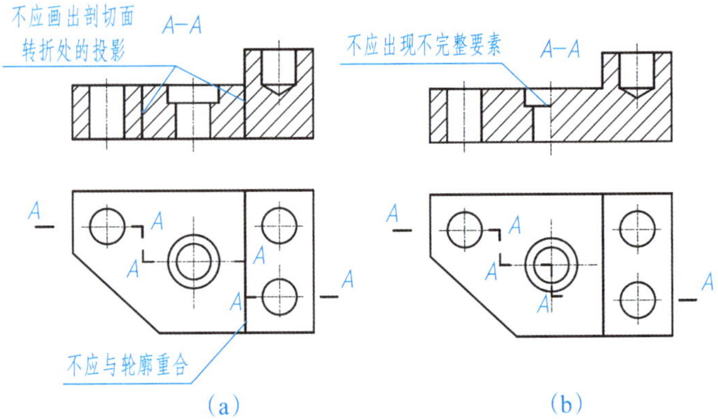

图 5－20　几个平行的剖切面剖得的全剖视图（二）

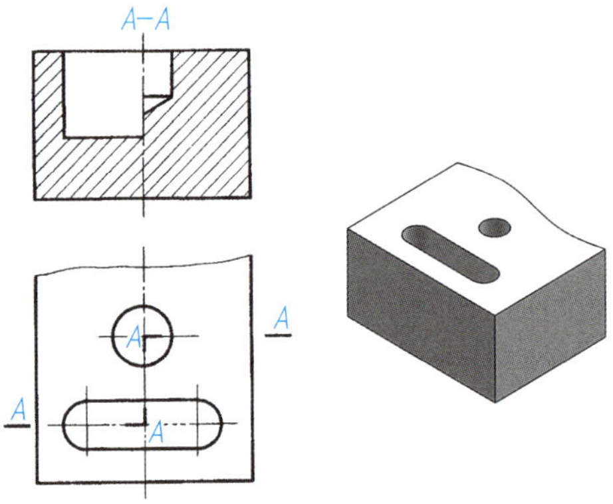

图 5－21　具有公共对称

几个平行的剖切面常用于可剖得全剖视图的场合，也可用于可剖得半剖视图和局部剖视图的场合，如图 5－22 的主视图和图 5－23 的主视图所示。

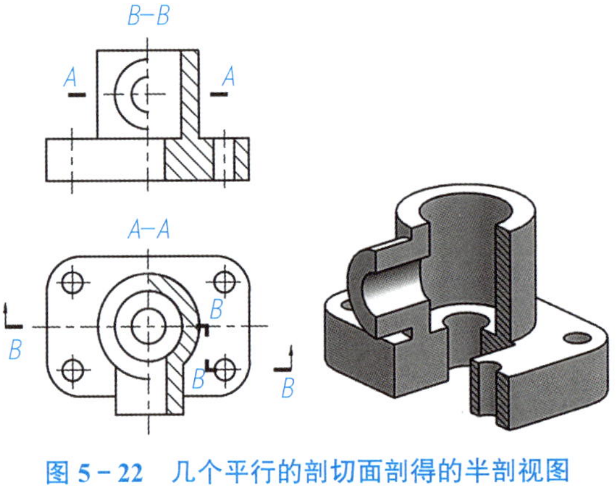

图 5－22　几个平行的剖切面剖得的半剖视图

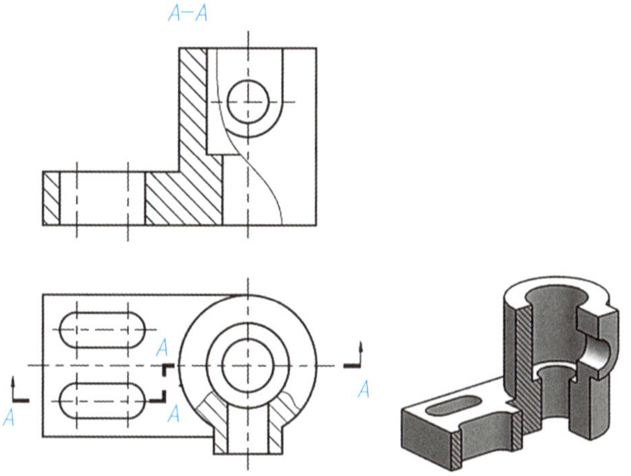

图 5-23　几个平行的剖切面剖得的局部剖视图

3. 几个相交的剖切面

有些机件的内部结构有回转轴线，并与基本投影面倾斜，如图 5-24 所示的圆盘，此时可用两个相交的剖切面剖开机件。为使剖开的倾斜结构在剖视图上反映实际尺寸，可以将倾斜剖切面剖开的部分旋转到与选定的基本投影面平行后再进行投射，从而获得剖视图。

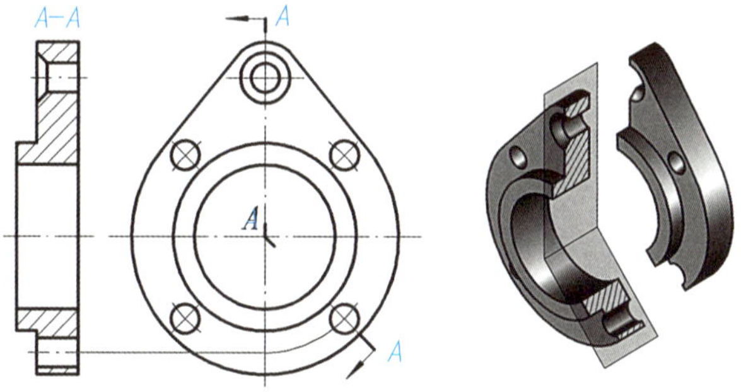

图 5-24　两个相交的剖切面剖得的全剖视图（一）

画图时应注意以下几点：

（1）必须在相应视图上用剖切符号表示剖切面的起讫和转折位置，并注写相同的字母。在剖切符号两端画出表示剖切后的投射方向的箭头，并在剖视图的上方注明剖视图的名称“*X—X*”。当转折处位置有限又不致引起误解时，允许省略标注转折处的字母。

（2）应先剖切，后旋转，使剖开的结构及其相关部分旋转至与某一选定的投影面平行后再投射。此时旋转部分的某些结构与原图形不再保持投影关系，在剖切面后的其他结构一般仍按原来的位置投影，如图 5-25 中的小孔。

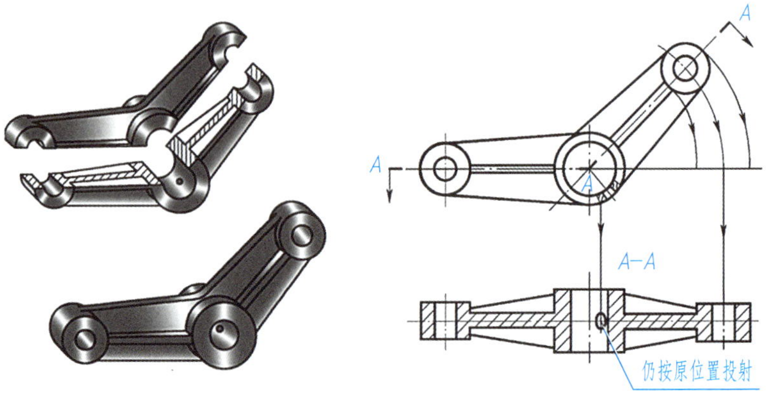

图 5－25 两个相交的剖切面剖得的全剖视图（二）

（3）可以用两个或两个以上相交的剖切面剖得全剖视图（见图 5－26）、半剖视图（见图 5－27）、局部剖视图（见图 5－28），以便表达内部结构比较复杂的机件。

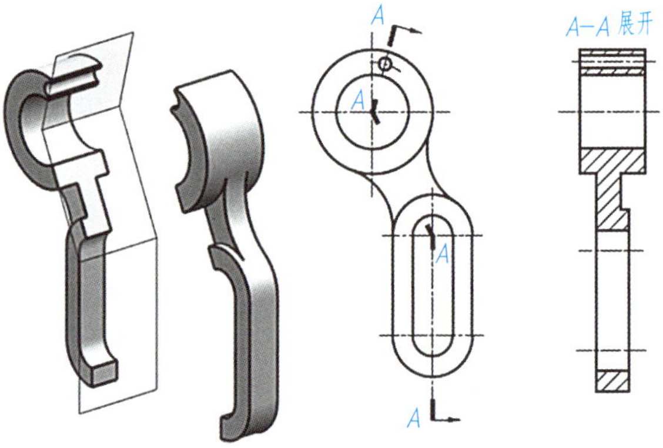

图 5－26 三个相交的剖切面剖得的全剖视图

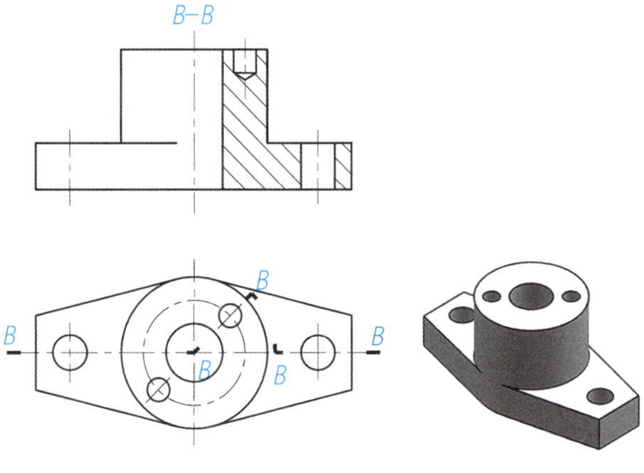

图 5－27 三个相交的剖切面剖得的半剖视图

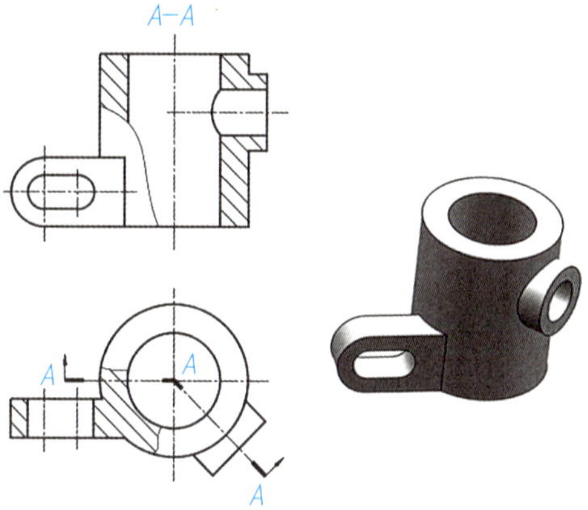

图 5-28　两个相交的剖切面剖得的局部剖视图

若阶梯剖或旋转剖仍不能把机件的内部结构表达清楚，可将几种方法结合起来剖切机件，这样得到的图形称为复合剖视图，如图 5-29、图 5-30 所示。

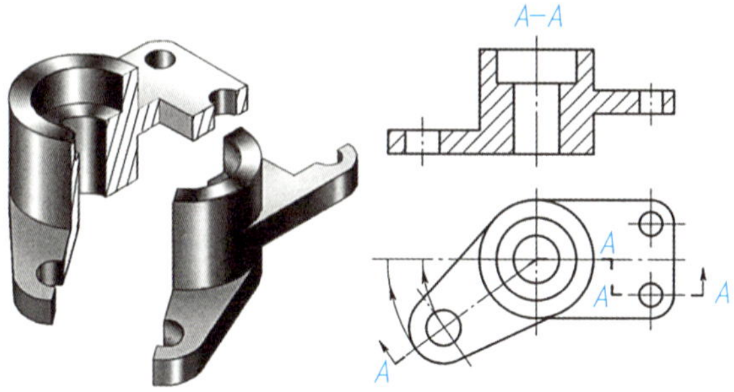

图 5-29　组合剖切面剖得的全剖视图

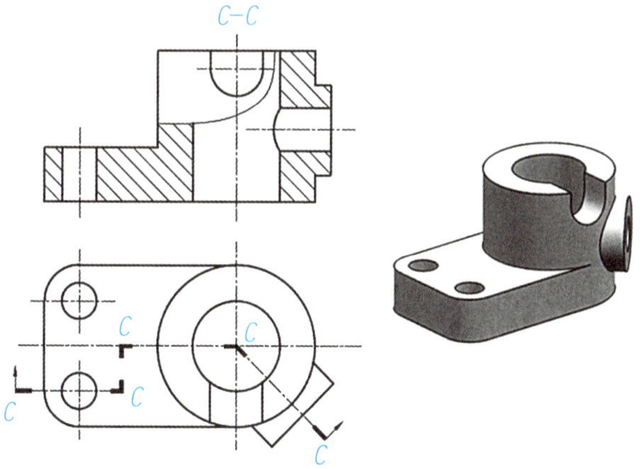

图 5-30　组合剖切面剖得的局部剖视图

5.3 断面图

断面图可简洁、直观地表达物体的内部结构，具有其他图样不可替代的作用。

一、断面图的概念

假想用剖切面将物体的某处切断，仅画出该剖切面与物体接触部分的图形，这样的图形称为断面图，又称断面。

如图 5－31（a）所示的轴上开有键槽，为了表达键槽的深度和宽度，假想在键槽处用垂直于轴线的剖切面将轴切断，只画出其断面的形状，并在断面上画出剖面线，如图 5－31（b）所示。

应注意断面图与剖视图的区别，断面图仅画出被剖切面剖切后的断面的形状，如图 5－31（b）所示；而剖视图除了画出断面形状外，还必须画出断面后的可见轮廓线，如图 5－31（c）所示。

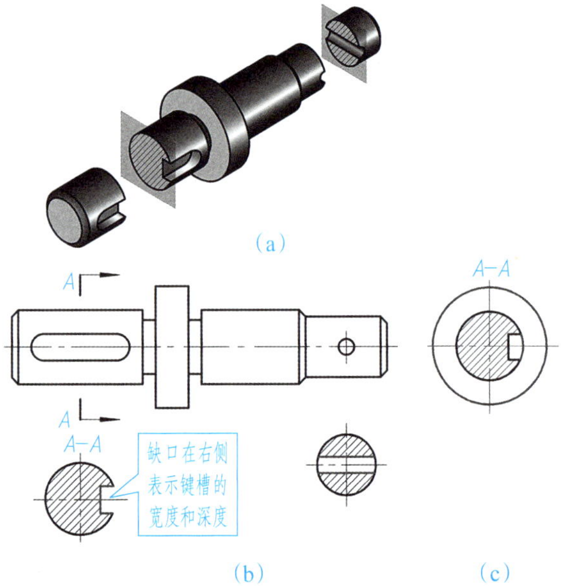

图 5－31　断面图

二、断面图的种类

按断面图配置的位置不同，可分为移出断面图和重合断面图两种。

1. 移出断面图

画在视图外的断面图称为移出断面图，如图 5－31（b）所示。移出断面图的轮廓线用粗实线绘制。移出断面图的标注方法与剖视图标注相同，其配置与标注方法见表 5－2。

表 5－2　移出断面图的配置与标注方法

配置	对称的移出断面图	不对称的移出断面图
配置在剖切线或剖切符号延长线上	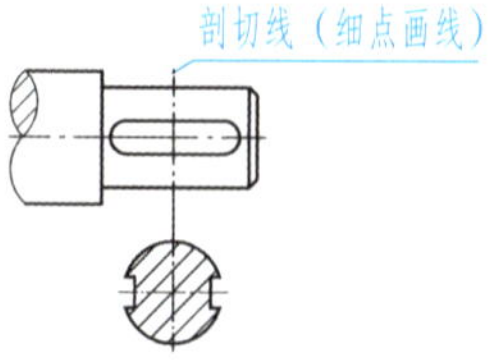	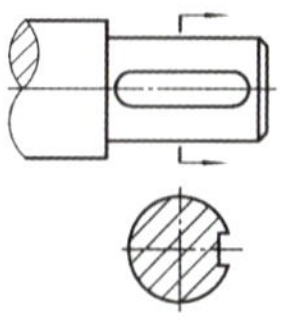
	不必标注字母和剖切符号	不必标注字母
按投影关系配置	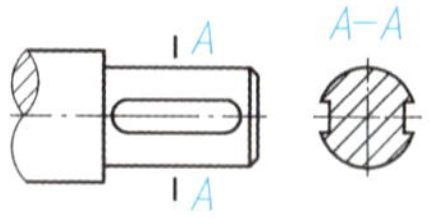	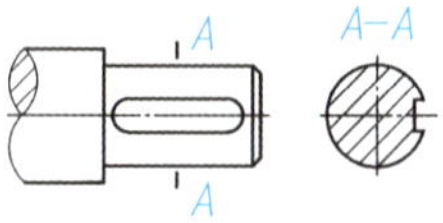
	不必标注箭头	不必标注箭头
配置在其他位置	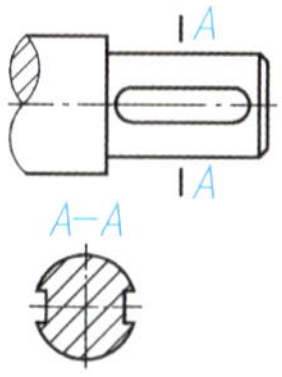	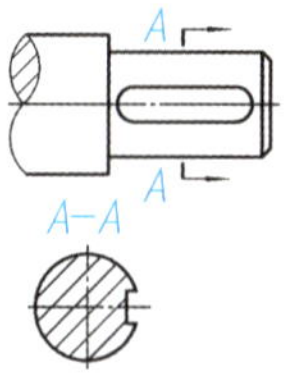
	不必标注箭头	应标注剖切符号（含箭头）和字母

绘制移出断面图时需注意以下画法规定：

（1）当剖切面通过回转面形成的孔和凹坑的轴线时，则这些结构按剖视图要求绘制，如图 5－32（a）所示。

（2）当剖切面通过非圆孔，会导致出现完全分离的断面区域时，则这些结构按剖视图要求绘制，如图 5－32（b）所示。

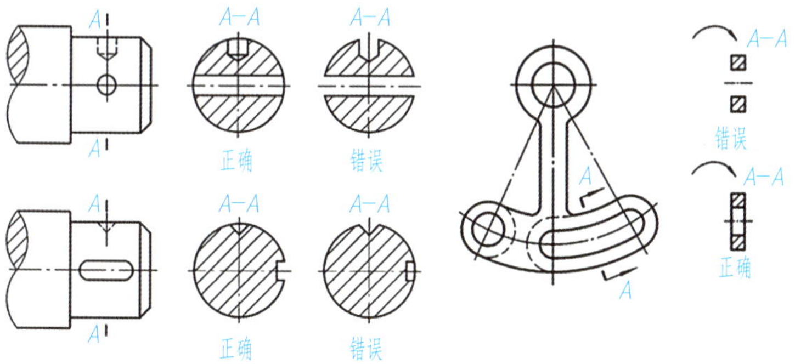

（a）　（b）

图 5－32　按剖视图绘制的断面图

（3）当断面图形对称时也可画在图形的中断处，如图 5－33（a）所示。由两个或多个相交的剖切面剖得的移出断面图，中间应断开，如图 5－33（b）所示。

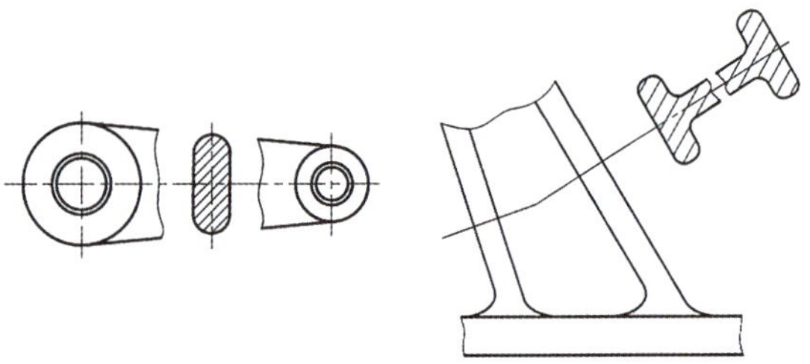

（a）　（b）

图 5－33　移出断面图的特殊画法

2. 重合断面图

画在视图轮廓线内的断面图称为重合断面图，如图 5－34 所示。重合断面图的轮廓线规定用细实线绘制。当剖视图中的轮廓线与重合断面的图形重叠时，视图中的轮廓线仍应连续画出，不可断开，如图 5－34（b）所示。

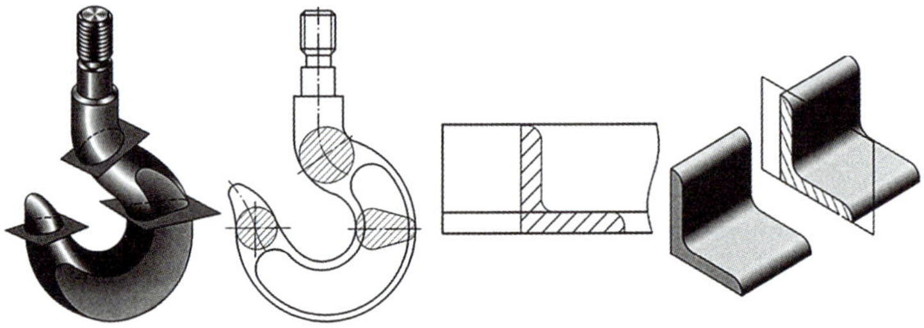

（a）　（b）

图 5－34　重合断面图

重合断面图的标注规定不同于移出断面图。对称的重合断面不必标注，如图 5－34（a）所示；不对称的重合断面，在不致引起误解时可省略标注，如图 5－34（b）所示。

5.4 其他表达方法

为使图形清晰和画图简便，制图相关国家标准还规定了局部放大图和简化画法等表达方法，供绘图时选用。

一、局部放大图

采用比原图形所用比例大的比例绘制的物体的部分结构图，称为局部放大图，如图 5－35 所示。当物体上的细小结构在视图中表达不清楚或不便于标注尺寸和技术要求时，可用局部放大图。

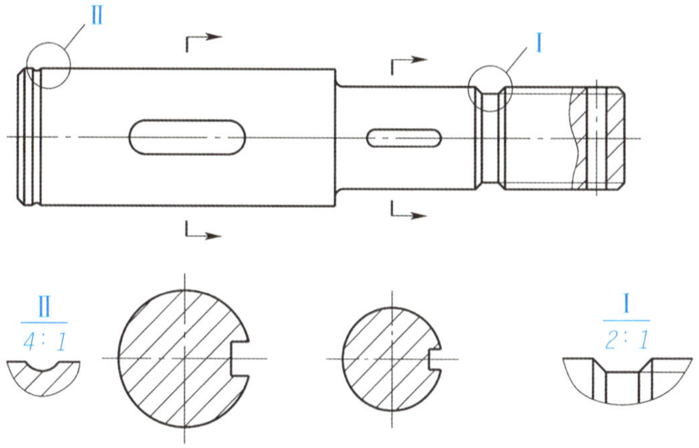

图 5-35　局部放大图

局部放大图可以根据需要画成视图、剖视图、断面图，与被放大的部分的表达方式无关（如图 5-35 所示的局部放大图Ⅰ、Ⅱ）。必要时可用几个图形来表达同一个被放大的结构。

应使用细实线圆圈圈出被放大的部位，当一个机件有几个需要放大的部位时，必须用罗马数字依次标明，并在局部放大图的上方标注相应的罗马数字和所用比例。局部放大图的比例为图中图形与实物相应要素的线性尺寸之比，并非与原图形之比。为使读图方便，局部放大图应尽量配置在被放大部位的附近。

同一机件上不同部位的局部放大图相同或对称时，只需画出一个，如图 5-36 所示。

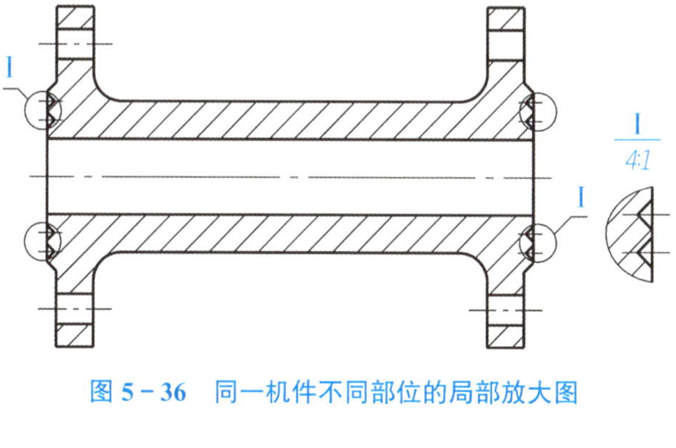

图 5-36　同一机件不同部位的局部放大图

二、简化画法

1. 呈规律分布的孔的简化画法

当机件具有若干直径相同且按规律分布的孔（圆孔、螺孔、沉孔等）时，可以仅画出一个或几个，其余只需表示出中心位置，并注明孔的总数，如图 5-37 所示。

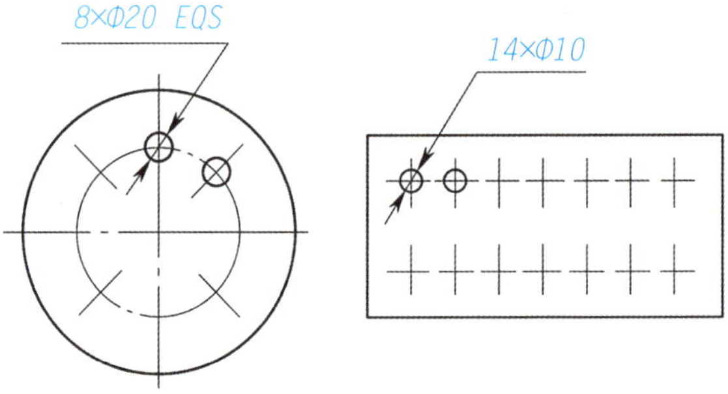

图 5－37　呈规律分布的孔的简化画法

2. 轮辐、肋板在剖视图中的规定画法

当剖切面纵向剖切轮辐、肋板时，这些结构均不画剖面线，而用粗实线将它们与相邻接的部分分开，如图 5－38 所示；当剖切面横向剖切轮辐和肋板等时，仍要画剖面线。如图 5－38（b）所示的俯视图中，肋板应画上剖面线。

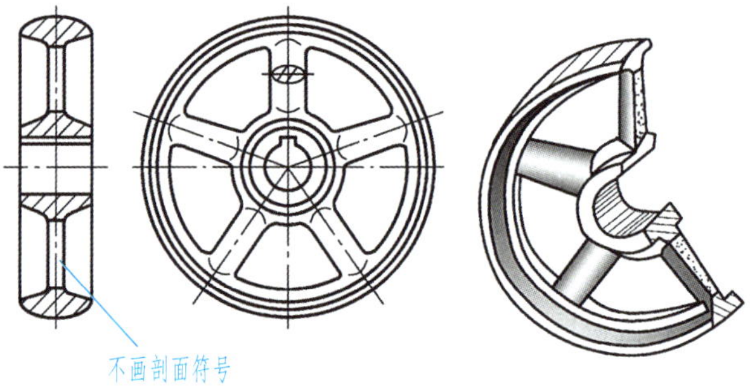

（a）轮辐

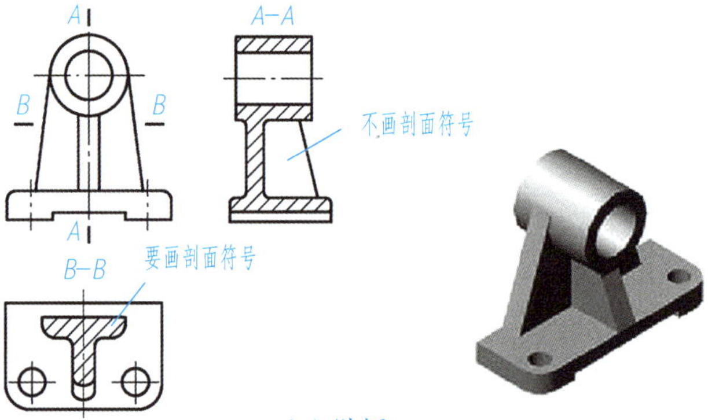

（b）肋板

图 5－38　轮辐、肋板的画法

3. 均匀分布的结构要素在剖视图中的画法

当回转体类机件有呈辐射状均匀分布的孔、肋、轮辐等结构且它们不处于剖切面上时，可将这些机构旋转到剖切面的位置画出，如图 5－38（a）、图 5－39 所示。

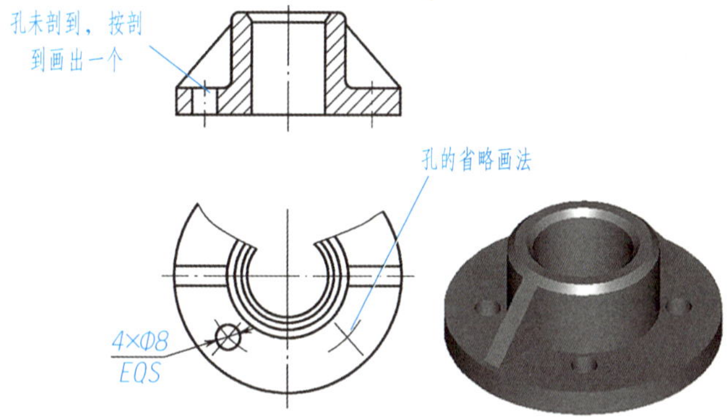

（a）

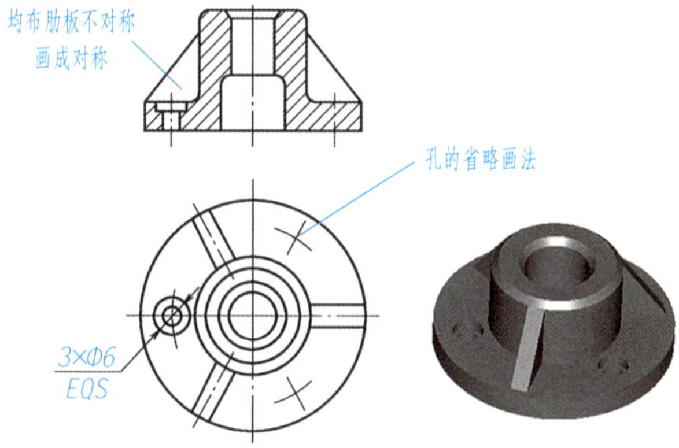

（b）

图 5－39　均布结构的规定画法

4. 轴上孔、槽结构的简化画法

圆柱上的孔、槽等结构，其产生的表面交线允许简化成直线，如图 5－40 所示。

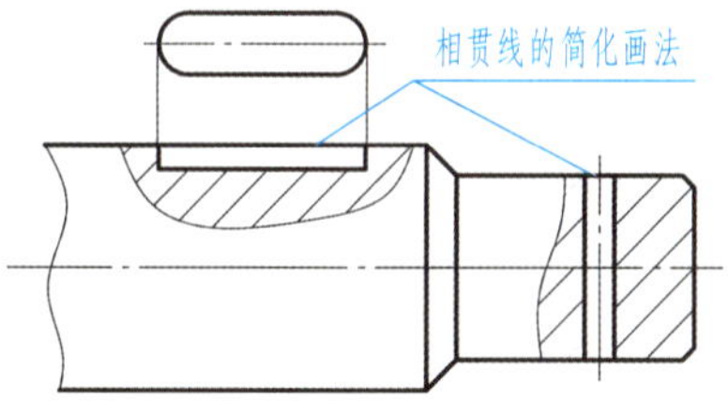

图 5－40　轴上孔、槽结构的简化画法

5. 较小结构的简化画法

当机件上较小的结构能够在一个图形中表示清楚时，其他图形应当简化或省略，如图 5－41（a）、图 5－41（b）所示的主视图。

6. 相同结构的简化画法

对于机件上具有相同结构（齿、槽等）并按一定规律分布的部分，应尽可能避免重复绘制，只需画出几个完整的部分并注明总数，其余可用细实线连接，如图 5－42 所示。

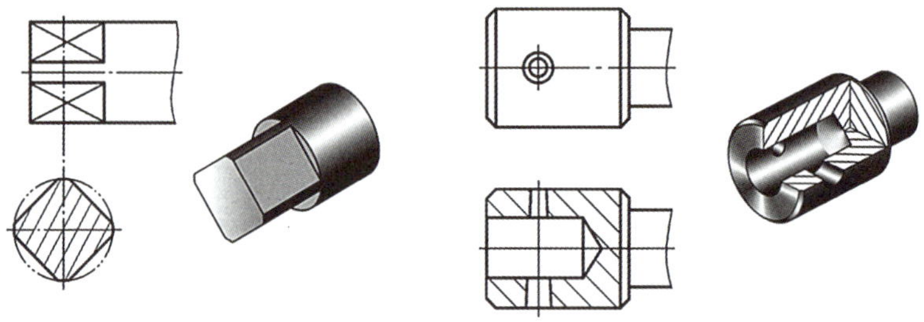

(a)　　(b)

图 5-41　较小结构的简化画法

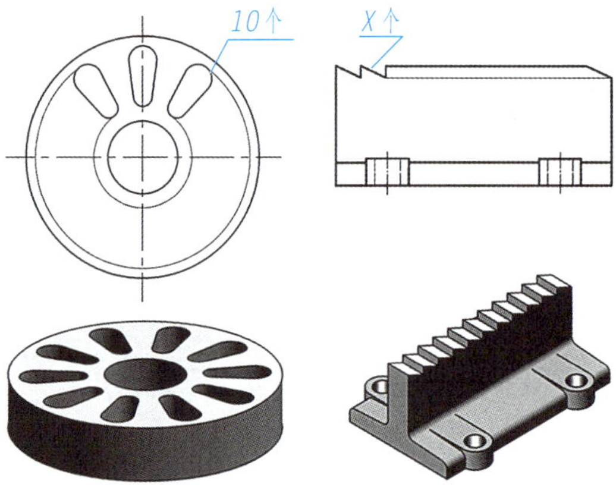

(a)　　(b)

图 5-42　相同结构的简化画法

7. 法兰盘上的孔结构的简化画法

圆柱形法兰盘及与其类似的机件上均布的孔，可按图 5-43 所示的方法绘制。

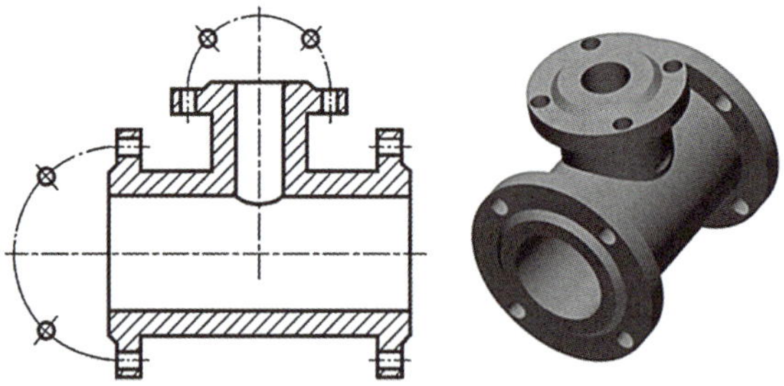

图 5-43　法兰盘上的孔结构的简化画法

8. 对称结构的简化画法

对称零件的视图可只画一半或 1/4，但是要在对称中心线的两端画出对称符号（两条与对称中心线垂直的平行细实线），这种简化画法是局部视图的一种特殊画法，如图 5-44（a）所示。基本对称的零件仍可按对称零件的方式绘制，但应对其中不对称的部分加以说明，如图 5-44（b）所示。

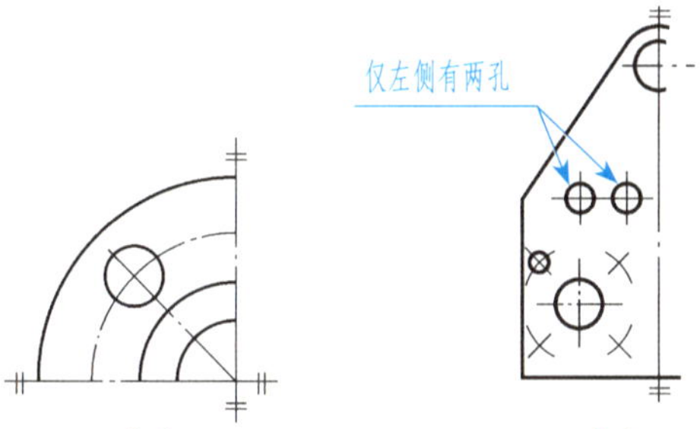

（a）　　（b）

图 5－44　对称零件的视图

9. 回转体上的平面符号

为了避免增加视图或剖视，对回转体零件表面上的平面，可用平面符号（两条相交的细实线）表示，如图 5－45 所示。

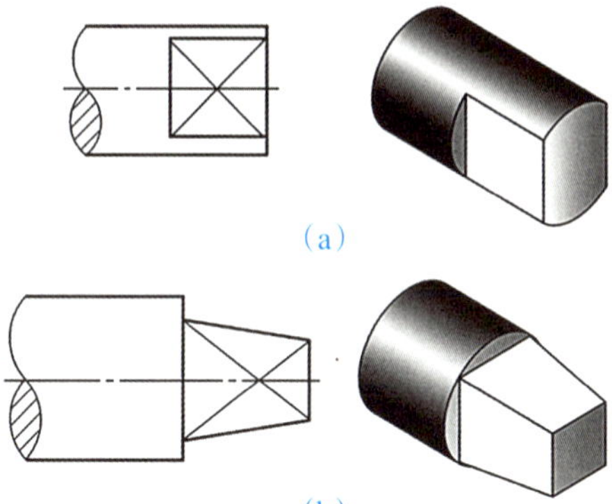

（b）

图 5－45　回转体上的平面符号

10. 较长机件的断开画法

较长机件沿长度方向形状一致或按一定规律变化时，可断开后缩短绘制，但尺寸仍按机件的设计要求标注，如图 5－46 所示。

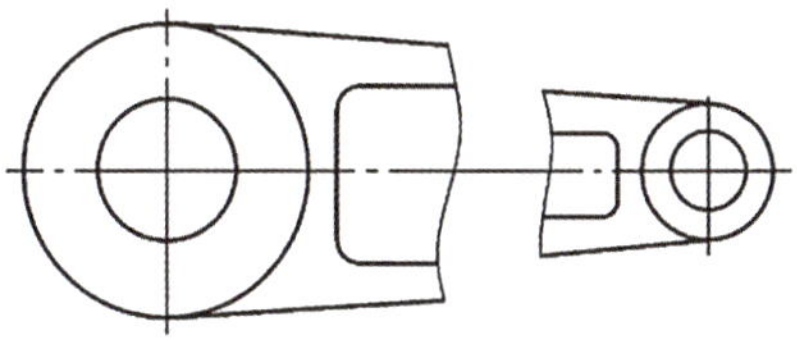

图 5－46　较长机件的断开画法

11. 较小斜度的简化画法

机件上斜度较小的结构，如已经在一个图形中表示清楚，其他图形可按小端画出，如图 5－47 所示。

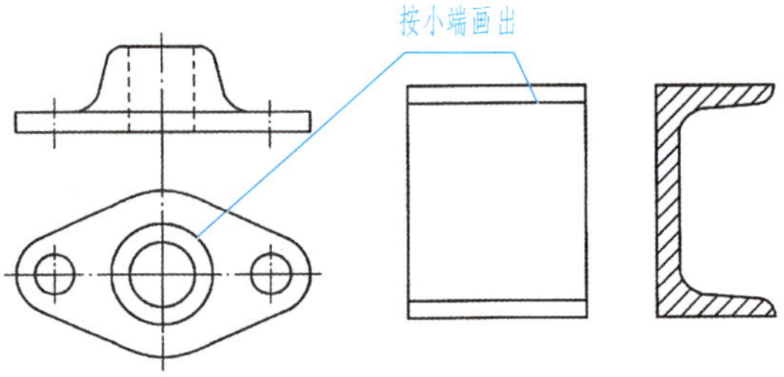

图 5-47　较小斜度的简化画法

12. 与投影面倾斜角度较小的圆、圆弧的画法

机件中与投影面倾斜角度不大于 30° 的圆或圆弧的投影，手工绘图时可用圆或圆弧表示，如图 5-48 所示。

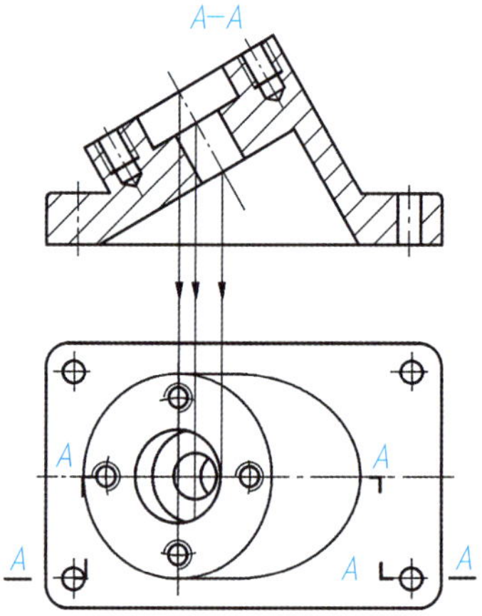

图 5-48　与投影面倾斜角度不大于 30° 的圆、圆弧的画法

13. 剖切面前面的结构的假想画法

需要表示位于剖切面前面的结构时，用双点画线按假想投影的轮廓线绘制这些结构，如图 5-49 所示。

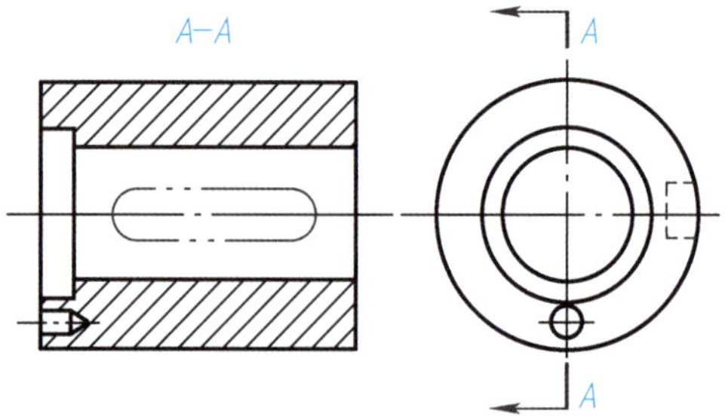

图 5-49　剖切面前面的结构的假想画法

14. 剖面符号的省略画法

零件图中的移出断面，在不致引起误解的前提下，允许省略剖面符号，但应按移出断面标注方法进行标注，如图 5－50 所示。

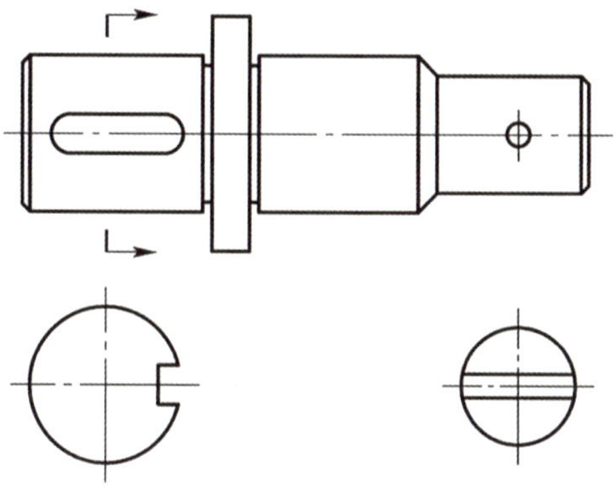

图 5－50　剖面符号的省略画法

15. 网状结构要素的简化画法

零件上的滚花、槽沟等网状结构，应用粗实线部分表示出来，并按规定标注，如图 5－51 所示。

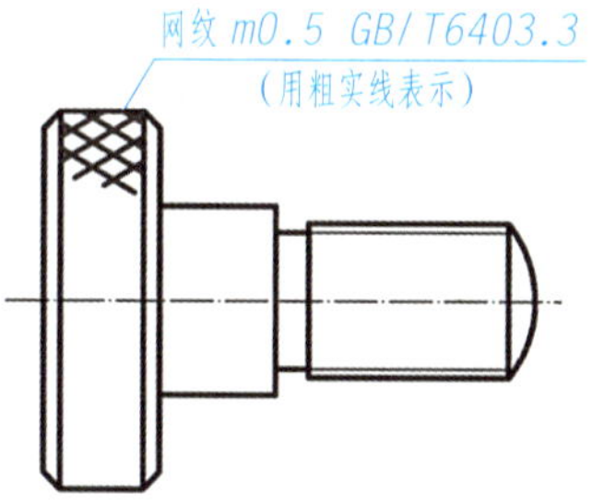

图 5－51　网状结构要素的简化画法

5.5 表达方法综合应用举例

前面介绍了视图、剖视图、断面图、局部放大图和简化画法等内容。绘图时，要根据机件的具体形状，选用适当的表达方法画出一组图形，并恰当地标注尺寸，这样才能完整、清晰地将机件的形状和大小表达出来。

一、示例 1——支架

以图 5－52 所示的支架为例，确定其表达方法。

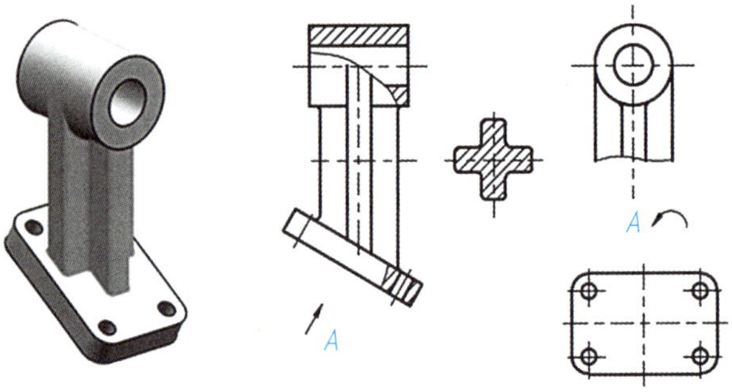

（a）　　　　（b）

图 5－52　支架

1. 形体分析

支架由三部分组成，由下向上依次为倾斜的底板、十字形的肋板、圆柱筒，底板上有四个安装孔，整个支架前后对称。

2. 选择主视图

通常选择最能反映机件形状特征的方向为主视图的投射方向，同时，将机件的主要轴线或主要平面平行于基本投影面，因此，应把支架圆柱筒的轴线水平放置。为了表达圆柱筒的内部结构和底板上的安装孔的结构，同时为了保留肋板的外形，主视图采用局部剖。

3. 选择其他视图

机件的下部为倾斜的底板，可采用斜视图表达底板的外部实形；肋板的断面用移出断面表达；圆柱筒内外结构形状及圆柱筒与肋板之间的连接用主、左视图表达，但由于倾斜的底板已用斜视图表达清楚，因此左视图可用局部视图，省略倾斜部分。

二、示例 2——定位块

以图 5－53 所示的定位块为例，采用剖视图合理表达。

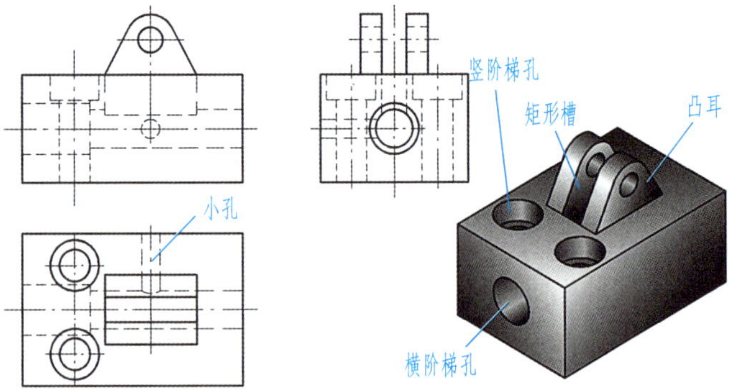

图 5－53　定位块

1. 形体分析

该定位块为综合类组合体，下方主体为长方体，从左边挖去横阶梯孔，从上边挖去两个竖阶梯孔，从后边挖去一个小孔并与横阶梯孔相通；上方为两个凸耳，中间挖一个矩形槽。

2. 选择主视图

主视图采用全剖视图，如图 5－54 所示。注意，不可见的孔、槽等的轴线或中心线需要绘制，不可省略。

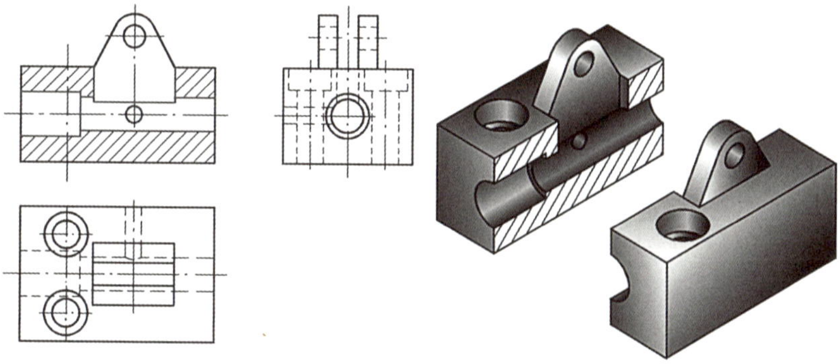

图 5－54　主视图改画成全剖视图

3. 选择其他视图

俯视图采用外形视图；左视图采用全剖视图，表达凸耳上的小孔、零件后方的小孔的形状；用右视方向的向视图表达左侧两个竖阶梯孔的形状。结果如图 5－55 所示。

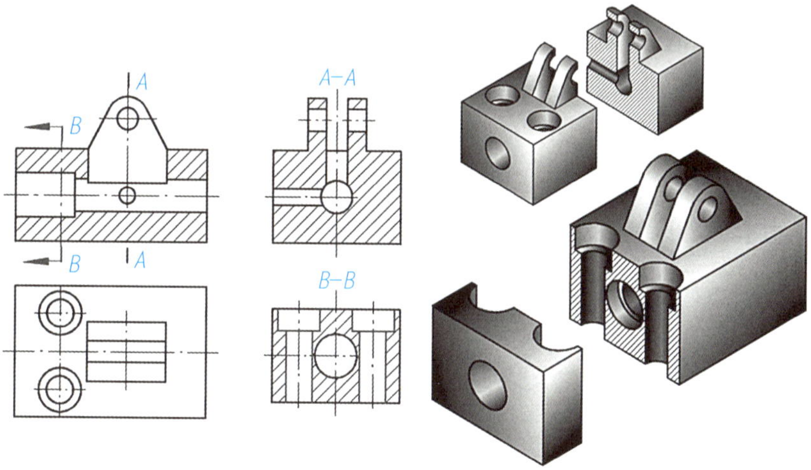

图 5－55　定位块的表达方法

5.6 第三角画法简介

绘制机械图样时，虽然各个国家和地区都采用正投影表达机件的结构形状，但有的采用第一角画法，如我国、英国和德国等，有的采用第三角画法，如美国、日本等。随着国际间技术交流贸易的增多，我们在今后的工作中可能需要阅读和绘制第三角画法的图样，因此应该对其有所了解。

一、第三角画法视图的形成

如图 5－56 所示，空间两个互相垂直的投影面把空间分成了四个分角Ⅰ、Ⅱ、Ⅲ、Ⅳ。将物体放在第一分角投射，称为第一角画法；放在第三分角投射时，则称为第三角画法。

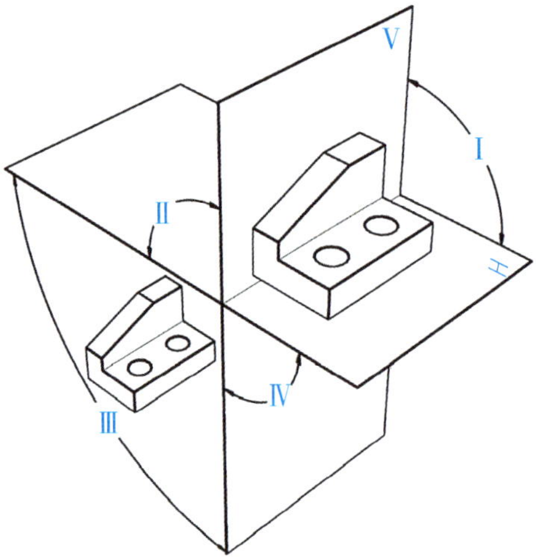

图 5－56　四个分角位置的形成

采用第三角画法时，将物体置于第三分角，如图 5－57 所示，即投影面处于观察者与物体之间进行正投影，从前面观察物体在 *V* 面上得到的视图称为主视图；从上面观察物体在 *H* 面上得到的视图称为俯视图；从右面观察物体在 *W* 面上得到的视图称为右视图。

各投影面展开的方法是：*V* 面不动，*H* 面向上转 90°，*W* 面向右转 90°，使三投影面处于同一平面内。展开后各视图的配置关系如图 5－57 所示。

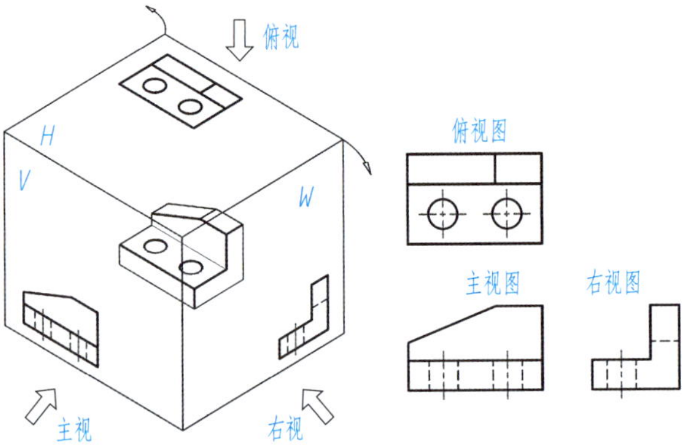

（a）视图的形式　　（b）视图的配置

图 5－57　第三角画法的视图

采用第三角画法的三视图也具有与第一角画法类似的投影规律：主、俯视图长对正；

主、右视图高平齐；俯、右视图宽相等。

与第一角画法一样，采用第三角画法也可将物体放在正六面体中，分别从物体各个方向向投影面投射，并按图 5－58（a）所示的方法展开，展开后各视图的名称和配置关系如图 5－58（b）所示。

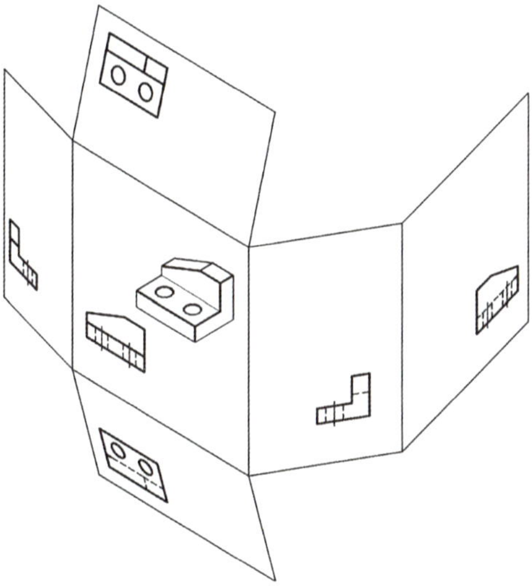

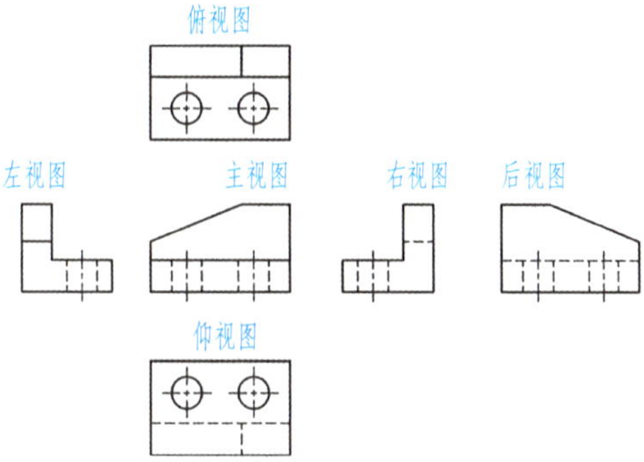

（a）视图的展开　　（b）视图的配置

图 5－58　第三角画法六个视图的形成

二、第三角画法与第一角画法的比较

第一角画法是把物体放在观察者与投影面之间，从投射方向看：观察者→物体→投影面（投影图）。

第三角画法是把投影面（视为透明的玻璃）放在观察者与物体之间进行投射，从投射方向看：观察者→投影面（投影图）→物体。

如图 5－59 所示为分别用第一角画法与第三角画法所得的三视图，试比较它们的异同，以便进一步了解第三角画法。

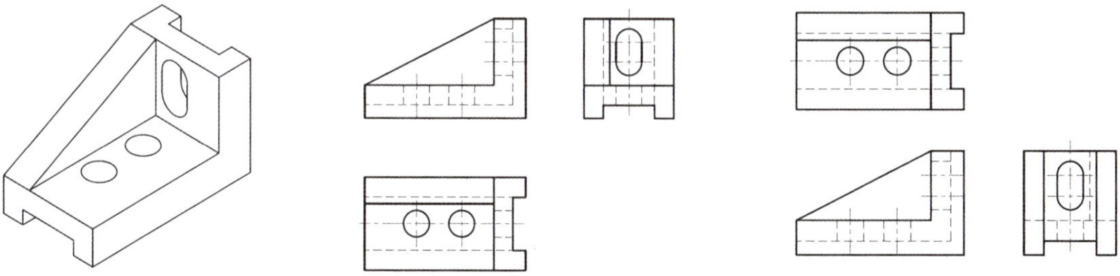

（a）立体图　　（b）第一角画法　　（c）第三角画法

图 5－59　第一角画法与第三角画法视图的比较

三、第三角画法的标识和应用

制图时，可以采用第一角画法，也可以采用第三角画法。为了区别这两种画法，规定在标题栏中专设的框格内用符号表示，如图 5－60 所示。

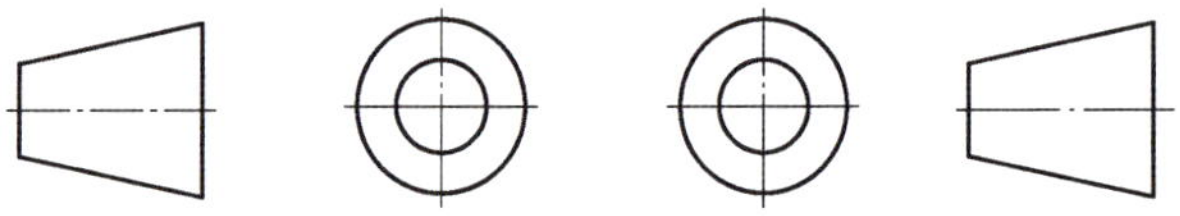

（a）第一角画法　　（b）第三角画法

图 5－60　两种画法的标识符号

国家标准规定，技术图样应采用正投影法绘制，并优先采用第一角画法。实际上，绘制零件上对称结构的局部视图时，经常采用第三角画法，把局部视图配置在需要表示的局部结构附近，并用细点画线将二者连起来，无中心线的图形也可以用细实线连接，此时，无须另行标注，如图 5－61 所示。

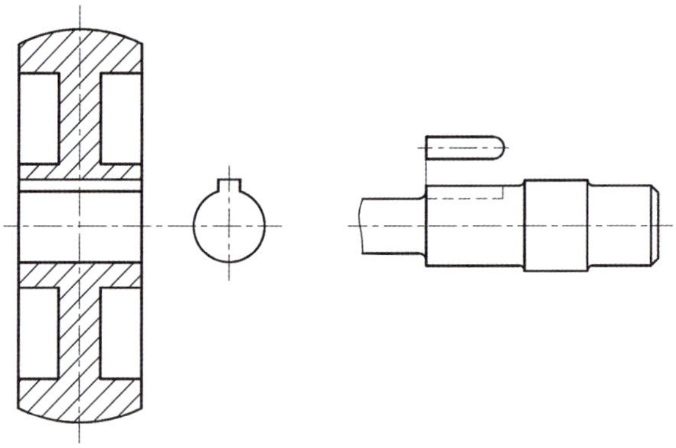

（a）　　（b）

图 5－61　按第三角画法配置的局部视图

单 元 6

零件图

学习目标

（1）理解零件图的作用内容。

（2）掌握螺纹的规定画法和标注。

（3）熟悉典型零件的表达方法。

（4）掌握零件图中的尺寸标注方法。

（5）掌握零件图的技术要求。

（6）了解零件图的识读方法，并能读懂零件图。

知识要点及学时分配建议

知识要点		学时	备注
1. 零件结构形状的表达	螺纹结构的画法与标注	4	
	典型零件的表达方法	5	
	零件上常用的工艺结构	1	简述
2. 零件的尺寸标注		4	
3. 零件图上的技术要求	极限与配合	2	
	几何公差	2	
	表面结构要求	2	

续表

知识要点		学时	备注
4. 读零件图	读轴套类零件图	2	
	读轮盘类零件图	2	
	读叉架类零件图	2	
	读箱体类零件图	2	

任何一台机器或一个部件都是由若干零件装配而成的，制造机器之前要按零件图加工零件，所以，零件图是加工和检验零件的主要依据。

从图 6－1 所示的齿轮油泵右端盖零件图中（其轴测图如图 6－2 所示）可以看出，一张零件图一般应包括以下内容：

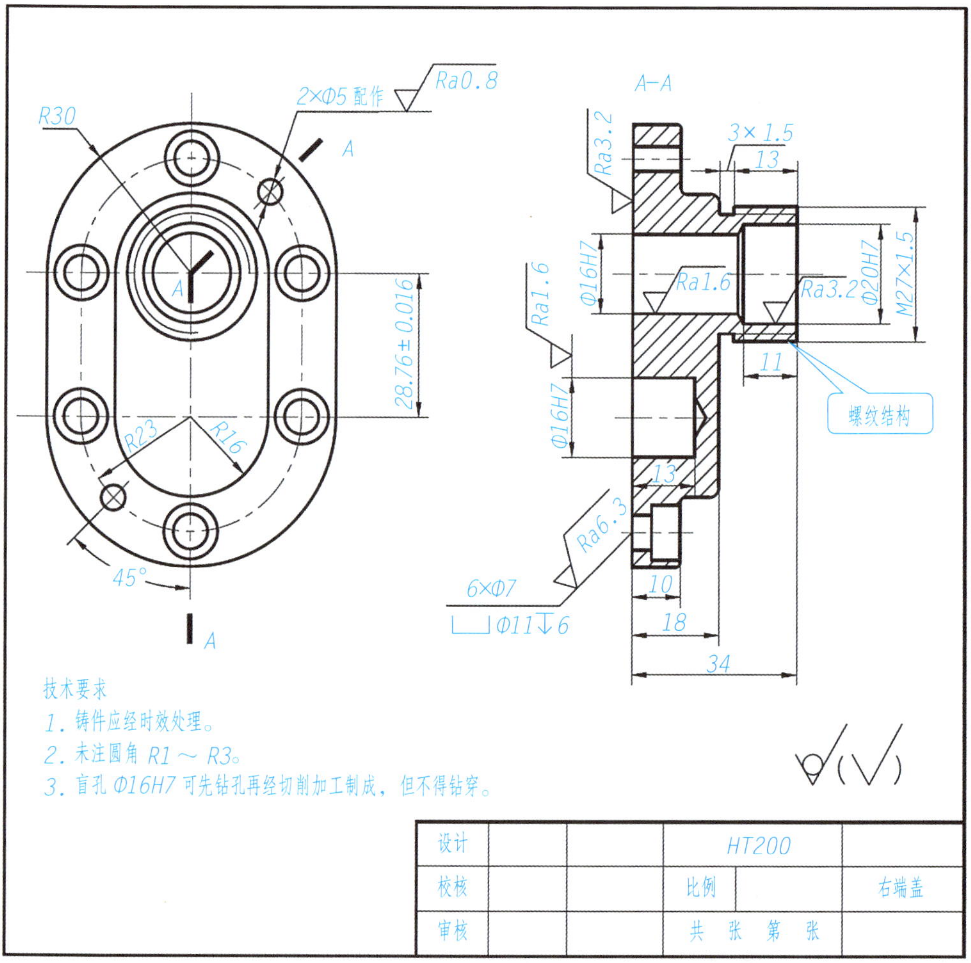

图 6－1　右端盖零件图

（1）用于表达零件结构形状的一组图形。

（2）正确、完整、清晰、合理地表示零件形状大小的全部尺寸。

（3）确保零件质量的各项技术要求。

（4）标题栏。

本单元将从零件图的各部分内容入手，介绍零件常用结构（螺纹）的表达方法、零件加工工艺结构、零件上尺寸标注的合理性和技术要求等。帮助学生掌握零件图的识读方法并能看懂一般零件图。

6.1 零件结构形状的表达

除了前面介绍的机件的常用表达方法外，我们还应掌握典型零件的表达方法。本节将联系实际讲解零件的工艺结构，以及零件标准结构的简化画法等。

一、螺纹结构的画法与标注

螺纹是零件上常见的结构形式，如图 6－2 所示的右端盖零件就有螺纹结构（其规定画法如图 6－1 所示）。下面我们在理解螺纹概念的基础上学习螺纹的特殊画法。

螺纹是指在圆柱（圆锥）表面上，沿着螺旋线形成的、具有相同断面的连续凸起和凹槽。加工在圆柱（或圆锥）外表面上的螺纹称为外螺纹；加工在圆柱（或圆锥）内表面上的螺纹称为内螺纹，如图 6－3 所示。

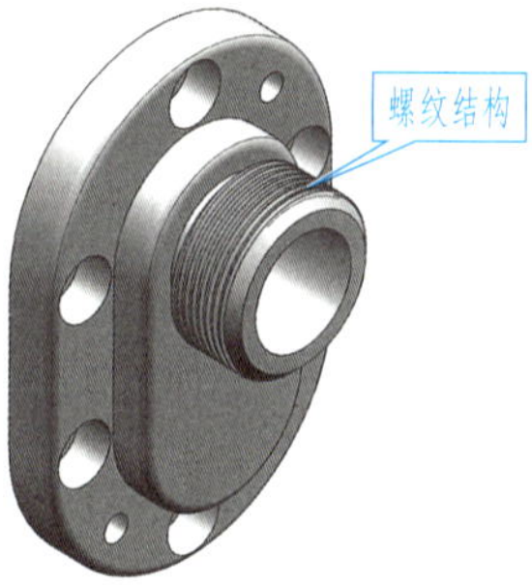

图 6－2　右端盖轴测图

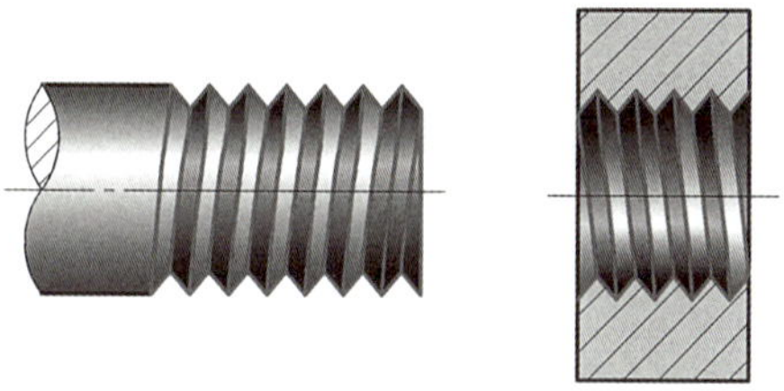

（a）外螺纹　（b）内螺纹

图 6－3　螺纹的形成

1. 螺纹的要素

（1）牙型。

在通过螺纹轴线的剖面上，螺纹的轮廓形状称为牙型。常见的螺纹牙型有三角形、梯形、锯齿形等，如图 6－4 所示。牙型凸起的顶部称为牙顶，沟槽的底部称为牙底。

（2）螺纹直径。

螺纹的直径分为大径、小径和中径。直径符号用小写字母表示外螺纹，大写字母表示内螺纹，如图 6－5 所示。

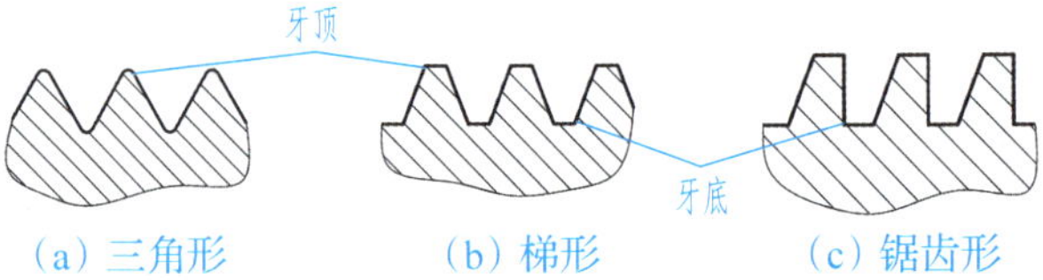

图 6－4　常见的螺纹牙型

1）大径（d、D）：也称公称直径，是与外螺纹牙顶或内螺纹牙底相切的假想圆柱的直径。

2）小径（d_1、D_1）：与外螺纹牙底或内螺纹牙顶重合的假想圆柱的直径称为小径。

3）中径（d_2、D_2）：通过牙型上沟槽和凸起宽度相等的地方的假想圆柱的直径称为中径。

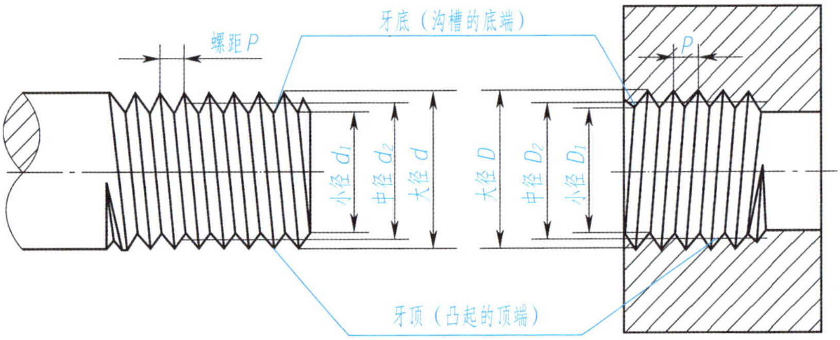

图 6－5　螺纹的直径

（3）线数。

螺纹有单线和多线之分。沿一条螺旋线形成的螺纹称为单线螺纹。沿 2 条或 2 条以上在轴向等距分布的螺旋线形成的螺纹称为多线螺纹，线数以 n 表示，如图 6－6 所示。

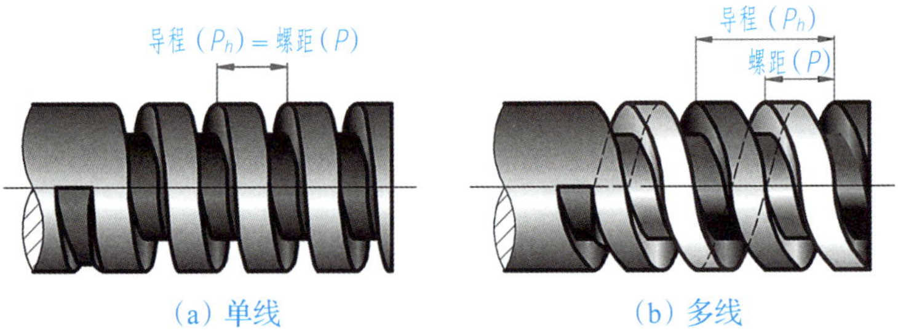

图 6－6　螺纹的线数、螺距和导程

（4）螺距和导程。

相邻两牙在中径线上对应两点间的轴向距离称为螺距，用 P 表示。在同一条螺旋线上的相邻两牙在中径线上对应两点的轴向距离称为导程，用 P_h 表示。螺距与导程的关系为：

单线螺纹，$P = P_h$；多线螺纹，$P = P_h/n$，如图 6－6 所示。

（5）旋向。

内、外螺纹旋合时的旋转方向称为旋向。螺纹有左旋、右旋之分，按逆时针方向旋入的螺纹为左旋螺纹，即面对轴线竖直的外螺纹时，螺纹左高右低；按顺时针方向旋入的螺纹为右旋螺纹，即面对轴线竖直的外螺纹时，螺纹左低右高，如图 6－7 所示。工程上常用右旋螺纹。

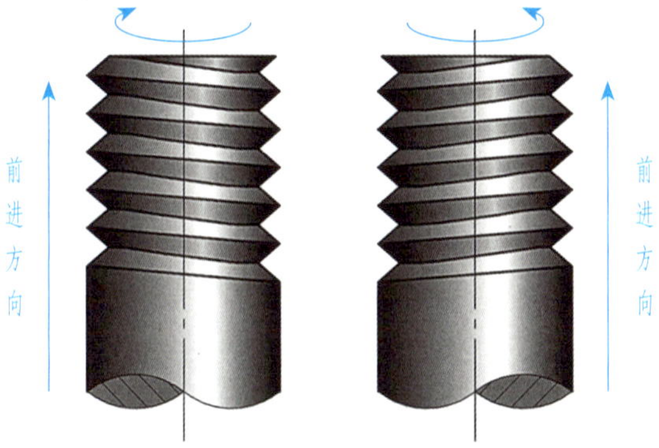

图 6－7　螺纹的旋向

2. 螺纹的规定画法

螺纹牙型如按其实际形状来画是十分复杂的，而且也没有必要。对于标准件，可以按《机械制图》国家标准中的规定画法来表达，这对画图和看图都很方便。

（1）外螺纹的画法。

螺纹的牙顶（大径）和螺纹终止线用粗实线表示，牙底（小径）用细实线表示，并画到倒角处。在垂直螺杆轴线投影的视图中，表示牙底（小径）的细实线圆只画约 3/4 圈，表示倒角的粗实线圆省略不画，如图 6－8 所示。

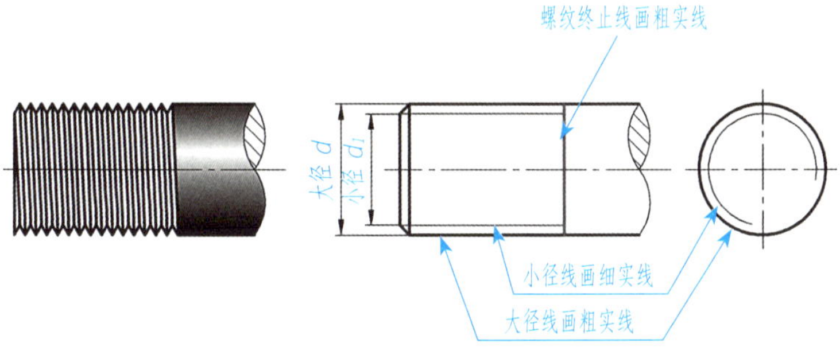

图 6－8　外螺纹的画法

在外螺纹的剖视图（或断面图）中，剖面线应画到粗实线，如图 6－9 所示。

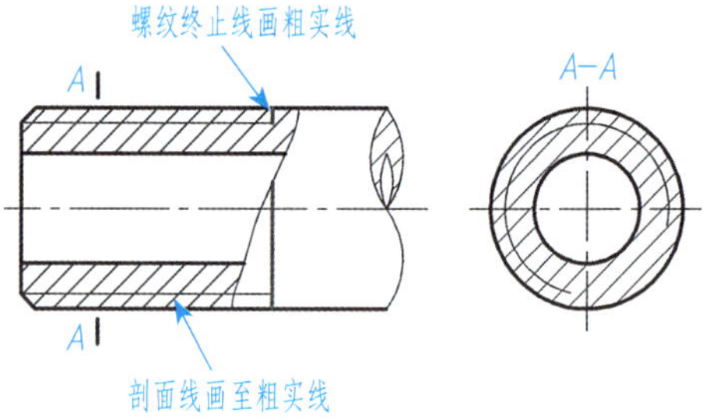

图 6－9　外螺纹的剖视图画法

（2）内螺纹的画法。

在螺孔作剖视的图中，牙顶（小径）和螺纹终止线用粗实线表示，牙底（大径）为细实线。在垂直螺孔轴线的视图中，表示牙底（大径）的细实线圆只画约 3/4 圈，表示倒角的粗实线圆省略不画，如图 6－10 所示。

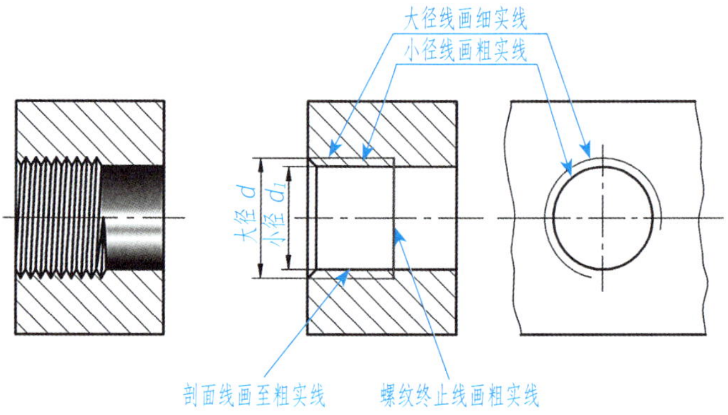

图 6－10　内螺纹的画法

当螺纹不作剖视时，螺纹的所有图线均按虚线绘制，如图 6－11 所示。

不通的螺孔，应将钻孔深度和螺纹部分深度分别画出，如图 6－12 所示。

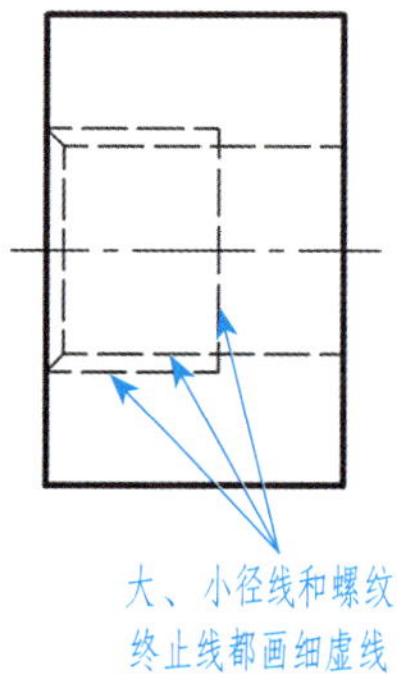

图 6－11　螺纹未剖时的画法

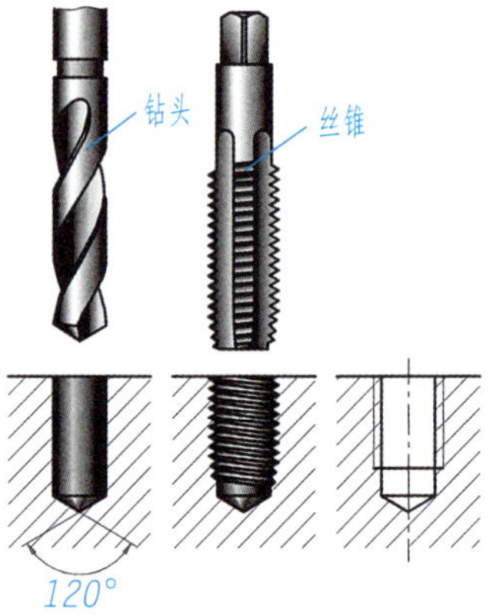

图 6－12　盲孔螺纹的画法

（3）内、外螺纹的连接画法。

如用剖视画法表示内、外螺纹的连接时，其旋合部分应按外螺纹的画法表示，其余部分仍按各自的规定画法表示，注意内、外螺纹大径线、小径线要对齐，如图 6－13 所示。

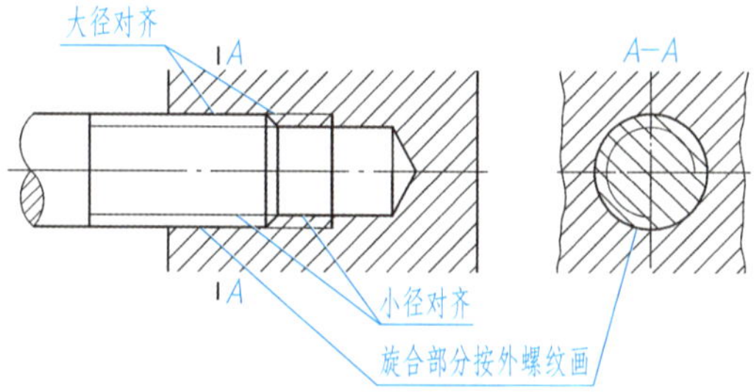

图 6－13　螺纹连接的画法

3. 螺纹的种类和标注

（1）螺纹的种类。

标准螺纹按用途可分为连接螺纹和传动螺纹。连接螺纹包括普通螺纹和管螺纹；传动螺纹包括梯形螺纹和锯齿形螺纹。常用的标准螺纹的种类、特征代号及牙型见表 6－1。

表 6－1　常用的标准螺纹的种类、特征代号及牙型

种类					特征代号	牙型
连接螺纹	普通螺纹	粗牙普通螺纹			M	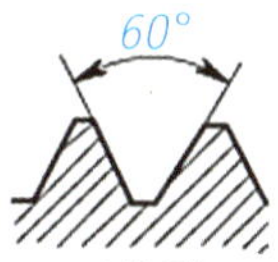 三角形
		细牙普通螺纹				
	管螺纹	55° 非密封管螺纹			G	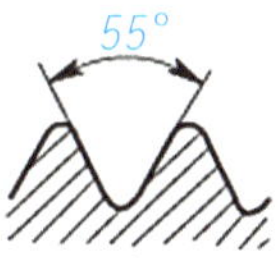 三角形
		55° 密封管螺纹	圆柱内螺纹		Rp	
			圆锥内螺纹		Rc	
			圆锥外螺纹	与圆柱内螺纹配合	R_1	
				与圆锥内螺纹配合	R_2	
传动螺纹		梯形螺纹			Tr	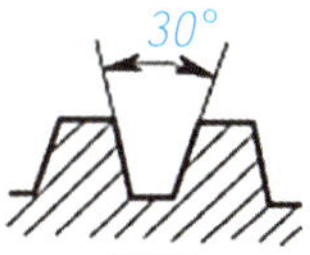 梯形
		锯齿形螺纹			B	 锯齿形

（2）螺纹的规定标记。

由于螺纹规定画法不能表示螺纹种类和螺纹要素，因此绘制螺纹图样时，必须按国家标准所规定的格式和相应代号进行绘制和标注。

1）普通螺纹、梯形螺纹和锯齿形螺纹的标记。

螺纹的完整标记由螺纹基本代号、螺纹公差带代号和螺纹旋合长度代号三项内容组成，其规定格式如下：

[特征代号] [公称直径] × [导程或螺距] - [公差带代号] - [旋合长度代号] - [旋向代号]

螺纹基本代号包括螺纹特征代号、公称直径、导程或螺距、旋向等。普通螺纹分粗牙和细牙，粗牙普通螺纹不标注螺距，而细牙普通螺纹必须标注螺距。梯形螺纹和锯齿形螺纹均为传动螺纹，一般只标注导程，若为多线螺纹，则要标注螺距。至于旋向代号，左旋螺纹必须标注代号 LH，右旋螺纹则不标注旋向代号。

普通螺纹的公差带代号由中径公差带和顶径公差带组成，当中径和顶径公差带代号相同时，只注一次。而梯形螺纹和锯齿形螺纹只标注中径公差带。另外，公差带代号又由标准公差等级的数字和表示公差带位置的字母组成。大写字母代表内螺纹，小写字母代表外螺纹。

普通螺纹的旋合长度分为短（S）、中（N）、长（L）三种。而梯形螺纹和锯齿形螺纹为保证传动的平稳性，旋合长度不能太短，所以旋合长度只有中等旋合长（N）和长旋合长度（L）两种。常用的中等旋合长度可以省略标注。

2）管螺纹。

管螺纹标记的规定格式如下：

[螺纹特征代号] [尺寸代号] [公差等级代号] - [旋向代号]

其中，尺寸代号不是螺纹大径，而是管的孔径，螺纹直径和螺距需根据尺寸代号查阅有关标准获取。当内、外螺纹只有一种公差等级时，公差等级代号可省略标注。左旋螺纹必须标注旋向代号 LH，右旋螺纹不标注旋向代号。

常见螺纹标注的含义及其标注方法见表 6－2。

表 6－2　常见螺纹标注的含义及其标注方法

螺纹类别		特征代号	标注示例	标注的含义
普通螺纹	粗牙	M	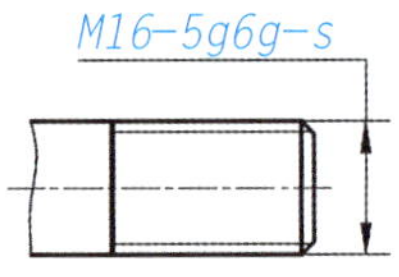	普通螺纹，螺纹大径为 16mm，粗牙不标注螺距，但可查表得知，螺距为 2mm，右旋（省略旋向代号）；中径公差带为 5g，顶径公差带为 6g；短旋合长度

续表

螺纹类别		特征代号	标注示例	标注的含义
普通螺纹	细牙	M	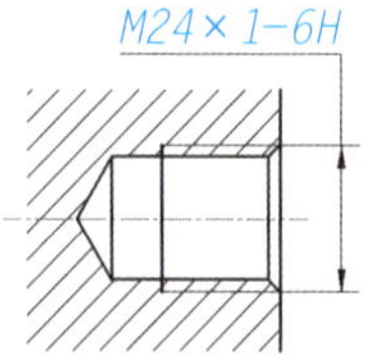	普通螺纹，螺纹大径为 24mm，细牙，螺距为 1mm；中径和顶径公差带均为 6H；中等旋合长度；右旋（省略旋向代号）
传动螺纹	梯形螺纹	Tr	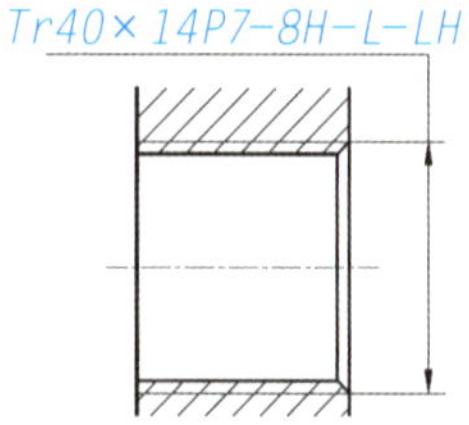	梯形螺纹，螺纹大径为 40mm，导程为 14mm，螺距为 7mm，双线；中径公差带均为 8H；长旋合长度；左旋
	锯齿形螺纹	B	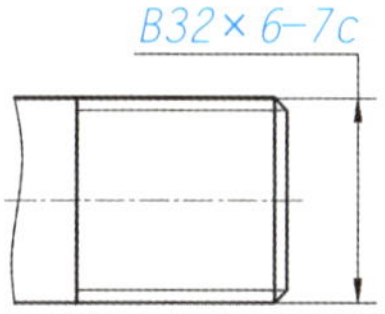	锯齿形螺纹，螺纹大径为 32mm，导程和螺距均为 6mm，单线；中径公差带为 7c；中等旋合长度；右旋（省略旋向代号）
管螺纹	非螺纹密封	G	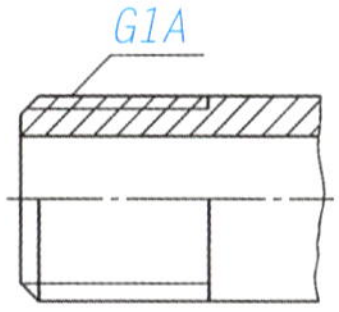	非螺纹密封的管螺纹，尺寸代号为 1 英寸，右旋，外螺纹，公差等级为 A 级
	螺纹密封	R_1 R_2 R_p R_c	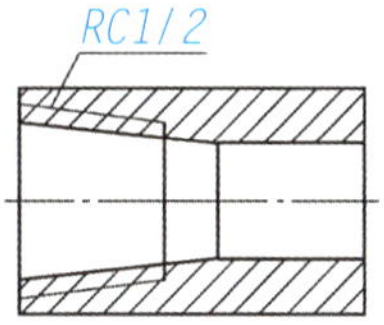	螺纹密封的管螺纹，尺寸代号为 0.5 英寸，右旋，圆锥内螺纹

二、典型零件的表达方法

1. 零件的类型

实际上，零件种类繁多，结构多样，形状各异。为了便于初学者学习，现根据零件的形状结构、加工方法、视图表达和尺寸标注等方面的特点，把零件归纳为轴套类、轮盘类、叉架类和箱体类，具体见表 6－3。

表 6－3　零件的分类及特点

类别	图例	特点
轴套类	 车床尾座空心套	大部分表面为圆柱面，其上有键槽、销孔、退刀槽、倒角、螺纹等结构
轮盘类	 法兰盘	多数形状为短粗回转体，一般为铸锻毛坯加工而成，其上常有轮辐、轴孔、键槽、螺孔等结构
叉架类	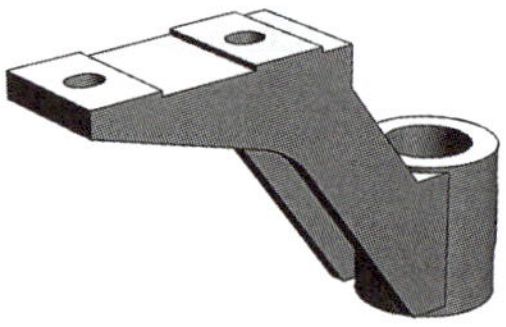 托架	形状复杂多样，多为铸锻毛坯加工而成，主体为各种断面的肋板，工作部分常为孔、叉结构
箱体类	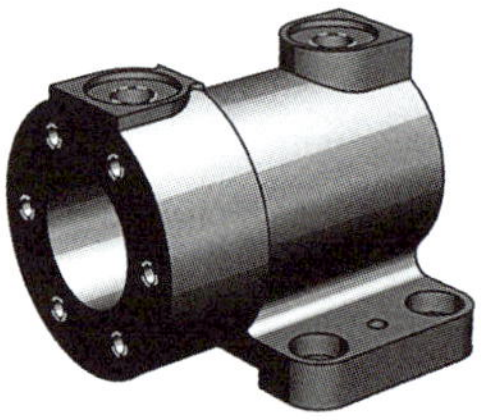 缸体	一般为空心铸件毛坯加工而成，其上常有轴孔、螺孔、凸台、凹坑、肋板等结构

把零件的结构形状正确、完整、清晰地表达出来，合理选择零件的图样表达方案，对于读图和绘图都是至关重要的。

2. 零件视图的选择

（1）主视图的选择。

主视图是表达零件的一组图形的核心，画图和看图通常从主视图入手，主视图选择合理与否将直接影响画图和看图是否方便。选择主视图时要遵循以下三个方面的原则：

1）形状特征原则。

零件图的主视图应能够反映零件最多的形状特征，即尽量清晰地表达零件的结构形状特征和各组成部分的相对位置关系。如图 6－14 所示的压盖是由两块平板和中间的半圆拱形组成，现在的主视图方向能够最清楚地表达这几部分的形状和相对位置，也就是说最能体现压盖的形状特征。

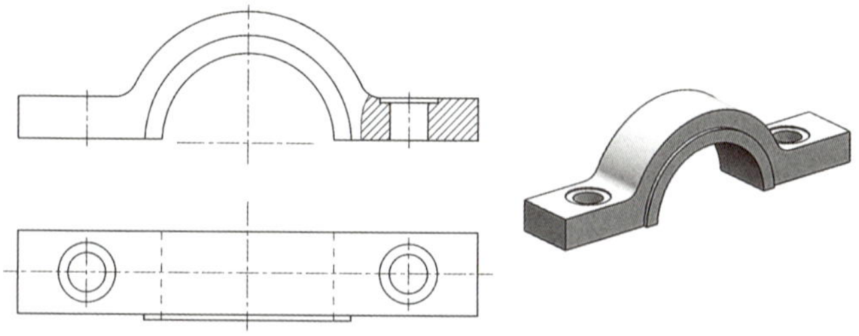

图 6－14　压盖，按形状特征原则选择主视图

2）加工位置原则。

选择主视图时，应尽量与零件的主要加工位置一致，以便对照图样加工和测量。如轴、套、盘等回转体类零件，通常按加工位置画主视图，如图 6－15 所示。

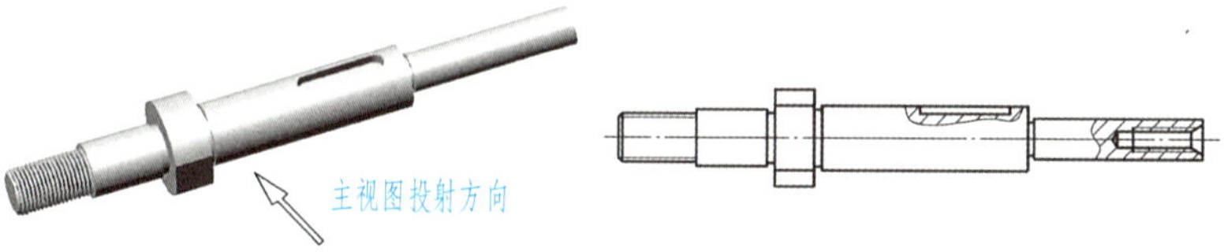

图 6－15　轴，按加工位置原则选择主视图

3）工作位置原则。

选择主视图时，应尽可能与零件在机器或部件中的工作位置一致，以便与装配图直接对照。支座、箱体等非回转体类零件通常按工作位置画主视图，如图 6－16 所示。

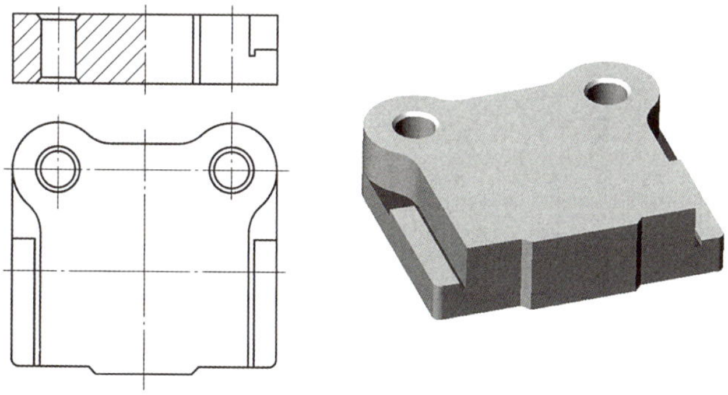

图 6－16　下模座，按工作位置原则选择主视图

（2）选择其他视图。

主视图确定以后，要分析该零件还有哪些结构形状需要表达清楚，如何将主视图未表达完整的部分用其他视图表达，并使每个视图都有表达重点。在选择视图时，应优先选用基本视图，并且在基本视图上作剖视图。在完整、清晰地表达零件结构形状的前提下，尽量减少视图的数量，力求制图简便。

3. 各类零件的视图表达简述

（1）轴套类零件的视图表达。

轴套类零件的主要工序是在车床和磨床上进行的。选择主视图时，一般将其轴线水平放置，以便符合加工位置，并将先加工的一端放在右边。

轴套类零件的主要结构是回转体，一般只用一个基本视图来表达其主要结构形状，常用局部视图、局部剖视图、断面图及局部放大图等表达零件的局部细节结构。对于形状规律变化且较长的轴套类零件，常采用折断画法。如图 6－17 所示为蜗轮轴的表达方案。

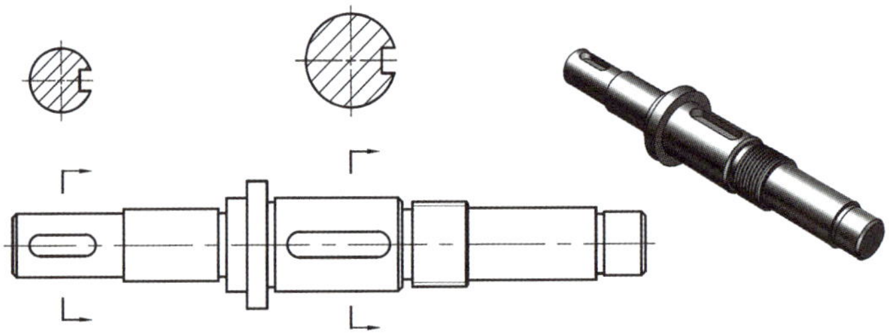

图 6－17　蜗轮轴的表达方案

（2）轮盘类零件的视图表达。

轮盘类零件的加工工序多是在车床上进行的。选择主视图时，通常将零件的轴线水平放置，使其符合加工位置或工作位置。

轮盘类零件常由轮辐、辐板、键槽和连接孔等结构组成，一般用两个基本视图表达其主要结构形状（其中主视图一般为剖视图），再选用剖视、断面、局部视图和斜视图等表达零件的局部细节结构。如图 6－18 所示为轴承端盖的表达方案。

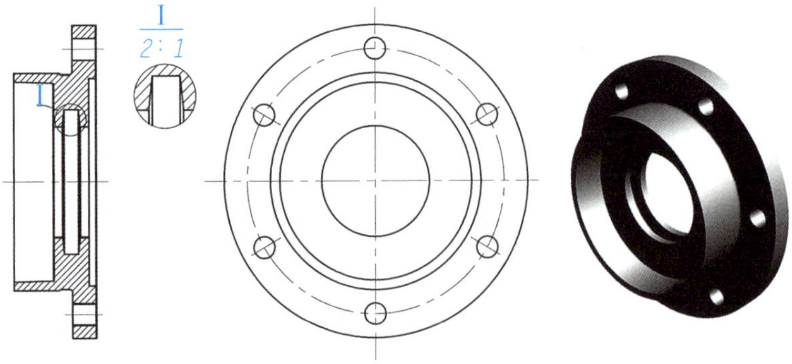

图 6－18　轴承端盖的表达方案

（3）叉架类零件的视图表达。

叉架类零件的形状一般较为复杂且不太规则，常具有不完整和倾斜的几何形体。其加工工序较多，主要加工位置不明显，所以一般按其工作位置来选择主视图，或使主要孔的轴线水平或垂直放置。

叉架类零件一般通过两个以上基本视图表达主要结构形状，主视图能突出工作部分和支承部分的结构形状，而连接部分和细节部分结构则用局部视图、斜视图、各种剖视图、断面图等表达。如图 6－19 所示为支架的表达方案。

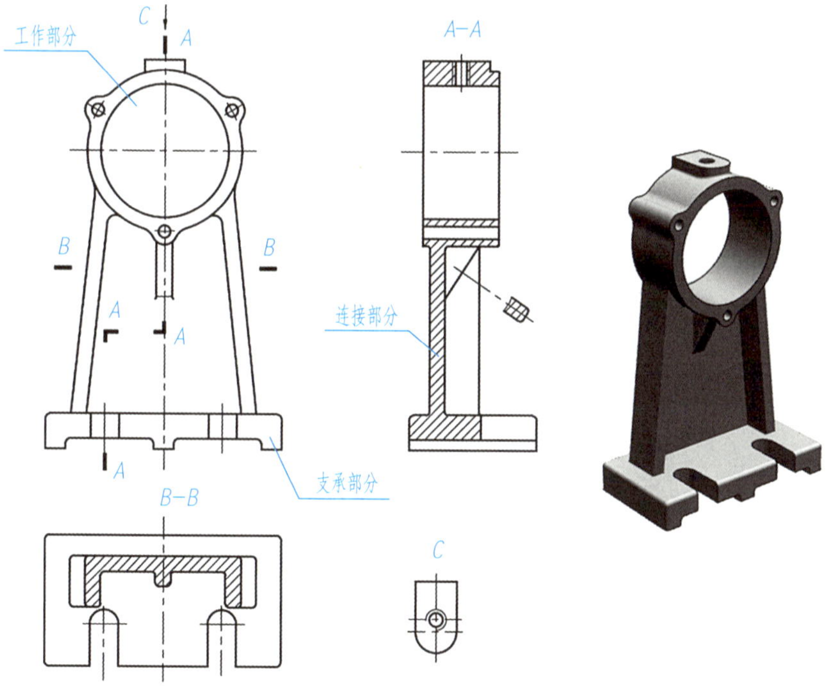

图 6－19　支架的表达方案

（4）箱体类零件的视图表达。

箱体类零件的毛坯多为铸件，加工工序较多，一般按其工作位置选择主视图。箱体类零件的结构形状较为复杂，一般需要三个以上基本视图表示内、外结构形状，主视图多用剖视图，以突出内部形状结构及工作位置，再配以其他辅助视图，注意恰当、灵活地运用各种视图、剖视、断面等方法表达。

如图 6－20（a）所示为支座零件，该零件由箱体、底板和肋板三部分组成。箱体的内部是与底板相通的空腔，箱体的上部以及左右两侧都有凸缘，并都有小孔与空腔相通，底板四角有小孔，底部有矩形凹槽。如图 6－20（b）所示为支座的表达方案，选择 *A* 向为主视图的投射方向，主视图采用半剖视（左右对称）表达，为了表达底板上的通孔，作了一个局部剖。俯、左视图主要表达零件的外部结构形状，俯视图中采用 *B*—*B* 局部剖视表示小孔与矩形孔的位置和结构，左视图上作了一个移出断面，表达肋板的断面形状。最后采用 *A* 向局部视图补充表达底板的结构形状。

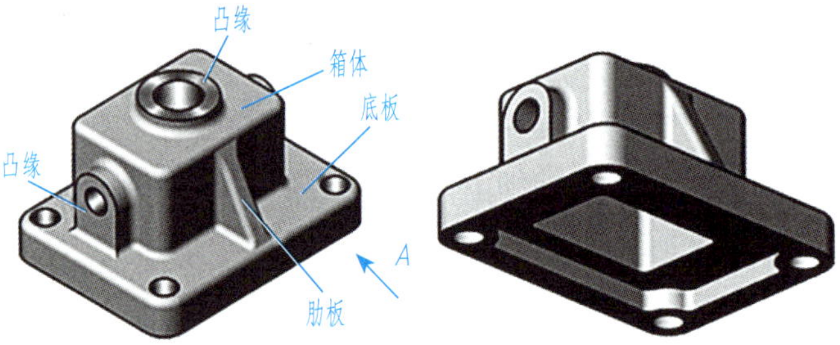

(a)

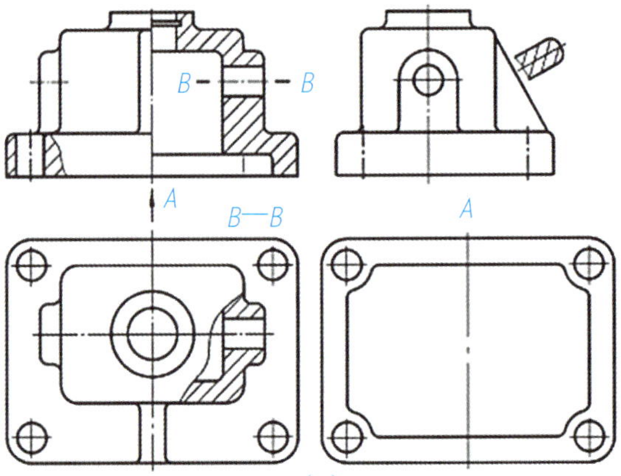

(b)

图 6－20　支座的表达方案

三、零件上常用的工艺结构

机器上的绝大部分零件都是通过铸造和机械加工制造而成，因此，在进行零件设计和绘制零件图时，除了应满足工作性能要求外，还应考虑在铸造和机械加工时体现良好的工艺性。熟悉零件的工艺结构对于正确理解和识读零件图有很大帮助。

1. 铸造工艺结构

（1）铸件壁厚。

铸件壁厚应尽量做到基本均匀一致，如图 6－21（a）所示，以避免浇注后零件各部分冷却速度不同，而产生缩孔或裂纹等缺陷，如图 6－21（b）所示。若壁厚确实不能均匀一致，应尽可能使铸件壁厚逐渐过渡，如图 6－21（c）所示。

（2）起模斜度。

在铸造过程中，为了便于从砂型中取出木模，一般沿木模方向做出一定斜度（3°～6°），称为起模斜度（或拔模斜度），如图 6－22 所示。无特殊要求时，在图样中不必画出起模斜度，也不作标注。

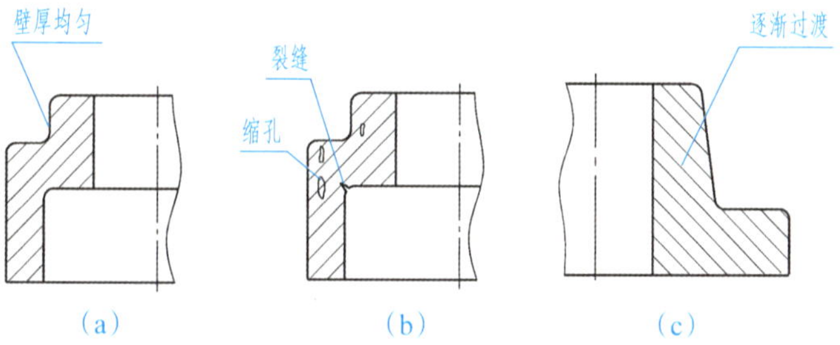

图 6-21　铸件壁厚应均匀

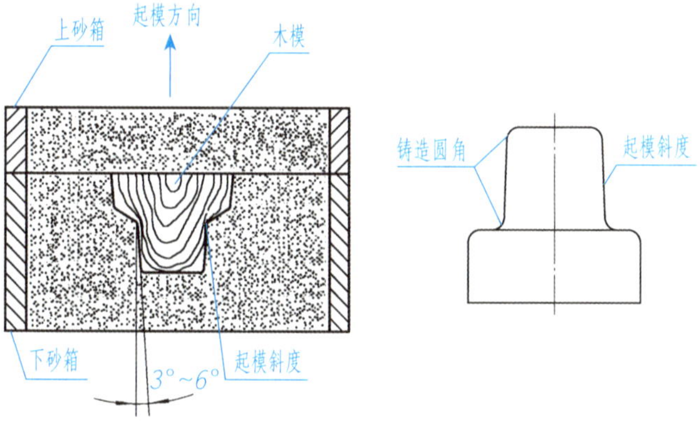

图 6-22　起模斜度和铸造圆角

（3）铸造圆角。

为了便于分型取模，防止浇注时铁水将砂型尖角处冲坏，以及金属液体在冷却收缩时在尖角处产生裂纹，造型时将表面的相交处做成圆角，称为铸造圆角，如图 6-22 所示。铸造圆角的半径一般为 2 ～ 5mm，此尺寸一般不在图样中标注，而统一注写在技术要求中。

铸造圆角的存在，使得铸件表面的相贯线变得不明显，为了区分不同表面，以过渡线的形式画出。过渡线通常用细实线表示，其画法与相贯线一样。但过渡线不与圆角的轮廓线接触，因此可以按照没有圆弧过渡的情况画出表面交线的投影，注意只画到两立体表面轮廓线理论上的交点处，在过渡线的端部留出间隙，如图 6-23 所示。

2. 机械加工工艺结构

（1）倒角和倒圆。

为了去除零件在机械加工后出现的锐边和毛刺，防止伤人并便于装配，常在轴或孔端部加工出 45° 或 30° 的倒角。为了避免应力集中，常在阶梯轴的轴肩或阶梯孔的台肩处采用圆角过渡，称为倒圆。倒角、倒圆的画法与尺寸标注如图 6-24 所示。当倒角、倒圆很小时，不在图样上画出，但必须注明尺寸或在技术要求中加以说明。

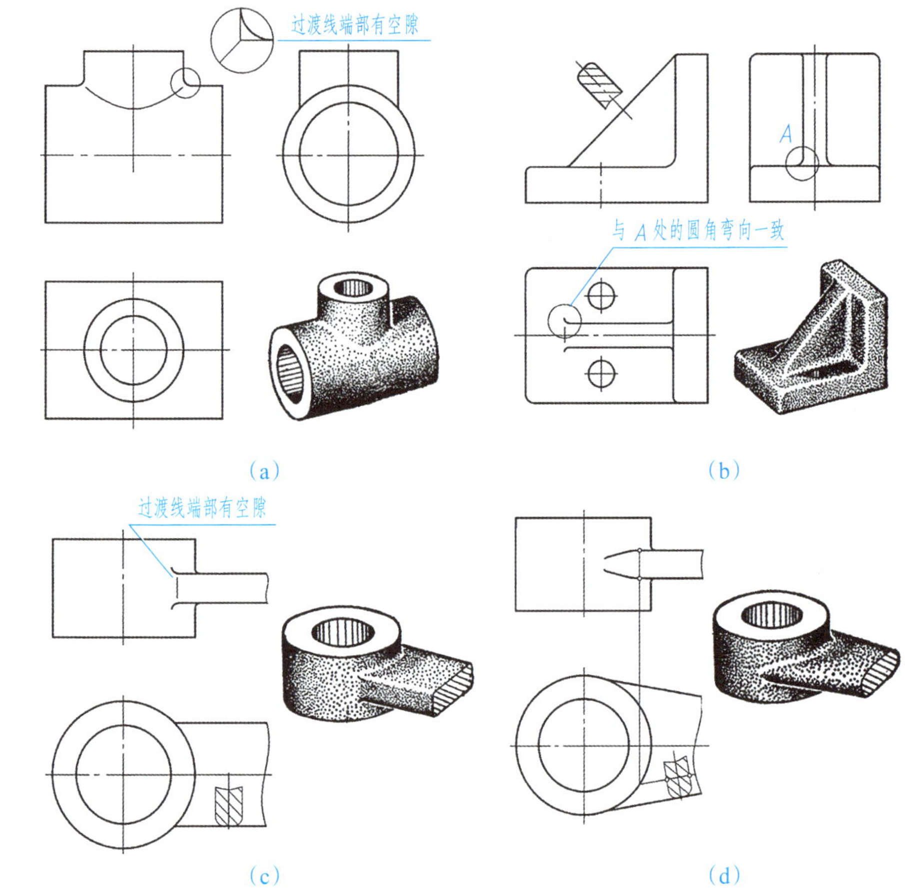

图 6－23　过渡线的画法

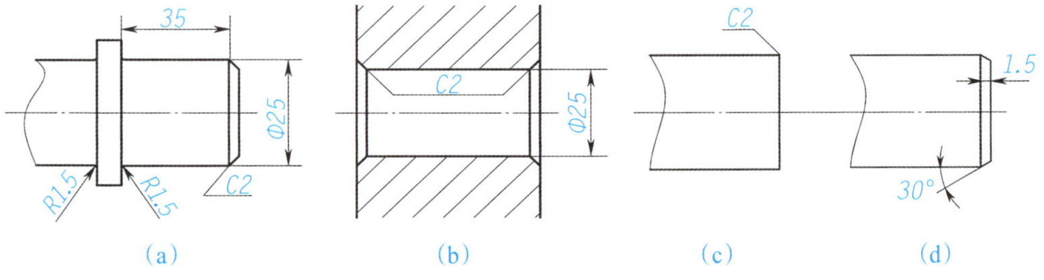

图 6－24　倒角、倒圆的画法与尺寸标注

（2）退刀槽和越程槽。

在车削或磨削零件时，为了保证加工质量，方便车刀进入或退出，以及考虑到砂轮的越程需要，常在轴肩处、孔的台肩处预先车削出退刀槽或砂轮越程槽，如图 6－25 所示。退刀槽和越程槽的尺寸可按“槽宽 × 直径”或“槽宽 × 槽深”的形式标注，越程槽也可以在其局部放大图中标注。

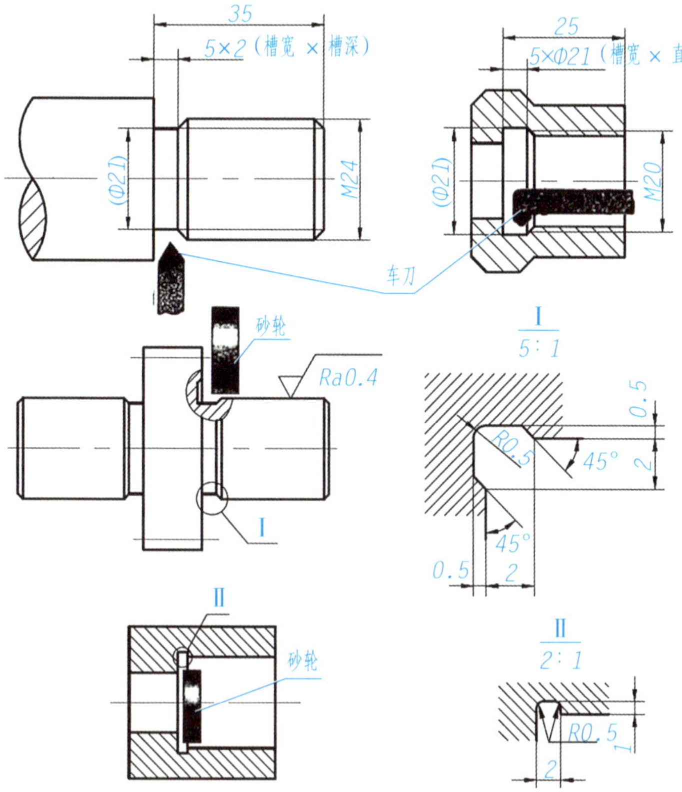

图 6－25　退刀槽和越程槽

（3）凸台和凹坑。

理论上，零件与零件接触的表面均需要加工；实际加工时，为了减少加工面积，并确保表面接触良好，常常在铸件上设计凸台、凹坑、凹槽等工艺结构，如图 6－26 所示。

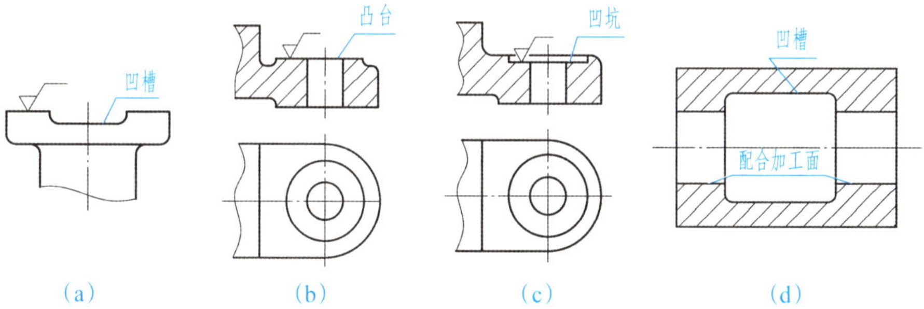

图 6－26　凸台、凹坑和凹槽结构

（4）钻孔结构。

钻孔时，钻头的轴线应与被加工表面垂直，否则会导致钻头弯曲，甚至折断。当零件表面倾斜时，可设置凸台或凹坑，便于钻孔。此外，由于钻头单边受力也容易折断，因此还要在钻头钻透处设置凸台。钻孔端面结构如图 6－27 所示。

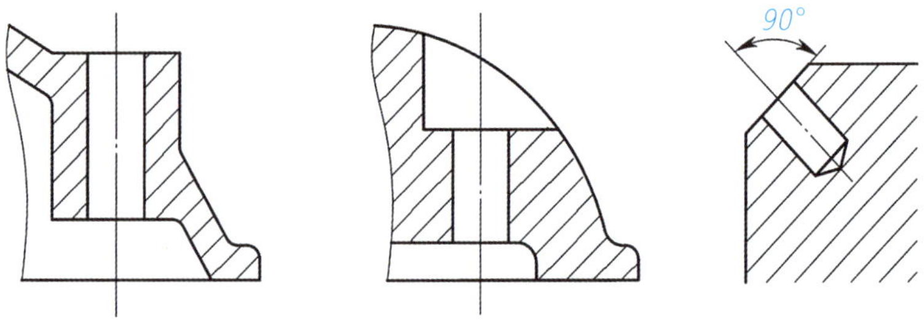

图 6－27　钻孔端面结构

钻削盲孔时，加工孔的钻头会在孔的底部留下 120° 的角，注意钻孔深度不包括锥角。钻削阶梯孔时，钻头会在大小孔过渡处留下 120° 锥角的圆台，注意钻孔深度不包括该圆台。盲孔和阶梯孔的画法及尺寸标注如图 6－28 所示。

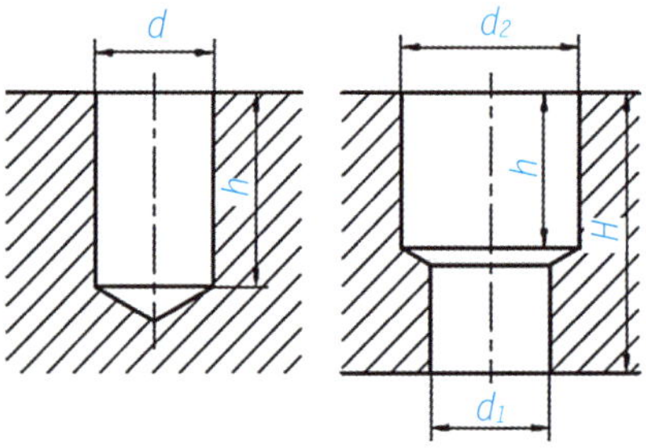

图 6－28　盲孔和阶梯孔的画法及尺寸标注

（5）中心孔。

在加工轴类零件外圆时，往往要在轴的一端或两端钻出中心孔，作为工艺定位基准。中心孔的形式有四种：R 型、A 型、B 型和 C 型，如图 6－29 所示。

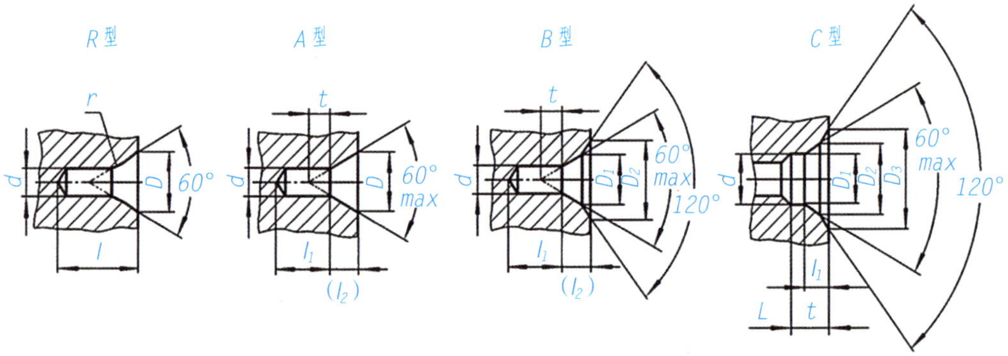

图 6－29　中心孔的形式

但在机械图样中，一般不绘制中心孔的详细结构，而采用规定的符号表示，具体见表 6－4。

表 6－4　中心孔的符号

要求	表示法示例	说明
在完工的零件上要求保留中心孔	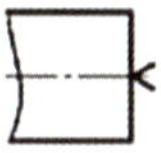	采用 B 型中心孔 $d=2.5\text{mm}$　$D_1=8\text{mm}$
在完工的零件上可以保留中心孔		采用 A 型中心孔 $d=4\text{mm}$　$D=8.5\text{mm}$
在完工的零件上不允许保留中心孔	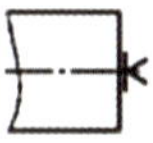	采用 A 型中心孔 $d=1.6\text{mm}$　$D=3.35\text{mm}$

在不致引起误解时，可省略中心孔标记中的标准编号。同一轴的两端中心孔相同时，可只在一端标出，但应注出其数量，如图 6－30 所示。

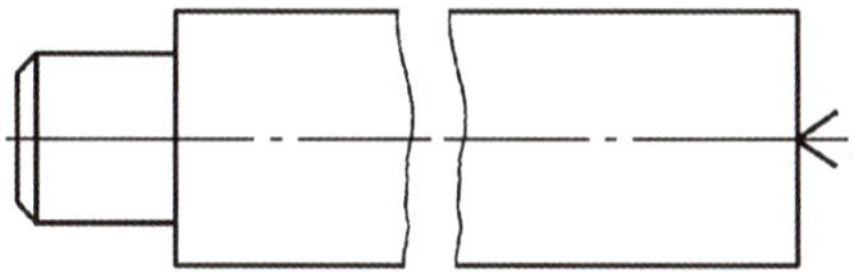

图 6－30　中心孔的简化表示法

6.2 零件的尺寸标注

零件图中的尺寸是加工、检验零件的依据，是零件图的重要内容之一，零件尺寸的标注除了应满足正确、齐全、清晰等基本要求外，还应考虑合理性，合理性是指所注尺寸既满足零件的设计要求，又符合加工工艺要求，以便于零件加工、测量和检验。要做到合理标注尺寸，必须具有一定的专业知识和生产实践经验，本节将介绍合理标注尺寸的一般原则。

一、选择尺寸基准

任何零件都有长、宽、高三个方向的尺寸，每个方向均要选定一个主要基准。通常选择零件上的一些重要平面（如安装底面、对称平面、重要端面或结合面等）以及主要轴线作为尺寸主要基准。

如图 6－31 所示，轴承座的高度方向选择底面为基准，以保证轴承孔的中心高。长度方向选择左右方向的对称面为基准，以保证底板上两个安装孔的中心距及安装孔与轴承孔的相对位置。宽度方向选择前后方向的对称面为基准，以保证底板上两个安装孔与轴承座顶部凸台上的螺孔处于同一对称面。

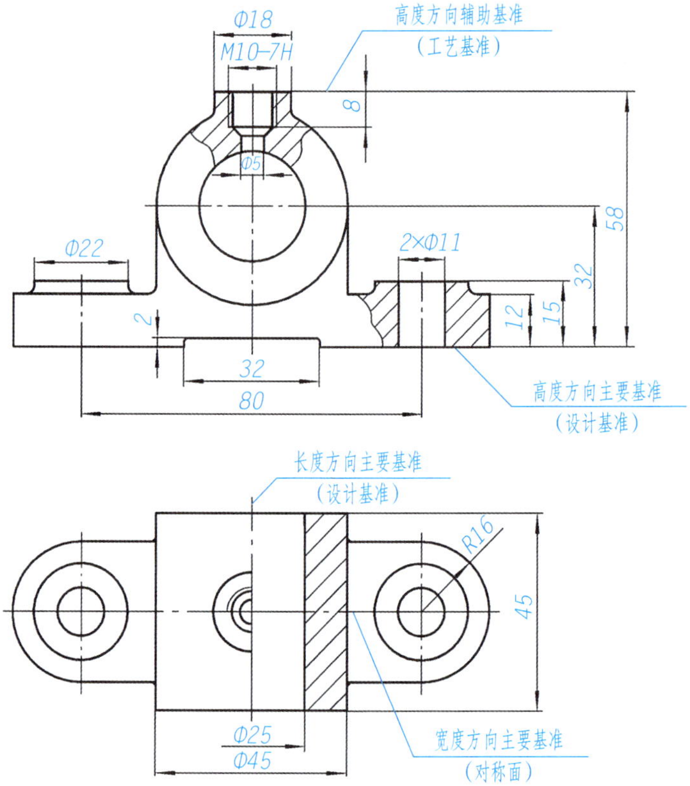

图 6－31　轴承座的尺寸基准

为便于加工和测量，在长、宽、高的某一方向上除主要基准外，还常常设有辅助基准。如图 6－31 所示，轴承座高度方向的主要基准是底面，零件上高度方向的主要尺寸都是以底面为基准直接标注的，但顶部凸台上螺孔的深度尺寸 8 则是以顶面为辅助基准标注的。主要基准与辅助基准之间则由联系尺寸 58 关联。

二、标注尺寸应考虑设计和工艺要求

要确保尺寸标注合理，除了正确选择尺寸基准外，还应认真考虑设计和工艺要求。

1. 重要尺寸应从主要基准直接注出

重要尺寸是指零件之间的配合尺寸，确定零件在机器或部件中的位置尺寸，反映零件所属机器（或部件）规格、性能的尺寸等。

重要尺寸从主要基准直接注出可避免加工误差的积累，保证尺寸精度。如图 6－32（a）所示，轴承孔的中心高 h_1 是重要尺寸，由于一根轴通常用两个轴承支承，这就要求两轴承孔的轴线在同一直线上。因此，必须保证两轴承孔的中心高 h_1 达到设计要求。若将中心高注成图 6－32（b）所示的 h_2+h_3，则会由于误差积累而难以达到精度要求，所以这样标注是不合理的。同样，两安装孔的中心距 h_1 也应从长度方向的基准直接注出，而不应注成图 6－32（b）所示的形式。

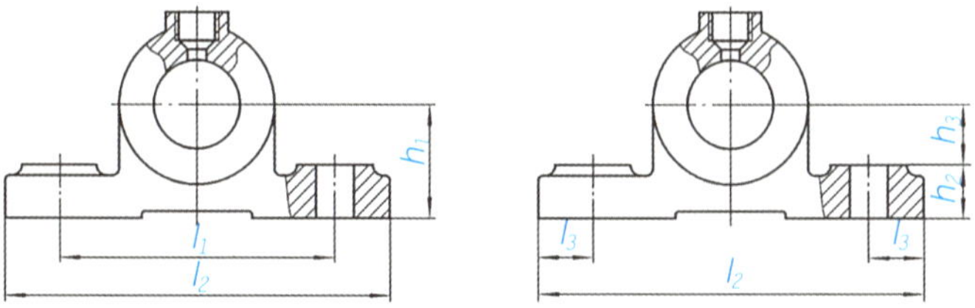

图 6－32　重要尺寸应直接注出

2. 避免注成封闭的尺寸链

一组首尾相连的链状尺寸称为尺寸链，组成尺寸链的各个尺寸称为尺寸链的组成环。若将轴的总长和各段长度都注上尺寸，就形成了首尾相接、一环接一环的封闭的链状尺寸，称为封闭的尺寸链，如图 6－33（b）所示。在加工过程中，零件各段尺寸总会存在一定的误差（误差不超过规定的范围是允许的），若将尺寸注成封闭的尺寸链，则要保证各段尺寸的精度，便不能保证总长的尺寸精度；要保证总长的尺寸精度，便不能保证每一段的尺寸精度。因此，一般情况下应避免注成封闭的尺寸链，即选择一段不重要的尺寸空出不注，该段尺寸称为开口环，如图 6－33（a）所示。这样，各段尺寸的加工误差便可积累在开口环上，既保证了设计要求，又便于加工。

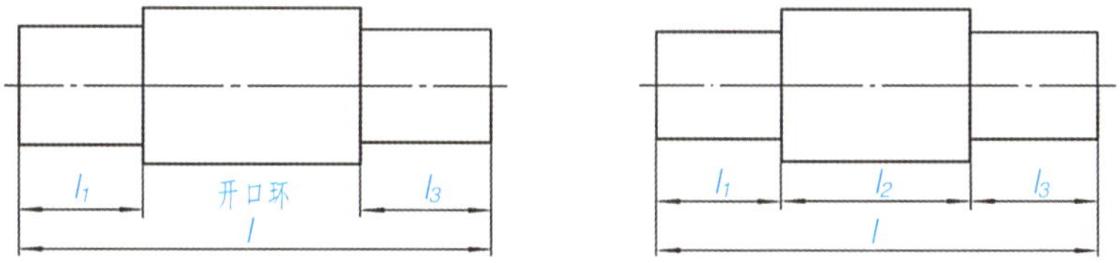

图 6－33　避免注成封闭的尺寸链

3. 标注尺寸要便于加工和测量

（1）标注尺寸要考虑加工顺序。

按加工顺序标注尺寸，就是按加工过程一步一步地标注尺寸。此标注方法符合零件的加工过程，条理清晰，便于加工和测量。

如图 6－34（a）所示的轴，ϕ40 轴段用于安装齿轮，其长度 51 是与齿轮配合的功能尺寸，必须要保证精度，应直接注出，其他尺寸按加工工艺和顺序进行标注。如图 6－34（b）所示，轴的最大直径 ϕ45 和总长度 128 是备料所需考虑的尺寸；如图 6－34（c）所示，车削左端 ϕ35 轴段，控制长度 23；如图 6－34（d）所示，调头车削右端 ϕ40 轴段，控制长度 74；然后车削 ϕ35 轴段，控制功能长度尺寸 51，如图 6－34（e）所示。这样标注尺寸，既保证了设计要求，又符合加工工艺和加工顺序要求。

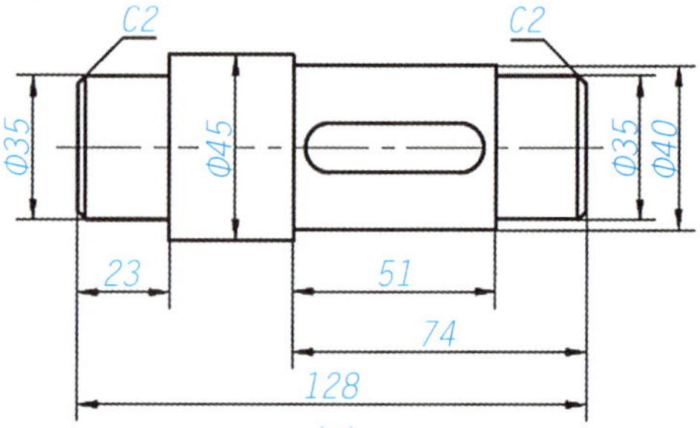

(a)

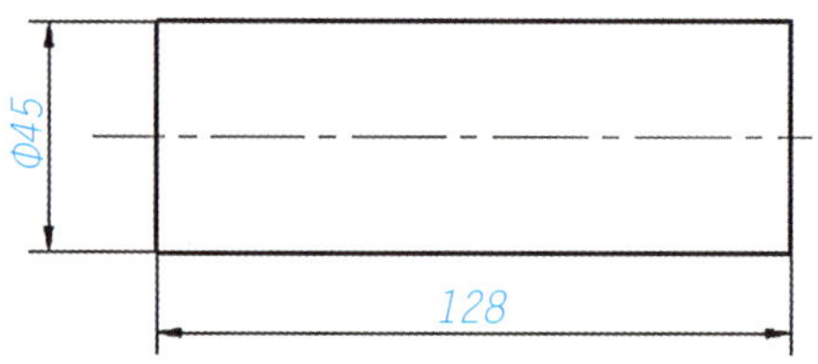

(b)

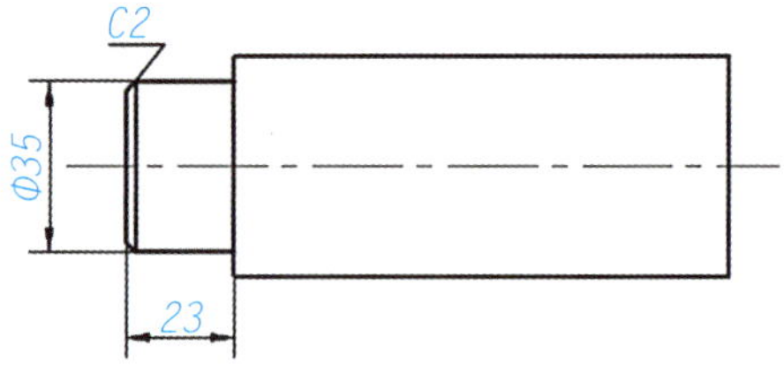

(c)

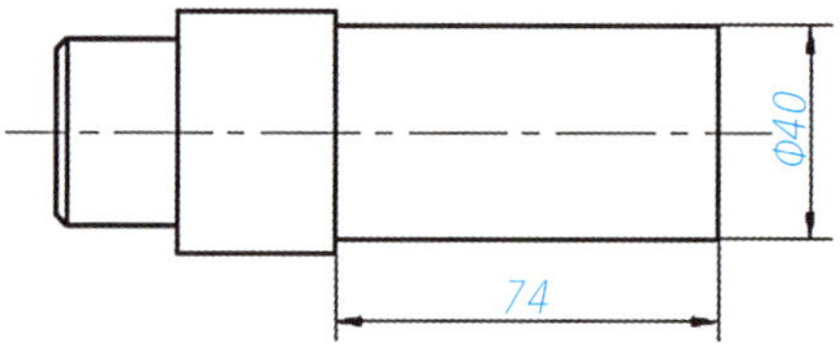

(d)

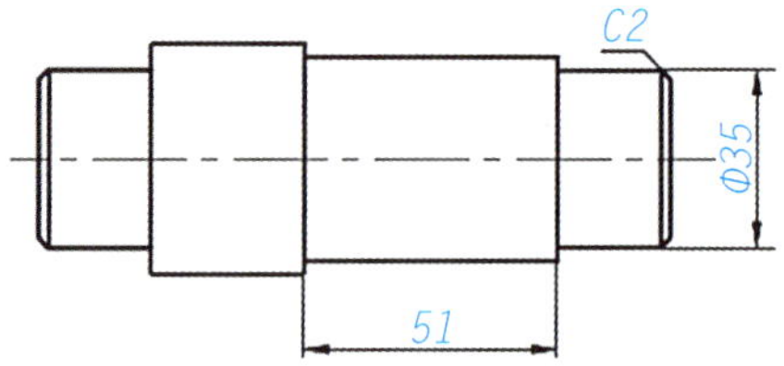

(e)

图 6-34 轴的加工顺序和尺寸的标注

（2）标注尺寸要考虑测量方法。

考虑测量方法，就是要结合测量器具考虑零件和测量器具的定位问题及测量的方便性。标注的尺寸必须是能够进行直接测量的，并且应能够方便地进行测量。

如图 6-35（a）所示的尺寸标注，由设计基准轴线注出径向尺寸，但轴线并不是直接存在的要素，而是间接获得的要素，所以图中所注尺寸不能够直接测量得到，且不易测量。如果这些尺寸对设计要求影响不大，则可以按图 6-35（b）所示标注，便于测量。

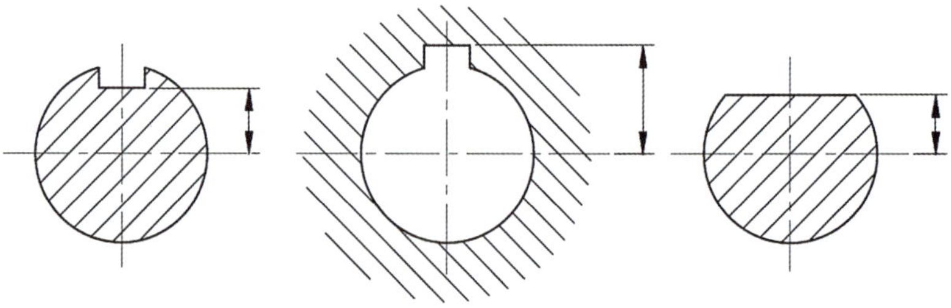
(a)

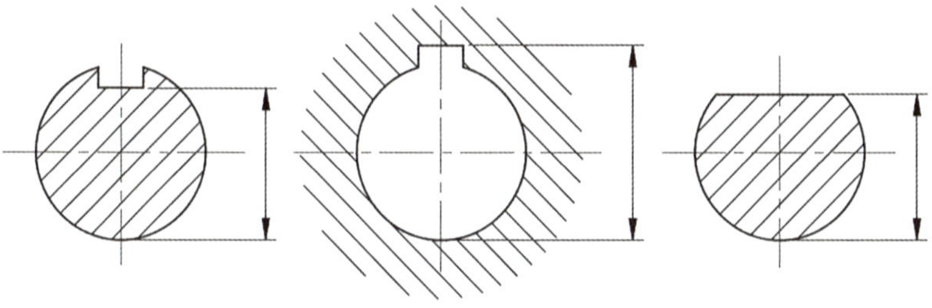

(b)

图 6-35 尺寸标注要便于测量（一）

如图 6-36（a）所示的套筒的尺寸是合理的，*A*、*C* 两个尺寸都便于测量。如图 6-36（b）所示的 *B* 尺寸不便于测量。

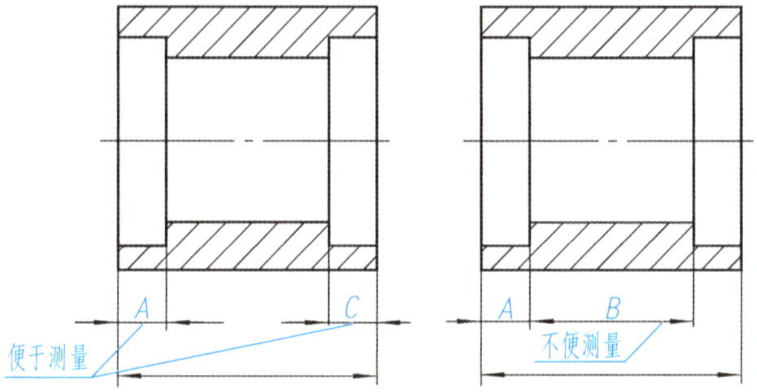

（a）　　　　（b）

图 6-36 尺寸标注要便于测量（二）

4. 毛坯面和加工面的尺寸标注

通过铸造或锻造制出的表面称为毛坯面，有些毛坯面在后续工序不再进行加工，即零件制成时仍然保留毛坯面。如果在一个方向上有若干毛坯面，应先在毛坯面与毛坯面之间进行尺寸标注，毛坯面与加工面只保留一处尺寸联系，如图 6-37 所示。

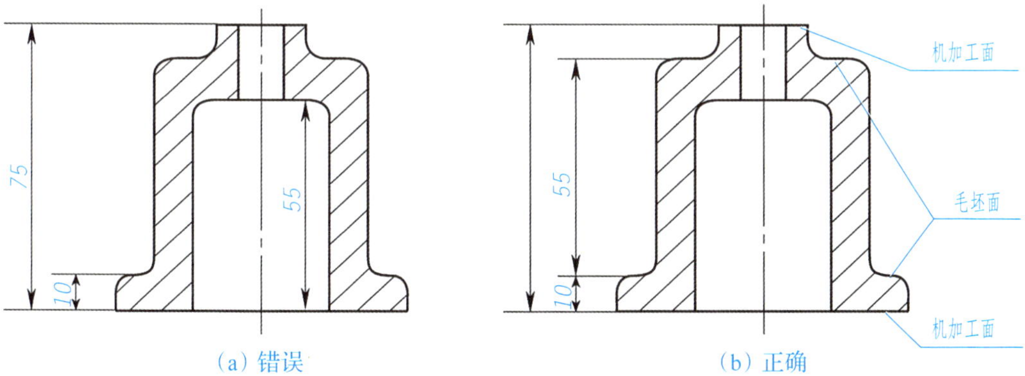

（a）错误　　　　（b）正确

图 6-37 毛坯面和加工面的尺寸标注

三、各种孔的简化注法

零件上各种孔（光孔、沉孔、螺孔）的简化注法见表 6－5。标注尺寸时应尽可能使用符号和缩写词。

表 6－5　各种孔的简化注法

结构类型	一般注法	简化注法	说明
光孔	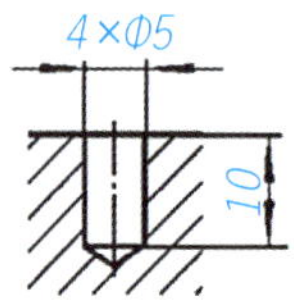	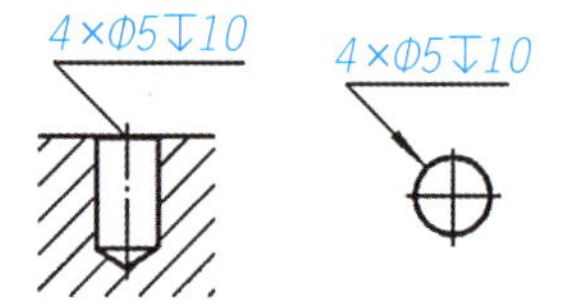	“4×ϕ5”表示直径为 5mm 的 4 个光孔，孔深可与孔径连注，也可分开注出
锥形沉孔	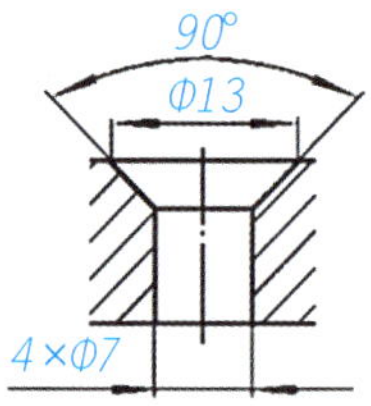	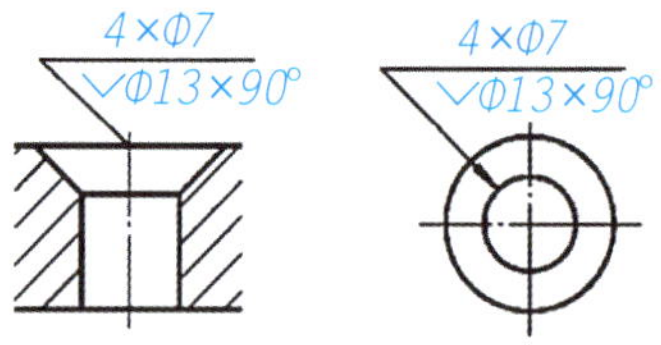	“4×ϕ7”表示直径为 7mm 的 4 个孔。90° 的锥形沉孔的最大直径为 ϕ13mm
柱形沉孔	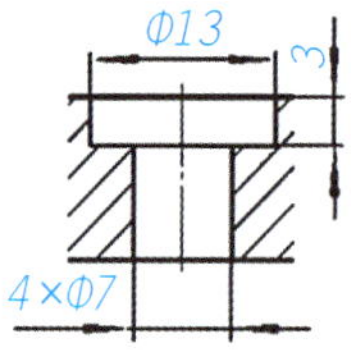	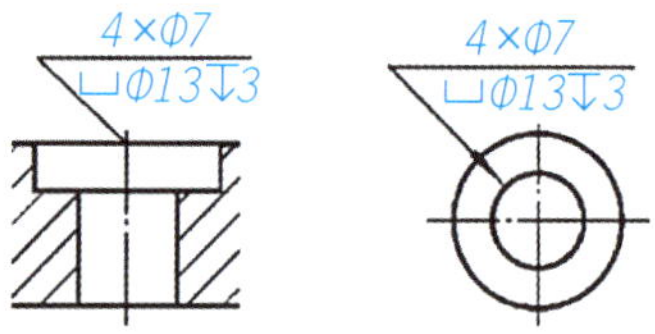	4 个柱形沉孔大端的直径为 13mm，深度为 3mm，小端的直径为 7mm
锪平沉孔	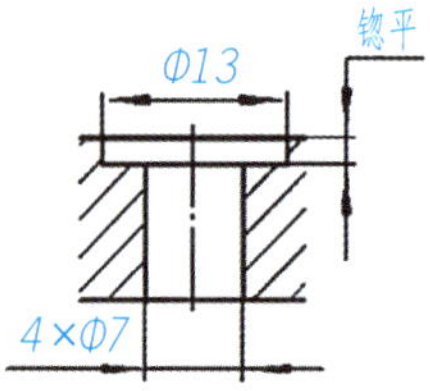	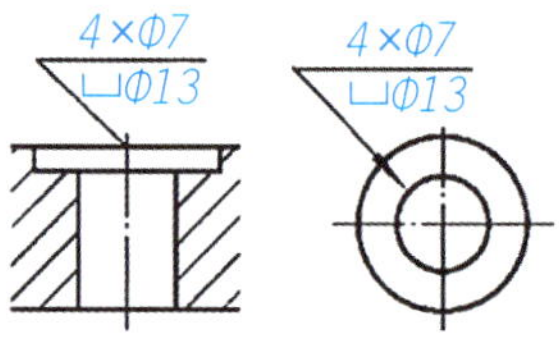	锪平 ϕ13mm 沉孔的深度不必标注，一般锪平到不出现毛面为止
通孔螺孔	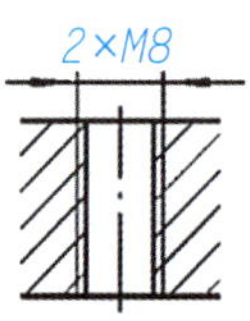	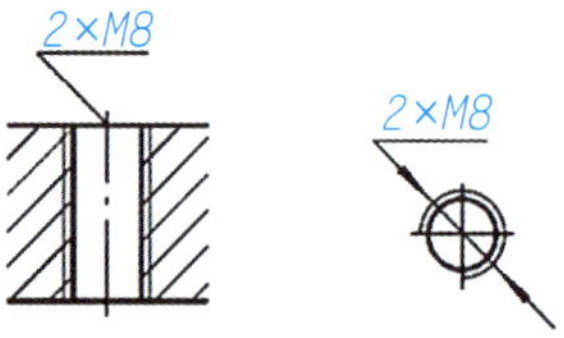	“2×M8”表示公称直径为 8mm 的两个螺孔，可以旁注，也可直接注出
不通螺孔	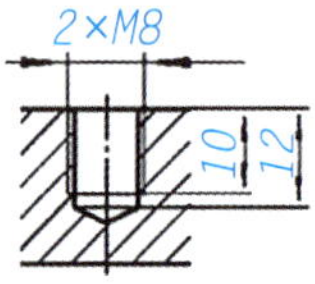	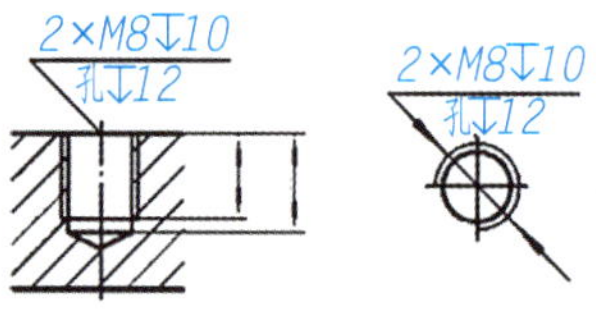	表示两个螺孔 M8 的螺纹深度为 10mm，孔的深度为 12mm

6.3 零件图上的技术要求

零件图上除了图形和尺寸外，还必须有零件在加工检验时的各项技术要求，如极限与配合、几何公差和表面结构要求等。

一、极限与配合

现代化的大规模生产，要求零件具有互换性，即在同一规格的一批零件中任取一件，不经任何修配和调整，装到机器或部件上就能保证其使用性能，例如各种螺纹紧固件和滚动轴承等都具有互换性。

零件的互换性是机械产品批量化生产的前提，必须制定和执行统一的标准。

1. 尺寸公差

在实际生产中，零件的尺寸不可能加工得绝对准确，而是允许在一个合理的范围内变动，这个允许尺寸的变动量就是尺寸公差，简称“公差”。

如图 6－38（a）所示，在孔的尺寸 $\phi 35^{+0.014}_{-0.011}$ 中，$\phi 35$ 是设计时确定的尺寸，称为基本尺寸（或公称尺寸）。注写在基本尺寸后面的就是控制尺寸范围的数值，称为尺寸偏差，简称“偏差”，其中 +0.014 为上偏差，−0.011 为下偏差。加工后，孔直径允许的最大尺寸即上极限尺寸为 $\phi 35.014$；孔直径允许的最小尺寸即最小极限尺寸为 $\phi 34.989$。加工后的孔的实际尺寸在上、下偏差之间，即为合格产品。

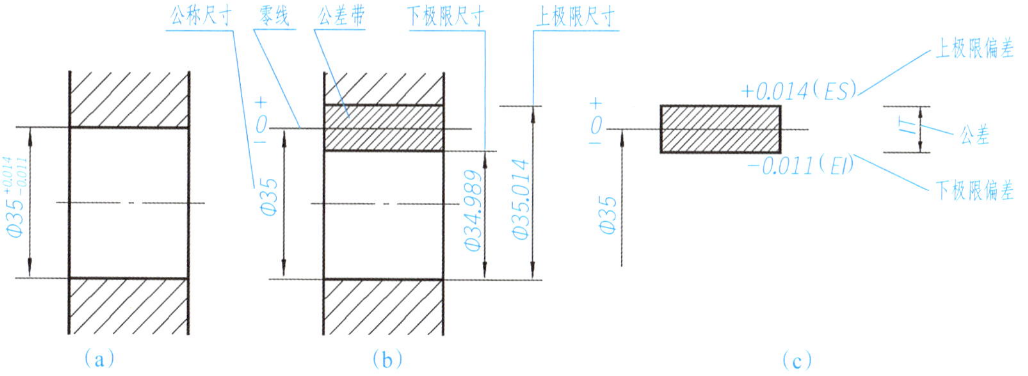

图 6－38　公差的基本术语

尺寸公差等于上极限尺寸减下极限尺寸，也等于上偏差减下偏差。如孔 $\phi 35^{+0.014}_{-0.011}$ 的公差为：35.014 − 34.989 = 0.025 或 +0.014−(−0.011) = 0.025。

上偏差和下偏差统称为极限偏差，其数值可以为正值、负值或零。而公差是指绝对值，没有正负之分，也不可能为零。

在图 6－38（b）所示的公差示意图中，由代表上、下极限尺寸或代表上、下偏差的两条直线所限定的区域称为公差带，通常用图 6－38（c）所示的公差带图表示，公差带图中的零线是表示基本尺寸的一条直线，正偏差位于零线之上，负偏差位于零线之下。显然，公差带沿零线垂直方向的宽度反映了公差的大小，公差值越小，零件尺寸的精度越高；反之，精度越低。

2. 标准公差与基本偏差

公差带包括两个要素，即公差带的大小及其相对于零线的位置，分别由标准公差和基本偏差确定。

用于确定公差带大小的标准公差分为 20 个等级，即 IT01、IT0、IT1、IT2、…、IT18。IT 表示标准公差，IT 后的数字表示公差等级，IT01 级的公差值最小，精度最高，IT18 级的公差值最大，精度最低。部分标准公差数值可以从表 6－6 中查出。

表 6－6　部分标准公差

基本尺寸		公差值												
		IT4	IT5	IT6	IT7	IT8	IT9	IT10	IT11	IT12	IT13	IT14	IT15	IT16
大于	到	μm								mm				
－	3	3	4	6	10	14	25	40	60	0.10	0.14	0.25	0.40	0.60
3	6	4	5	8	12	18	30	48	75	0.12	0.18	0.30	0.48	0.75
6	10	4	6	9	15	22	36	58	90	0.15	0.22	0.36	0.58	0.90
10	18	5	8	11	18	27	43	70	110	0.18	0.27	0.43	0.70	1.10
18	30	6	9	13	21	33	52	84	130	0.21	0.33	0.52	0.84	1.30
30	50	7	11	16	25	39	62	100	160	0.25	0.39	0.62	1.00	1.60
50	80	8	13	19	30	46	74	120	190	0.30	0.46	0.74	1.20	1.90
80	120	10	15	22	35	54	87	140	220	0.35	0.54	0.87	1.40	2.20
120	180	12	18	25	40	63	100	160	250	0.40	0.63	1.00	1.60	2.50
180	250	14	20	29	46	72	115	185	290	0.46	0.72	1.15	1.85	2.90
250	315	16	23	32	52	81	130	210	320	0.52	0.81	1.30	2.10	3.20
315	400	18	25	36	57	89	140	230	360	0.57	0.89	1.40	2.30	3.60
400	500	20	27	40	63	97	155	250	400	0.63	0.97	1.55	2.50	4.00

为了确定公差带相对于零线的位置，将上、下偏差中的一个规定为基本偏差，一般为靠近零线（即绝对值较小）的那个偏差，例如 $\phi 35^{+0.014}_{-0.011}$ 的基本偏差是下偏差。国家标准对孔、轴分别规定了 28 个基本偏差代号，用拉丁字母表示，如图 6－39 所示，大写字母表示孔，如 A、B、C；小写字母表示轴，如 a、b、c。由于图中只是表示公差带的位置而不表示公差带的大小，因此公差带的一端画成开口。基本偏差数值可以从国家标准和相关手册中查到。

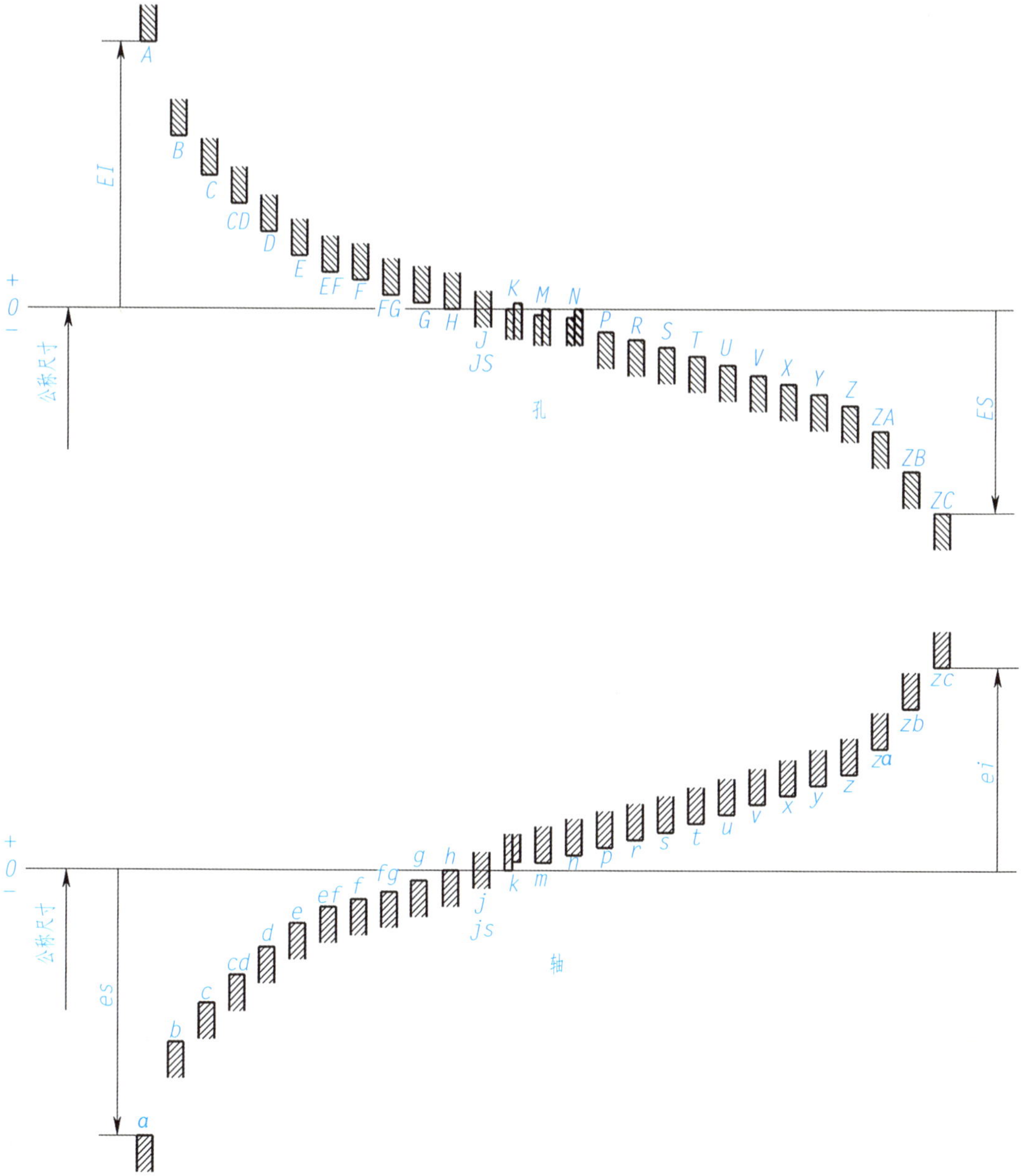

图 6－39　基本偏差系列

3. 公差带代号

孔、轴的尺寸公差可用公差带代号表示，公差带代号由基本偏差代号（字母）和公差等级（数字）组成，如图 6－40 所示。对于具体的孔和轴，可以根据公差带代号从相关的表中查到其极限偏差的具体数值。

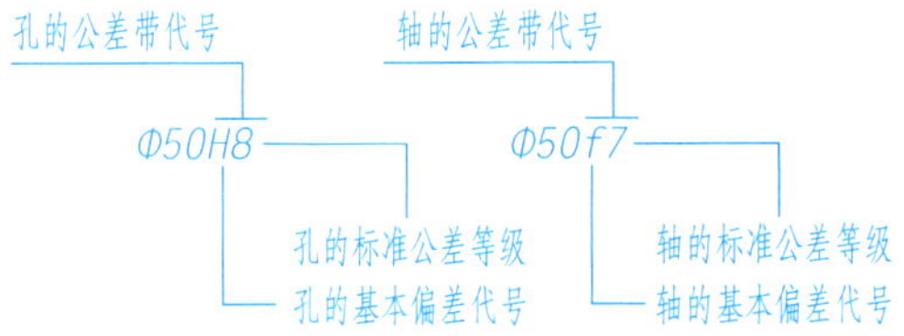

图 6－40　公差带代号

4. 配合

（1）配合的种类。

基本尺寸相同的、相互结合的孔和轴公差带之间的关系称为配合。根据使用要求不同，配合有松有紧，孔的实际尺寸大于轴的实际尺寸，就会产生间隙；孔的实际尺寸小于轴的实际尺寸，就会产生过盈。配合包括以下三种类型：

间隙配合：具有间隙（包括最小间隙等于零）的配合。此时，孔的公差带在轴的公差带之上，如图 6－41 所示。

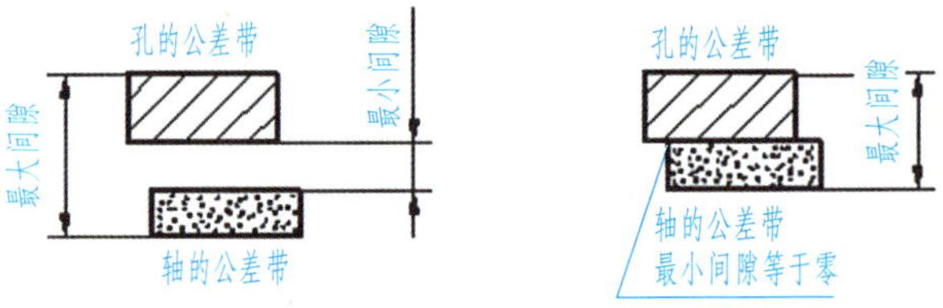

图 6－41　间隙配合示意图

过盈配合：具有过盈（包括最小过盈等于零）的配合。此时，孔的公差带在轴的公差带之下，如图 6－42 所示。

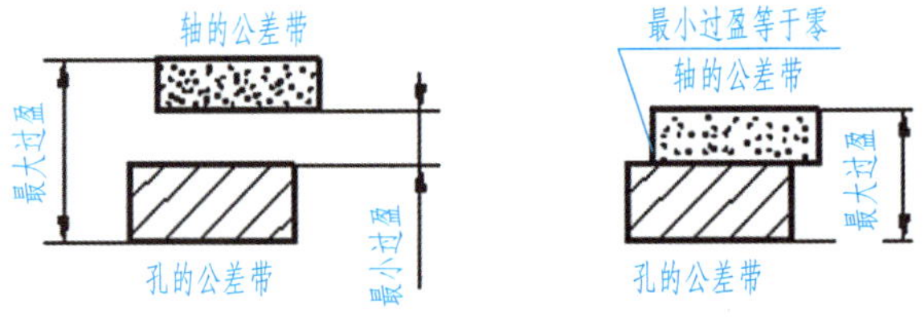

图 6－42　过盈配合示意图

过渡配合：可能具有间隙或过盈的配合。此时，孔的公差带与轴的公差带相互重叠，如图 6－43 所示。

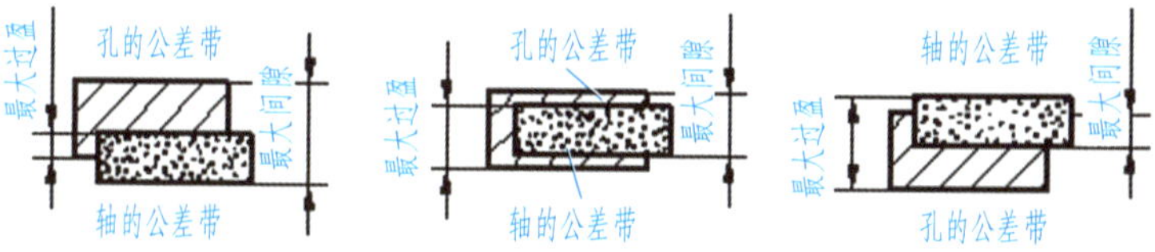

图 6－43　过渡配合示意图

（2）ISO 配合制。

基本尺寸确定后，可通过改变孔、轴的基本偏差得到松紧不同的各种配合。即将其中一个零件作为基准件，使其基本偏差不变，而通过改变另一个零件的基本偏差达到松紧不同的各种配合。ISO 配合制，是由线性尺寸公差 ISO 代号体系确定公差的孔和轴组成的配合制度。规定了下列两种配合制度：

基孔制：基本偏差为一定的孔的公差带，与不同基本偏差的轴的公差带形成各种配合的一种制度，如图 6－44（a）所示。基孔制配合中的孔称为基准孔，其基本偏差代号为 H，下偏差为零。

基轴制：基本偏差为一定的轴的公差带，与不同基本偏差的孔的公差带形成各种配合的一种制度，如图 6－44（b）所示。基轴制配合中的轴称为基准轴，其基本偏差代号为 h，上偏差为零。

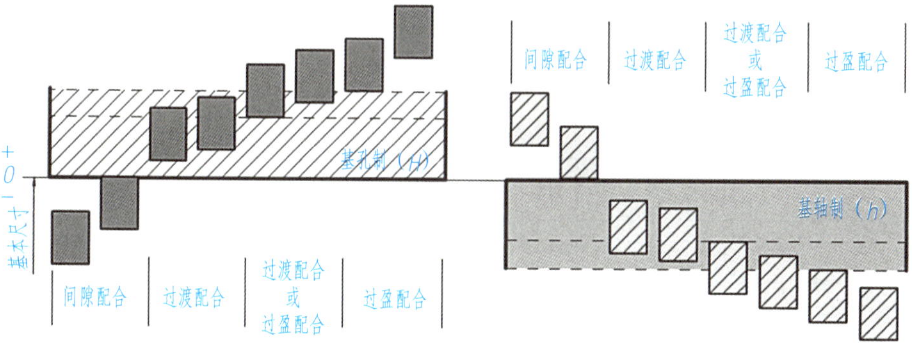

（a）基孔制配合　　（b）基轴制配合

图 6－44　配合示意图

由于轴的加工比孔容易，因此一般优先选用基孔制配合。在某些情况下，如一根等直径的轴上需同时装配几个不同配合性质的孔时，应采用基轴制配合。

（3）常用配合和优先配合。

国际标准规定的基孔制常用配合和优先配合见表 6－7；国际标准规定的基轴制常用配合和优先配合见表 6－8。设计时应根据使用要求，基于经济因素，尽可能采用优先配合，其次是常用配合，然后是一般配合。

表 6-7 基孔制常用、优先配合

基准孔	轴公差带代号																	
	间隙配合							过渡配合				过盈配合						
H6						g5	h5	js5	k5	m5		n5	p5					
H7					f6	g6	h6	js6	k6	m6	n6		p6	r6	s6	t6	u6	x6
H8				e7	f7		h7	js7	k7	m7					s7		u7	
			d8	e8	f8		h8											
H9			d8	e8	f8		h8											
H10	b9	c9	d9	e9			h9											
H11	b11	c11	d10				h10											

注：标有下划线的为优先配合。

表 6-8 基轴制常用、优先配合

基准轴	孔公差带代号																	
	间隙配合							过渡配合				过盈配合						
h5						G6	H6	JS6	K6	M6		N6	P6					
h6					F7	G7	H7	JS7	K7	M7	N7		P7	R7	S7	T7	U7	X7
h7				E8	F8		H8											
h8			D9	E9	F9		H9											
h9				E8	F8		H8											
			D9	E9	F9		H9											
	B11	C10	D10				H10											

注：标有下划线的为优先配合。

5. 极限与配合在图样中的标注

（1）在零件图中的标注。

在零件图上，尺寸公差标注在基本尺寸之后。尺寸公差的标注方法有三种形式：一是只标注公差带代号；二是只标注极限偏差数值；三是既标注公差带代号，又标注极限偏差数值。三种标注方法如图 6-45 所示。

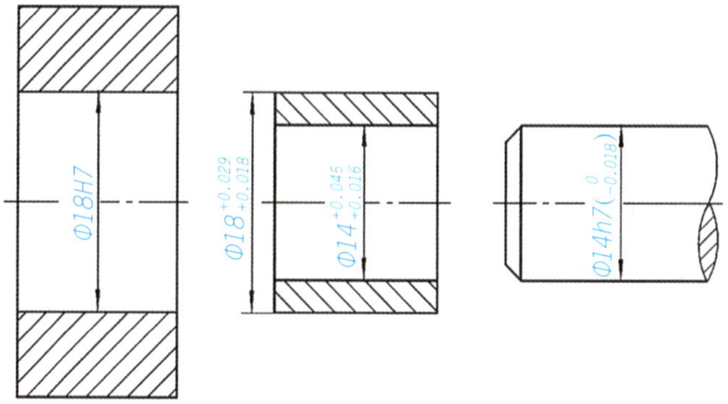

图 6-45　零件图中尺寸公差的标注

标注时应注意以下几点：

1）标注数值时，上、下偏差的小数点应对齐，小数点后的位数应相同，如图 6-45 所示。

2）当上偏差或下偏差的数值为 0 时，用数字“0”标出，并与下偏差或上偏差的个位对齐，如图 6-45 所示。

3）当上偏差与下偏差的绝对值相同时，以“ ± ”符号加偏差绝对值的形式标注，如 50 ± 0.008。

（2）在部件图中的标注。

在部件图中标注的相配合的孔和轴的配合代号，是由孔和轴的公差带代号组成，以分数的形式表示，分子为孔的公差带代号，分母为轴的公差带代号，在配合代号之前注写基本尺寸数值，如图 6-46 所示。也可以采用注出孔和轴的极限偏差数值的形式。

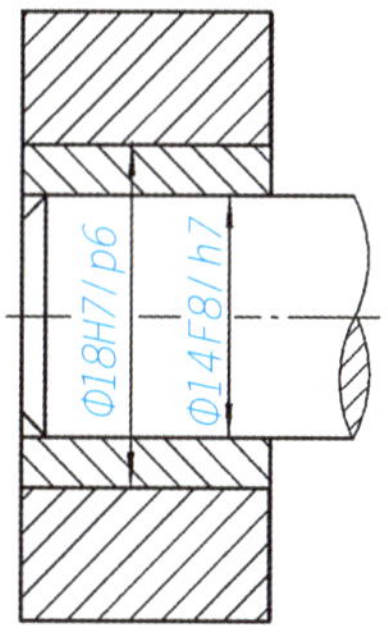

图 6-46　部件图中公差与配合的标注

二、几何公差

零件在加工过程中不仅会产生尺寸误差，还会产生形状误差和位置误差。这种误差也会影响零件的互换性和产品的使用性能。

要保证零件几何要素的互换性，除规定尺寸公差要求外，还要控制形状和位置的误差。国家标准规定，零件实际几何要素对理想几何要素的形状、位置和方向等方面的允许变动量统称为几何公差。

1. 几何公差的项目及符号

几何公差可分为形状公差、方向公差、位置公差和跳动公差四大类，具体的特征项目及符号见表 6－9。

表 6－9　几何公差的特征项目及符号

公差类型	几何特征	符号	有无基准	公差类型	几何特征	符号	有无基准
形状公差	直线度	—	无	位置公差	位置度	⌖	有或无
	平面度	⏥	无		同心度（用于中心点）	◎	有
	圆度	○	无		同轴度（用于轴线）	◎	有
	圆柱度	⌭	无		对称度	⌯	有
	线轮廓度	⌒	无		线轮廓度	⌒	有
	面轮廓度	⌓	无		面轮廓度	⌓	有
方向公差	平行度	//	有	跳动公差	圆跳动	↗	有
	垂直度	⊥	有		全跳动	⌰	有
	倾斜度	∠	有				
	线轮廓度	⌒	有				
	面轮廓度	⌓	有				

2. 几何公差的代号和基准符号

几何公差的代号包括几何公差框格、带箭头的指引线和框格内填写的内容，如图 6－47（a）所示。几何公差的框格用细实线绘制，框格长度根据需要确定。框格中的字母、数字与图中数字等高。如图 6－47（b）所示为标注几何公差时所用的基准符号，用于标注与被测要素相关的基准，涂黑的和空白的基准三角形的含义相同。

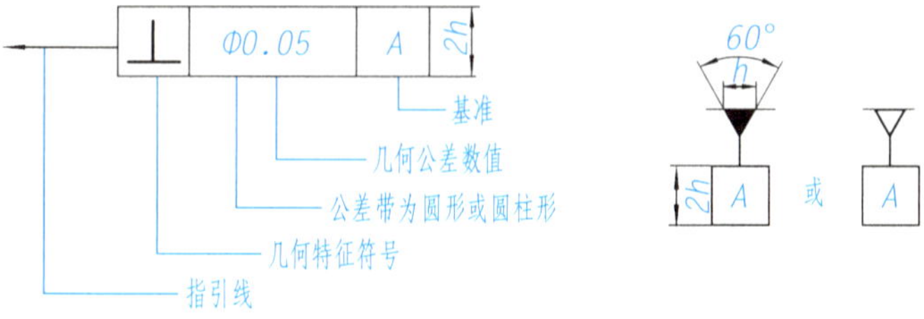

（a）　　（b）

图 6-47　几何公差的框格和基准符号

3. 几何公差的标注

（1）被测要素的标注。

当被测要素是轮廓线或表面时，指引线的箭头指向该要素的轮廓线或其延长线（但应与尺寸线明显错开），如图 6-48（a）、图 6-48（b）所示。箭头也可指向引出线的水平线，引出线引自被测面，如图 6-48（c）所示。

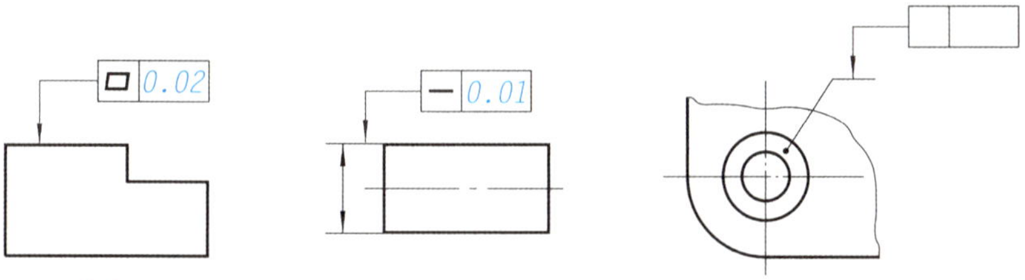

（a）　　（b）　　（c）

图 6-48　被测要素的标注（一）

当被测要素为轴线或中心平面时，箭头应位于尺寸线的延长线上，如图 6-49 所示。

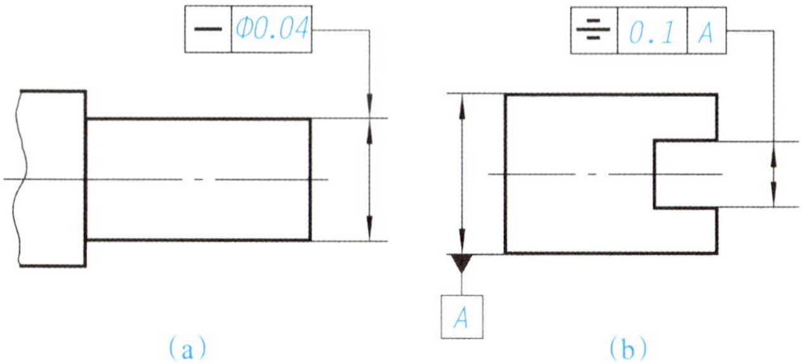

（a）　　（b）

图 6-49　被测要素的标注（二）

（2）基准要素的标注。

当基准要素是轮廓线或轮廓面时，基准三角形放置在要素的轮廓线或其延长线上（但应与尺寸线明显错开），如图 6-50（a）所示。当基准要素是轴线或中心平面时，基准符号应与该要素相关的轮廓尺寸线对齐。如果没有足够的位置标注基准要素，则尺寸的其中一个箭头可用基准三角形代替，如图 6－50（b）所示。基准符号还可以指向实际表面的引出线，如图 6－50（c）所示。

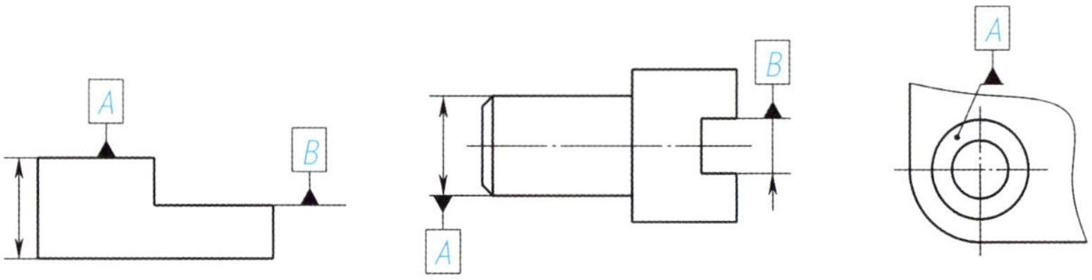

（a）　　（b）　　（c）

图 6－50　基准要素的标注

（3）几何公差的标注示例。

如图 6－51 所示为气门阀杆几何公差标注实例，当被测要素为轮廓要素时，从框格引出的指引线箭头应指在该要素的轮廓线或其延长线上。当被测要素是轴线或对称中心线（中心要素）时，应将箭头与该要素的尺寸线对齐，如 M8×1 轴线的同轴度注法。当基准要素是轴线时，应将基准符号与该要素的尺寸线对齐，如图 6－51 中的基准 A。

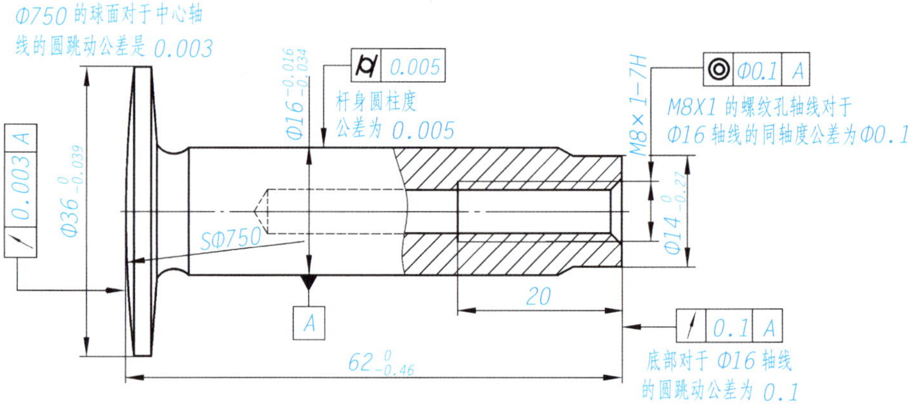

图 6－51　几何公差标注示例

三、表面结构要求

为保证零件装配后的使用要求，在机械图样上，除了对零件各部分结构的尺寸、形状和位置给出公差要求，还要根据功能需要对零件的表面质量——表面结构给出要求。表面结构的各项要求在图样上的表示法在《产品几何技术规范（GPS）技术产品文件中表面结构的表示法》(GB/T 131—2006）中均有具体规定。

1. 表面结构要求的概念

零件经过机械加工后的表面会有许多高低不平的凸峰和凹谷，零件加工表面上具有较小间距的峰谷所组成的微观几何形状特性称为表面粗糙度。表面粗糙度与加工方法、刀刃形状和走刀量等因素都有密切关系。

表面粗糙度是评定零件表面质量的一项重要技术指标，对于零件的配合、耐磨性、抗腐蚀性以及密封性等都有显著影响，是零件图中必不可少的一项技术要求。

2. 表面结构要求的评定参数

国家标准规定的评定表面粗糙度的主要参数：算术平均偏差 *Ra* 和轮廓最大高度 *Rz*。

（1）算术平均偏差 *Ra*。

算术平均偏差是指在一个取样长度内，轮廓上各点至轮廓中线距离的算术平均值，如图 6－52 所示。

（2）轮廓最大高度 *Rz*。

轮廓最大高度是指在一个取样长度内，最大轮廓峰高与最大轮廓谷深之间的高度，如图 6－52 所示。

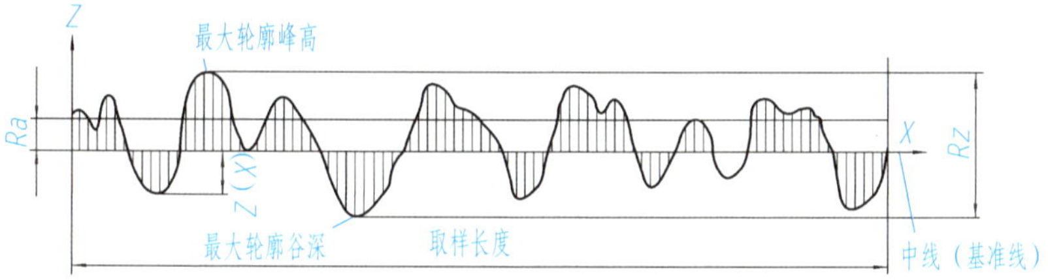

图 6－52　表面结构要求的评定参数

算术平均偏差 *Ra* 值最为常用，*Ra* 值的优先选用系列见表 6－10。

表 6－10　算术平均偏差 *Ra* 值的优先选用系列　（单位：μm）

0.012	0.025	0.05	0.10	0.20	0.40	0.80
1.6	3.2	6.3	12.5	25	50	100

3. 表面结构的符号及说明

表面结构的符号及说明见表 6－11。

表 6－11　表面结构的符号及说明

符号	说明
	基本图形符号：仅用于简化代号标注，没有补充说明时不能单独使用
	扩展图形符号：表示用去除材料方法获得的表面，如通过机械加工获得的表面

续表

符号	说明
	扩展图形符号：表示不去除材料的表面，如铸、锻、冲压成形、热轧、冷轧、粉末冶金等；也用于保持上道工序形成的表面，不管这种状况是通过去除材料或不去除材料形成的
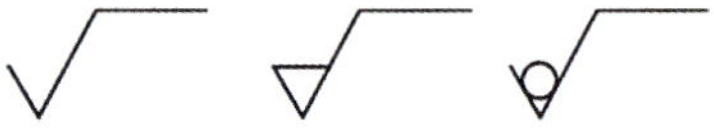	完整图形符号：当要求标注表面结构特征的补充信息时，应在原符号上加一横线

表面结构符号用细实线绘制。为了明确表面结构要求，还必须标注表面结构参数值和其他补充要求，这些要求在图形符号中的注写位置如图 6－53 所示。

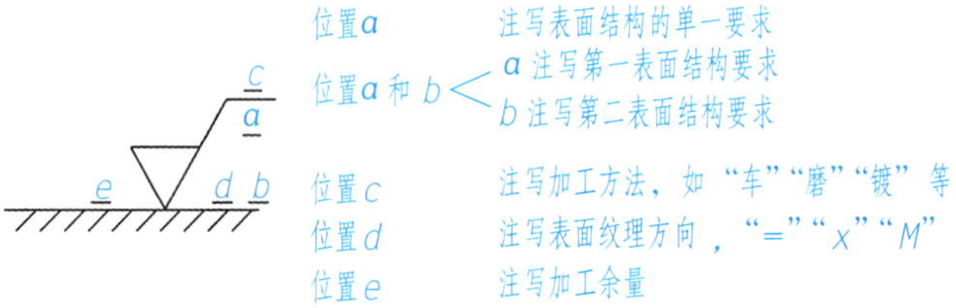

图 6－53　表面结构要求在图形符号中的注写位置

表面结构符号中注写了具体的参数代号及数值等要求后即称为表面结构代号。表面结构代号的示例及含义见表 6－12。

表 6－12　表面结构代号的示例及含义

代号示例	含义
	不允许去除材料，算术平均偏差 *Ra* 的单向上限值为 0.8μm
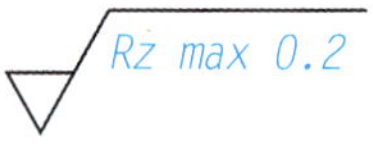	去除材料，轮廓最大高度 *Rz* 的单向上限值的最大值为 0.2μm
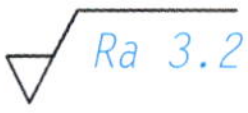	去除材料，算术平均偏差的单向上限值 *Ra* 为 3.2μm
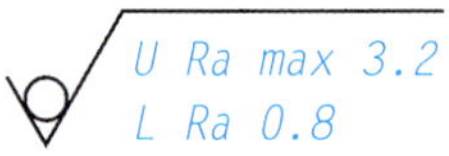	不允许去除材料，算术平均偏差的上限值的最大值为 3.2μm，下限值为 0.8μm

4. 表面结构代号的标注

（1）表面结构代号对每一表面一般只标注一次，并尽可能标注在相应的尺寸及其公差的同一视图上。除非另有说明，所标注的表面结构代号是对完工零件表面的要求。

（2）表面结构代号的注写和读取方向与尺寸的注写和读取方向一致。表面结构代号可标注在轮廓线上，其符号应从材料外指向并接触表面，如图 6－54（a）所示。必要时，表面结构代号也可用带箭头或黑点的指引线引出，如图 6－54（b）所示。

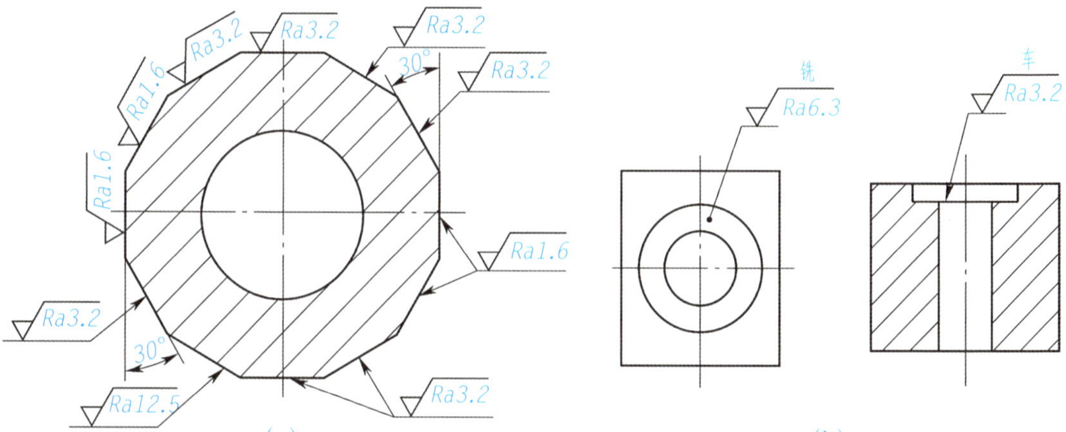

（a）　　（b）

图 6－54　表面结构代号标注方法（一）

（3）在不致引起误解时，表面结构代号可以标注在给定的尺寸线上，如图 6－55（a）所示。表面结构代号也可标注在几何公差框格的上方，如图 6－55（b）所示。

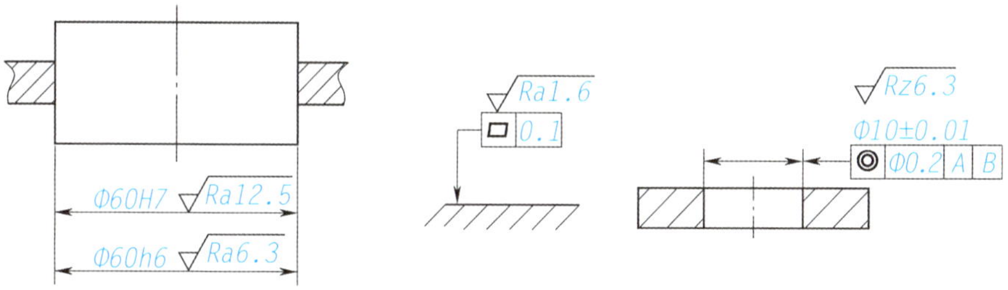

（a）　　（b）

图 6－55　表面结构代号标注方法（二）

（4）圆柱和棱柱的表面结构代号只标注一次。如果每个棱柱表面有不同的表面结构要求，则应分别单独标注，如图 6－56 所示。

（5）当多数表面具有相同的表面结构要求时，可将表面结构代号统一标注在图样右下角标题栏附近。在圆括号内给出无任何其他标注的基本符号，如图 6－57（a）所示；在圆括号内给出不同的表面结构要求，如图 6－57（b）所示。

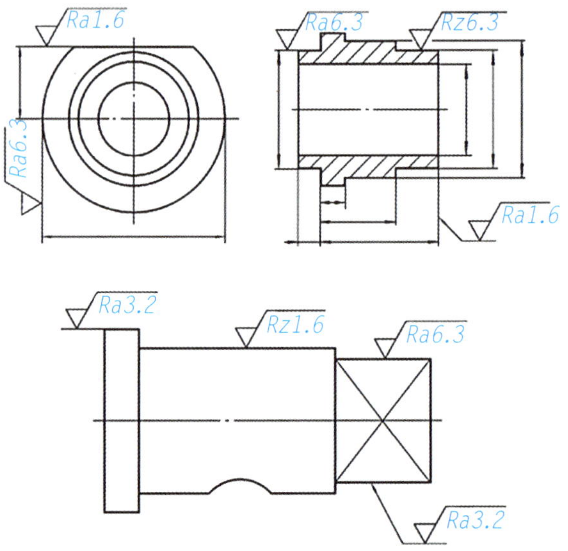

图 6－56　表面结构代号标注方法（三）

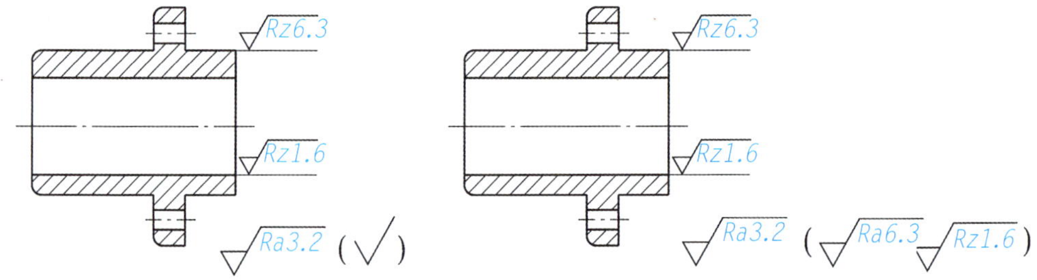

（a）　（b）

图 6－57　表面结构代号标注方法（四）

（6）中心孔的表面、键槽工作面、倒角、圆角的表面结构代号可以简化标注，如图 6－58 所示。

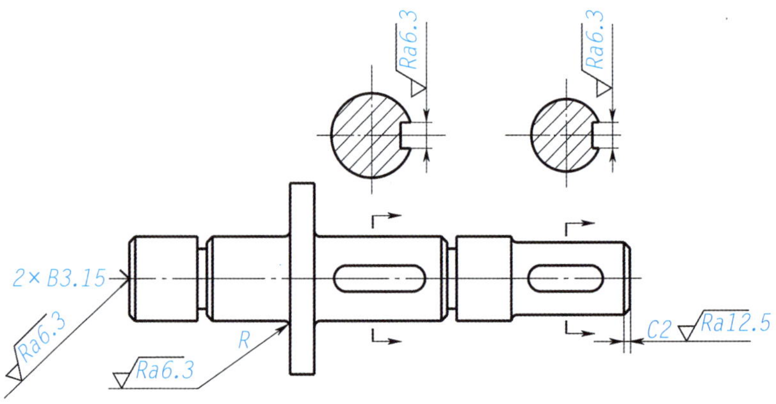

图 6－58　表面结构代号标注方法（五）

（7）齿轮、花键、螺纹等工作表面没有画出齿形（牙型）时，其表面结构代号可按图6－59所示标注。

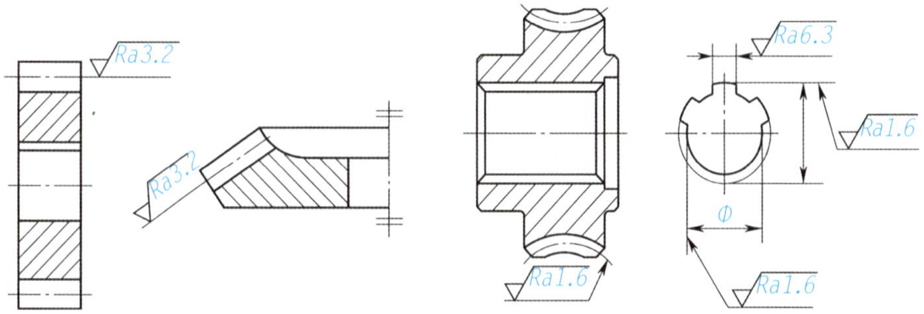

（a）

（b）

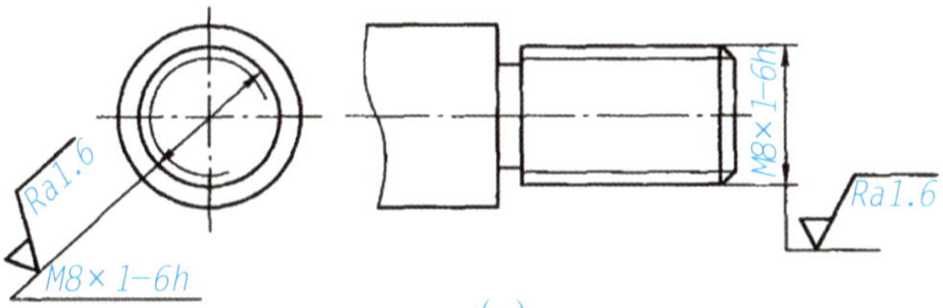

（c）

图6－59　表面结构代号标注方法（六）

（8）多个表面有共同要求时，采用带字母的完整符号的简化注法，标注在图形或标题栏附近，如图6－60所示。

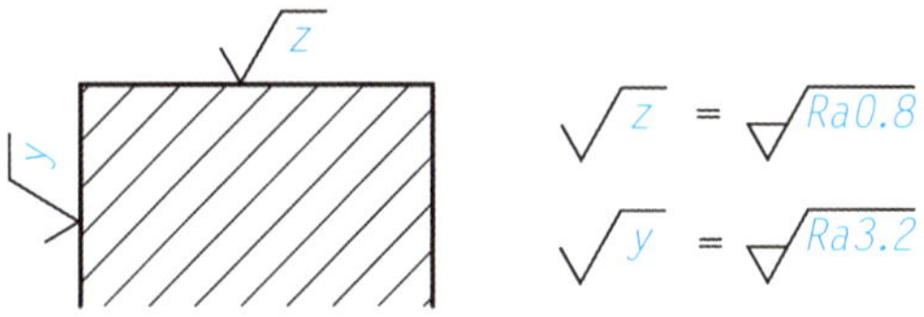

图6－60　表面结构代号标注方法（七）

另外，可用表面结构符号以等式的形式给出对多个表面共同的表面结构要求，如图6－61所示。

（a）未指定工艺方法　（b）要求去除材料　（c）不允许去除材料

图6－61　表面结构代号标注方法（八）

6.4 识读零件图

识读零件图就是要弄清零件图表达的各项内容，以便进行制造和检验。识读零件图主要从以下四个方面着手：

（1）看标题栏，了解零件概貌（零件名称、材料、图样的比例等）。

（2）看视图，了解视图名称和视图数目，弄清零件的结构形状和表达方法。

（3）看尺寸标注，了解零件的大小及各部分尺寸所允许的尺寸偏差，注意尺寸基准和主要尺寸。

（4）看技术要求，了解质量标准。

一、识读轴套类零件图

此类零件包括各种轴、套筒和衬套等，主要作用是与传动件（齿轮、带轮等）结合传递动力。

【例 6－1】识读车床尾座空心套零件图，如图 6－62 所示。

（1）看标题栏，了解情况。从标题栏可知该零件名称为车床尾座空心套，采用 1∶2 缩小的比例绘制，所用材料为 45 优质碳素钢。

（2）分析图形，想形状。该零件用了 3 个图形表达，分别是主视图和两个断面图。主视图的选择符合零件加工位置原则，采用全剖视图表达套筒的内部结构形状。主视图的下方有两个移出断面图，都画在剖切位置的延长线上，与主视图对照，可看清套筒上有键槽、螺孔和油孔等结构。此外，该零件还有内、外倒角和退刀槽。

（3）分析尺寸标注，了解各部分的大小和相互位置，明确测量基准。该零件以右端面为长度方向的尺寸基准，如 20.5、42、148.5、160 等尺寸均从右端面标出；公共轴线为直径方向的尺寸基准。总长为 260，最大直径为 ϕ55。键槽的宽度为 10，距离右端 148.5 处还有一个轴线偏下 12 的孔。右下端的断面图清楚地显示了两个螺孔的尺寸为 M8；一个油孔的尺寸为 ϕ5 配作，其意义是装配时进行加工，以提高装配精度。油槽 2×1 表示宽度为 2、深度为 1。

（4）看技术要求，明确加工和测量方法，确保零件质量。如空心套外圆尺寸为 $\phi 55 \pm 0.01$，这样的尺寸精度一般需经磨削才能达到。表面粗糙度要求质量最高的表面是左端锥孔内表面，为 *Ra*1.6。| ↗ | 0.012 | A | 表示被测要素是右端孔内表面，其基准要素为外圆柱面的轴线，其公差项目为圆跳动，公差值为 0.012。左端面向右 90 的一段锥孔内表面要求表面淬火的硬度为 38 ～ 43HRC。为了提高材料的韧性和强度需进行调质处理，处理后的硬度为 20 ～ 24HRC。

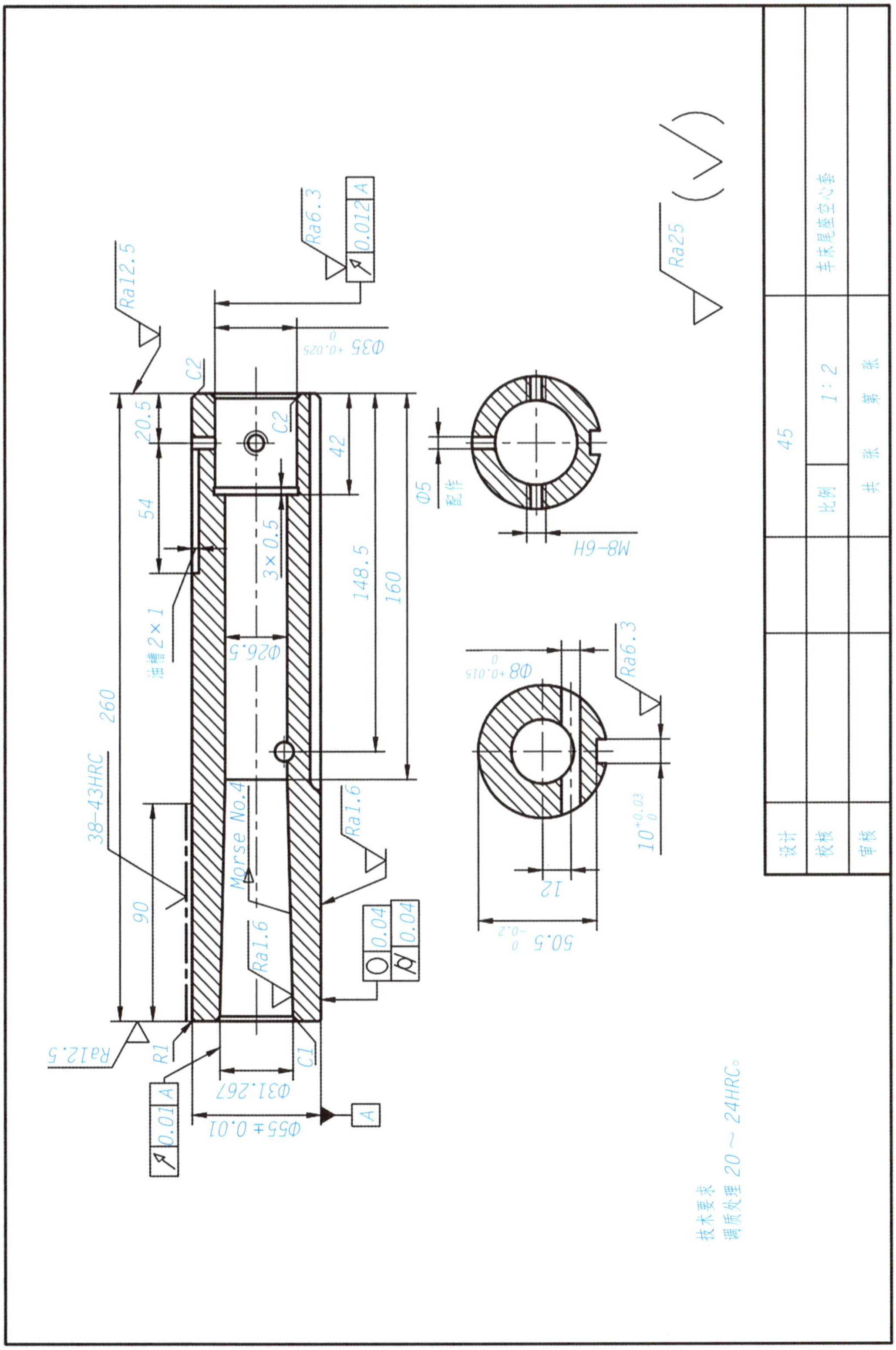

图6-62 车床尾座空心套零件图

二、识读轮盘类零件图

此类零件包括手轮、带轮、法兰盘、端盖等，其中轮类零件多用于传递转矩；盘、盖类零件多用于连接、支承或密封。

【例 6－2】识读法兰盘零件图，如图 6－63 所示。

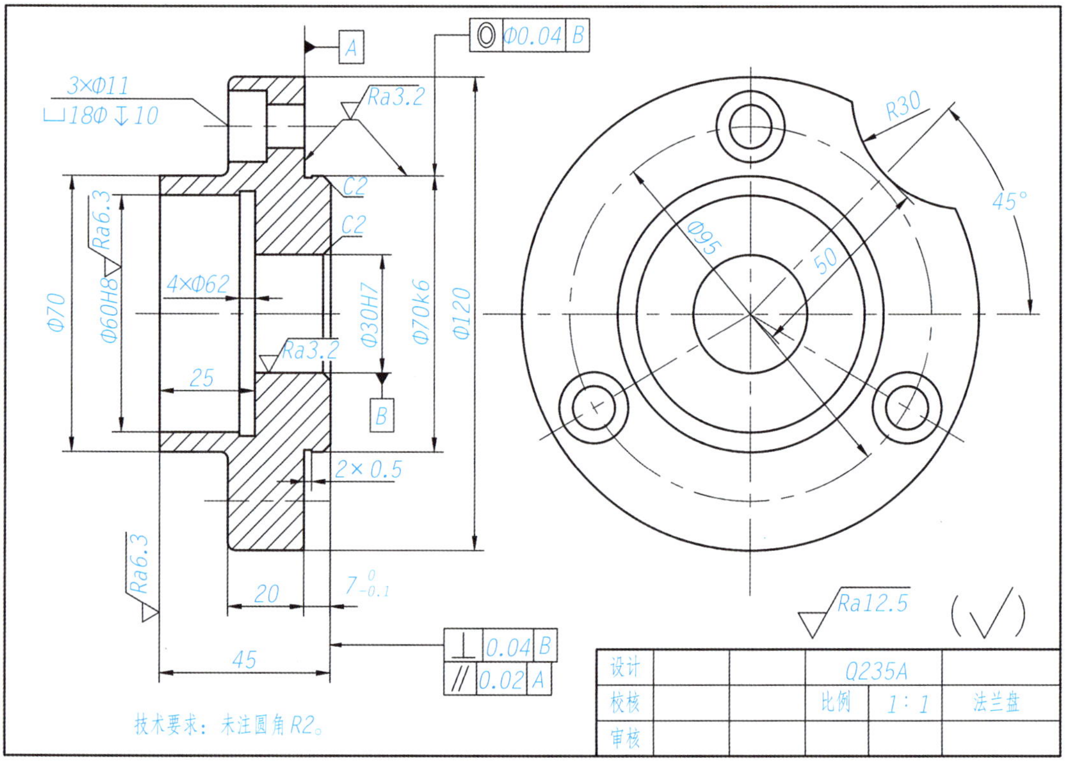

图 6－63　法兰盘零件图

（1）看标题栏。从标题栏可知，零件名称为法兰盘，材料为 Q235A，绘图比例为 1∶1，即图形与实物大小一致。

（2）分析视图。法兰盘的表达方案由主视图和左视图组成。主视图采用全剖视图表达法兰盘轴向结构，中间为通孔的圆盘，左端为圆筒，右端有凸台。左视图表达法兰盘的外形结构、均布阶梯孔的分布情况和圆弧缺口的位置及几何大小。

（3）分析尺寸。法兰盘的主要尺寸为轴向尺寸和径向尺寸。轴向尺寸基准是右端凸台的台阶面（基准面 *A*），由此注出了尺寸 20、7 等。为了方便加工与测量，设置了左、右端面为辅助基准，由此注出了总长 45 和孔深 25。径向尺寸基准是中心轴线，各部分轴径均标准在主视图上，如法兰盘的外形整体尺寸是 ϕ120。$\dfrac{3\times\phi 11}{\sqcup 18\phi\downarrow 10}$表示 ϕ120 柱体上有 3 个柱形沉孔，孔径为 ϕ11，台阶孔径为 ϕ18、深度为 10，从左视图可以看出柱形沉孔的定位尺寸为 ϕ95。ϕ120 柱体上缺口的定形尺寸是 *R*30，定位尺寸是 45°。

（4）分析技术要求。法兰盘的多处结构有配合公差要求，如 ϕ60H8 中 H8 为公差带代号，其基本偏差代号是 H，标准公差精度等级为 IT8。该零件还有同轴度、垂直度和平行度等几何公差要求，如 |◎|ϕ0.04|B| 表示 ϕ70 圆柱体对 ϕ30 孔有同轴度要求，其公差值为 ϕ0.04。另外，零件有表面粗糙度要求，质量要求最高的是孔 ϕ30 的内表面、ϕ70 圆柱表面和 *A* 基准面，为 *Ra*3.2。

三、识读叉架类零件图

此类零件结构不规则，形状多样，毛坯多为铸锻件，一般由工作部分和支承部分组成。工作部分的孔、槽、叉、结合面等均需机械加工而成，支承部分为不同截面形状的杆件或支架，与工作部分连接起来。

【例 6-3】 识读托架零件图，如图 6-64 所示。

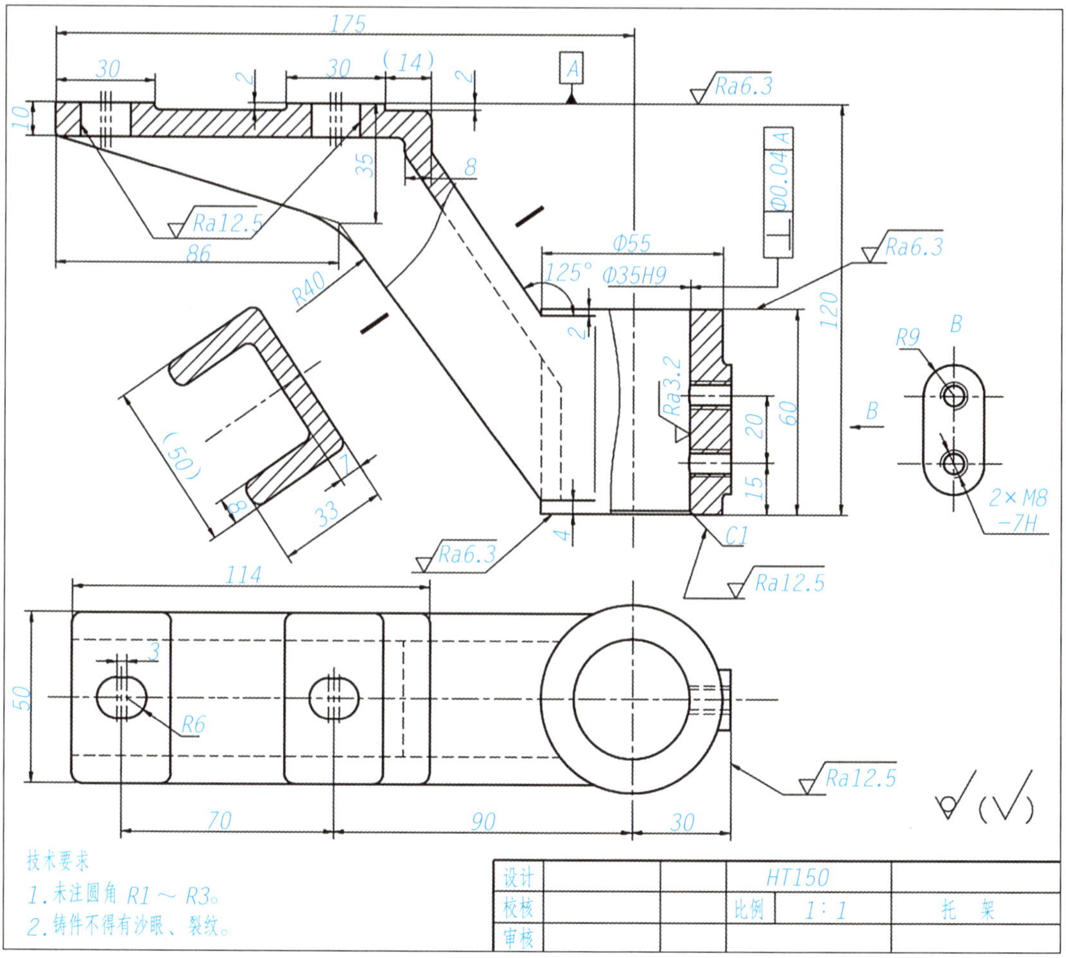

图 6-64 托架零件图

（1）看标题栏。零件的名称是托架，主要起支承作用，毛坯为铸造件，材料为灰铸铁

HT150，绘图比例为 1∶1。

（2）分析视图。托架零件采用了 4 个图形表达，其中主视图有 2 处局部剖视，俯视图表达外部形状，*B* 向局部视图表达凸台的形状，移出断面图表达 U 形板的截面。

（3）分析尺寸。托架零件长度方向的尺寸基准是 ϕ35H8 孔的轴线，宽度方向的尺寸基准是对称面，高度方向的尺寸基准是托架顶面。长方形托板和套筒之间由定位尺寸 120 和 175 联系。两个长圆孔的定形尺寸为 *R*6、3，定位尺寸为 90、70。U 形支承板的定形尺寸为 50、33、7 和 8。*B* 向凸台的螺孔尺寸 2×M8-7H 表示 2 个螺纹孔为粗牙普通螺纹、公称直径为 ϕ8、中径顶径公差带为 7H，其定位尺寸是 15 和 20。

（4）分析技术要求。ϕ35H9 孔标注了公差带代号，ϕ35 是公称尺寸，H9 是孔的公差带代号，H 是孔的基本偏差代号，9 是公差等级代号。[⊥ | ϕ0.04 | A]表示孔的轴线对顶面 *A* 的垂直度公差为 0.04。该孔内表面 *Ra* 值为 3.2 μm，托架上平面 *Ra* 值为 6.3 μm，ϕ55 圆筒两端面 *Ra* 值为 6.3 μm，长圆孔 *Ra* 值为 12.5 μm，这些都是重要的加工面。$\sqrt{}$（$\sqrt{}$）表示其余未标注表面结构代号的表面为毛坯。

四、识读箱体类零件图

各种减速箱壳、泵体、阀体、机体等均属此类零件。该类零件体积大，结构复杂，多为铸造件，总体特点是由薄壁围成不同形状的空腔以容纳运动零件及油液等介质。箱体内外有加强筋、凹坑、铸造圆角、起模斜度等常用结构。

【例 6－4】识读缸体零件图，如图 6－65 所示。

（1）看标题栏。该零件的名称为缸体，属于箱体类零件，是液压缸的缸体，材料为灰口铸铁（HT200），零件毛坯是铸造而成的，结构较复杂，加工工序较多。

（2）分析视图。缸体采用了三个基本视图，零件的结构、形状属中等复杂程度。主视图采用全剖表达缸体内部结构。俯视图表达底板的形状，螺孔和销孔的分布情况，以及连接油管的两个螺孔所在的位置和凸台的形状。左视图采用半剖表达缸体和底板之间的关系，其端部连接缸盖的螺孔分布和底板的沉孔、销孔情况。ϕ8 凸台起限制活塞行程的作用，上部左右两个螺孔通过管接头与油管连接。

（3）分析尺寸。缸体长度方向的基准为左端面，标注的定位尺寸有 80、15，通过辅助基准标注底板上的定位尺寸有 10、20、40。宽度方向的尺寸基准为缸体前后的对称面，标注定位尺寸 72。高度方向的尺寸基准为缸体底部平面，标注定位尺寸 40。以 ϕ35 的轴线为辅助基准，标注定位尺寸 ϕ52。

（4）分析技术要求。缸体 ϕ35 活塞孔的工作面要求防漏，因此，表面粗糙度 *Ra* 的上限值为 0.8，左端面为密封平面，表面粗糙度 *Ra* 的上限值为 1.6。ϕ35 活塞孔的轴线对底面（即安装平面）的平行度公差为 0.06，左端面对 ϕ35 的轴线的垂直度公差为 0.025。因为工作介质为压力油，根据设计要求，加工好的零件还应进行保压检验。

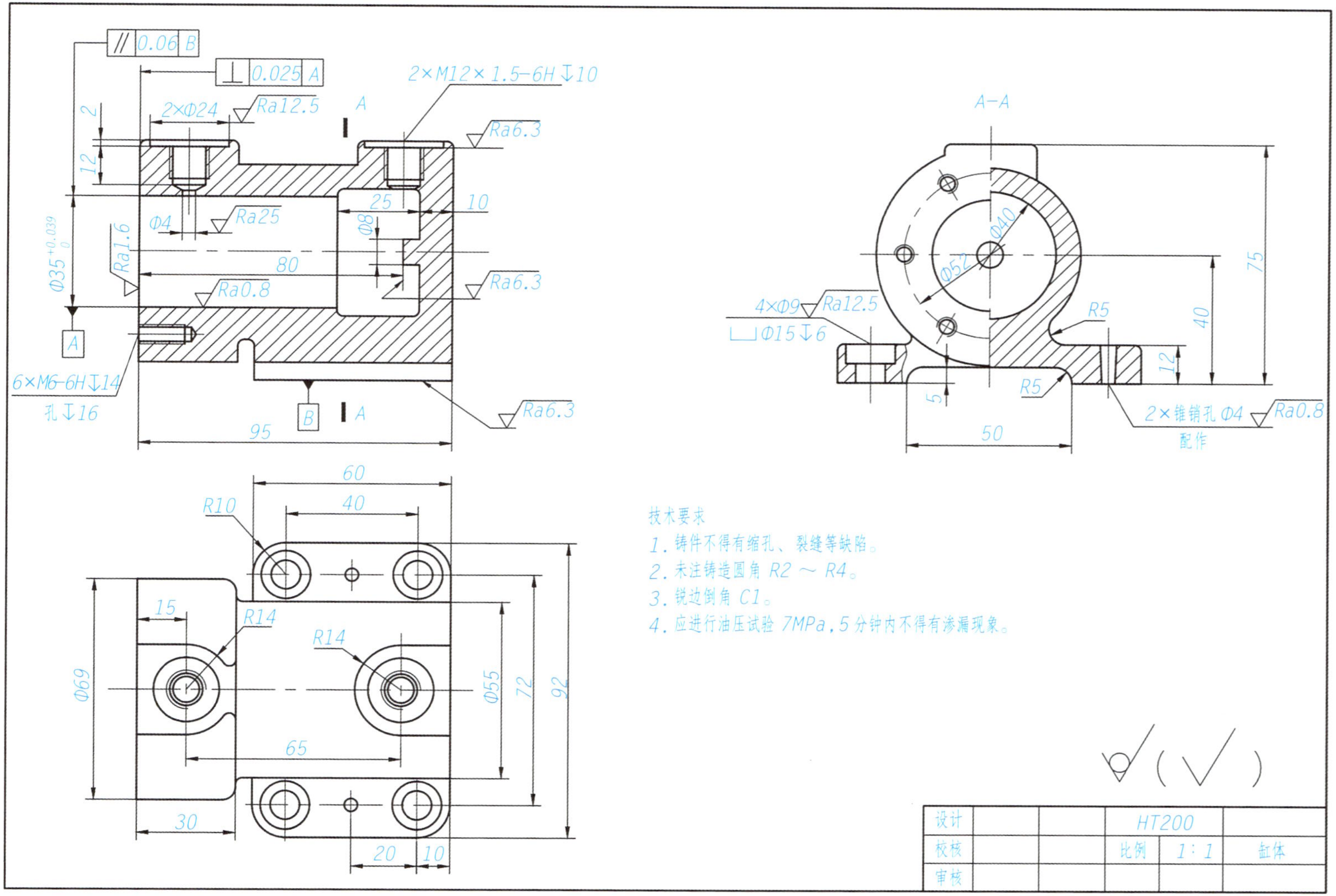
A—A
2×M12×1.5-6H↧10
2×Φ24
6×M6-6H↧14
孔↧16
4×Φ9
⌴Φ15↧6
2×锥销孔 Φ4
配作
技术要求
1. 铸件不得有缩孔、裂缝等缺陷。
2. 未注铸造圆角 R2 ~ R4。
3. 锐边倒角 C1。
4. 应进行油压试验 7MPa，5 分钟内不得有渗漏现象。
设计
校核
审核
HT200
比例
1∶1
缸体

图 6-65 缸体零件图

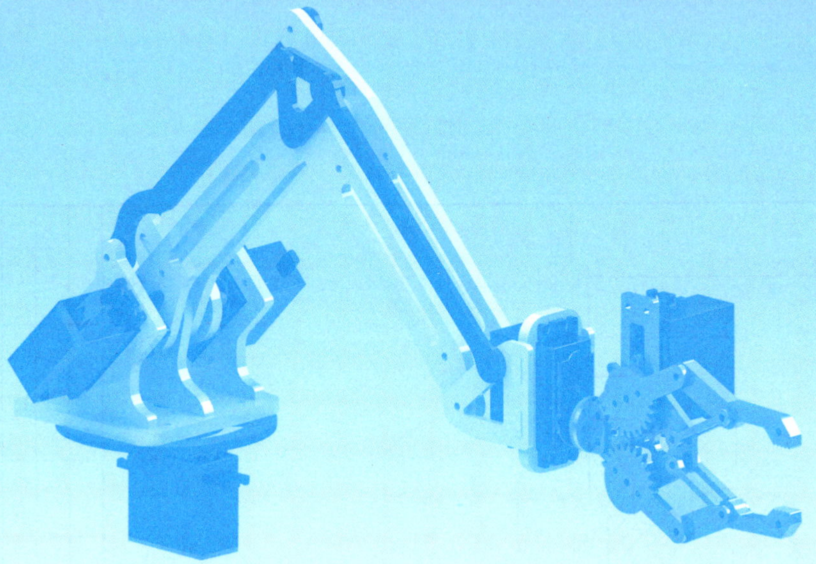

单元 7

标准件与常用件

学习目标

（1）熟悉螺纹紧固件的种类、标记和查表方法。

（2）掌握常用螺纹紧固件连接的画法。

（3）掌握直齿圆柱齿轮及其啮合图的画法。

（4）了解直齿锥齿轮及其啮合图的画法。

（5）了解蜗杆蜗轮及其啮合图的画法。

（6）掌握平键连接图的画法。

（7）了解半圆键和销连接图的画法。

（8）了解滚动轴承和弹簧的画法。

知识要点及学时分配建议

知识要点		学时	备注
1. 螺纹紧固件及其连接	螺纹紧固件的标记	1	
	螺栓连接图的画法	3	
	螺柱连接图的画法	2	
	螺钉连接图的画法	2	
2. 齿轮	齿轮的基本知识	1	简述
	圆柱齿轮的画法	3	
	锥齿轮的画法	2	初学者选择学习
	蜗杆和蜗轮的画法	2	初学者选择学习

续表

知识要点			学时	备注
3. 键和销	键及其连接	普通平键	2	
		半圆键	1	初学者选择学习
		钩头楔键	1	初学者选择学习
		矩形花键	1	初学者选择学习
	销及其连接		0.5	简述
4. 滚动轴承的代号及画法			1	简述
5. 弹簧的规定画法			0.5	简述

在各种机器和设备上，除一般零件外，还会经常用到螺栓、螺钉、螺母、垫圈、键、销、滚动轴承、齿轮、弹簧等零部件。如图 7－1 所示的齿轮油泵轴测分解图中，泵体与泵盖通过销定位，由螺钉连接；齿轮通过键与轴连接，并用螺母、垫圈固定在轴的一端；齿轮油泵需要通过螺栓和螺母固定在机架上。这些零部件用途广、用量大，国家标准对它们的结构、规格尺寸和技术要求做了统一的规定，实行标准化，统称为标准件。此外，不仅对这些零部件的部分结构实行了标准化，而且规定在绘制机械图样时，这些零部件的某些结构和形状不必按真实投影画出，而是根据相关国家标准规定的画法、代号和标记进行绘图和标注。

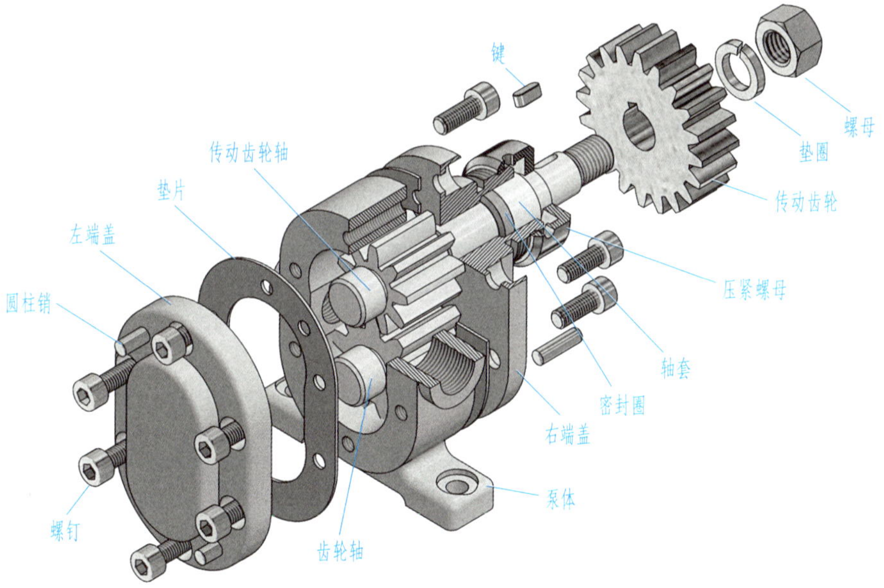

图 7－1　齿轮油泵轴测分解图

本单元将介绍螺纹紧固件、齿轮、键、销、滚动轴承等标准件和常用件的规定画法、标注（标记）方法以及有关标准的查表方法。

7.1 螺纹紧固件及其连接

螺纹紧固件的种类很多，常用的有螺栓、双头螺柱、螺钉、螺母、垫圈等，如图 7－2 所示。

图 7－2　螺纹紧固件

一、螺纹紧固件的标记

螺纹紧固件都是标准件。国家标准对它们的结构和尺寸都做了规定，并制定了不同的标记方法。常用螺纹紧固件的结构和标记见表 7－1。

表 7－1　常用螺纹紧固件的结构和标记

名称	图例	标记示例
六角头螺栓	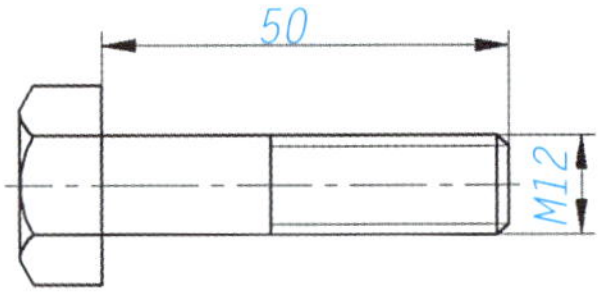	螺栓 GB/T 5782—2016 M12 × 50
双头螺柱	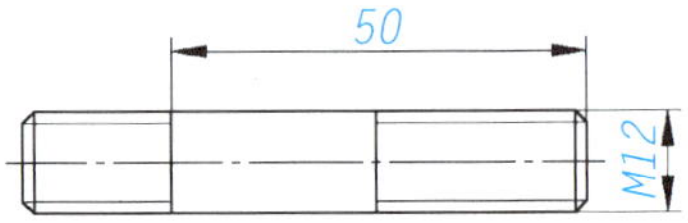	螺柱 GB 899—1988 M12 × 50
开槽圆柱头螺钉	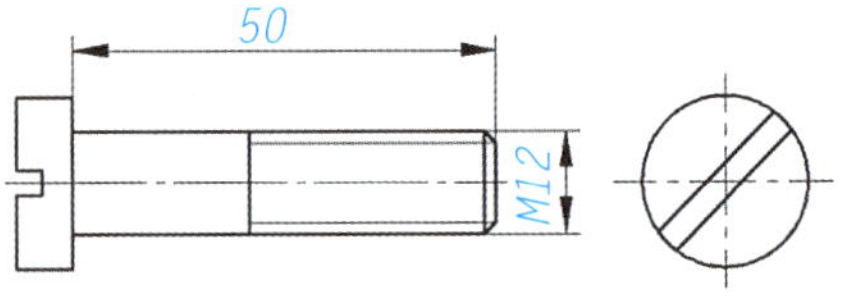	螺钉 GB/T 65—2016 M12 × 50

续表

名称	图例	标记示例
开槽沉头螺钉	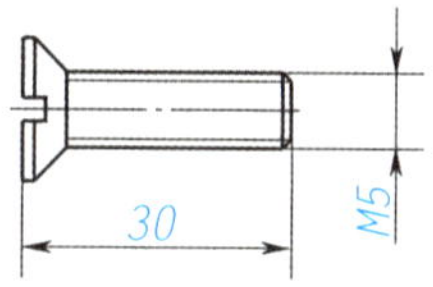	螺钉 GB/T 68—2016 M5 × 30
开槽锥端紧定螺钉	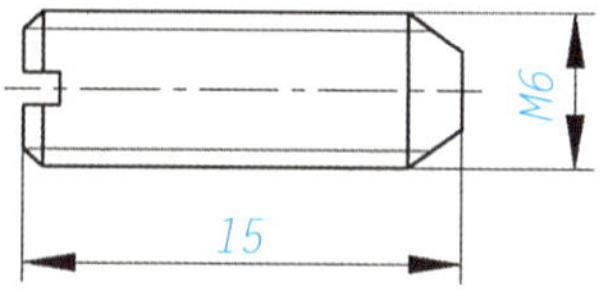	螺钉 GB/T 71—2018 M6 × 15
I 型六角螺母	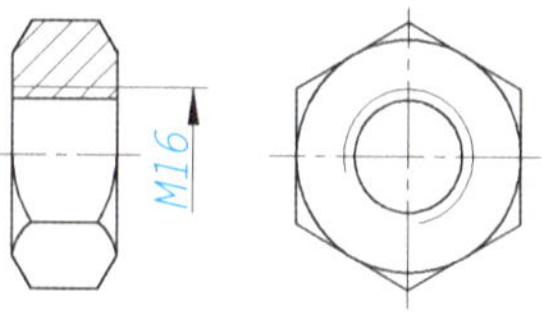	螺母 GB/T 6170—2015 M16
平垫圈	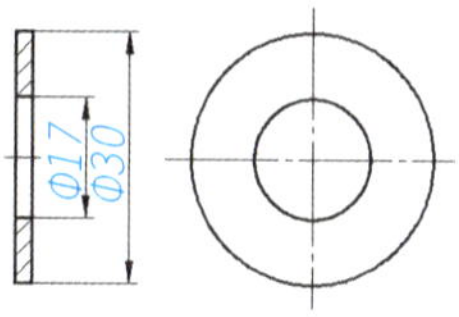	垫圈 GB/T 97.1—2002 16
弹簧垫圈	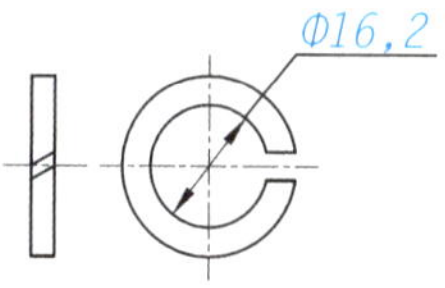	垫圈 GB 93—1987 16

二、螺纹紧固件的连接

常用的螺纹紧固件的连接形式有螺栓连接、双头螺柱连接和螺钉连接，如图 7－3 所示。

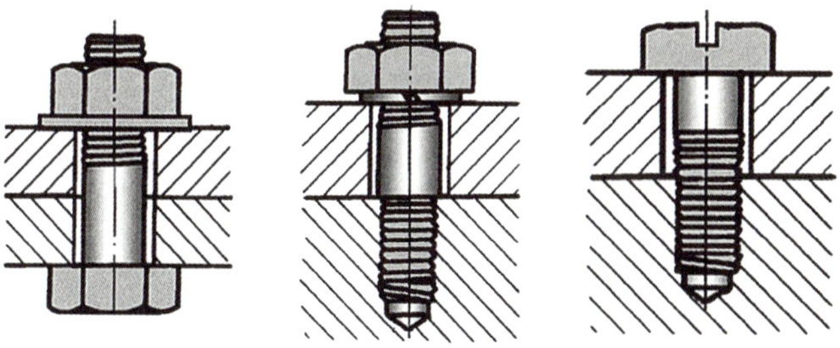

(a) 螺栓连接　(b) 双头螺柱连接　(c) 螺钉连接

图 7－3　螺纹紧固件的连接形式

1. 螺栓连接

螺栓连接是将螺栓穿过两被连接件的通孔，套上垫圈，再用螺母拧紧，使两个零件连接在一起的一种可卸连接方式。对于螺纹紧固件，一般只需根据螺纹的公称直径，按比例近似绘制。螺栓、螺母、垫圈的比例画法如图 7－4、图 7－5 所示。

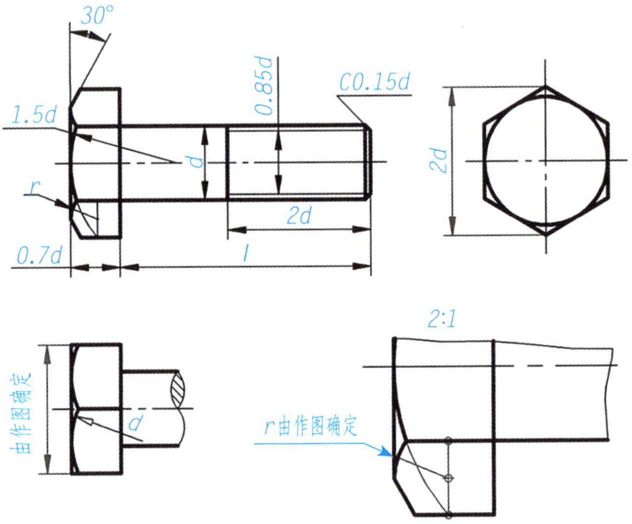

图 7－4　螺栓的比例画法

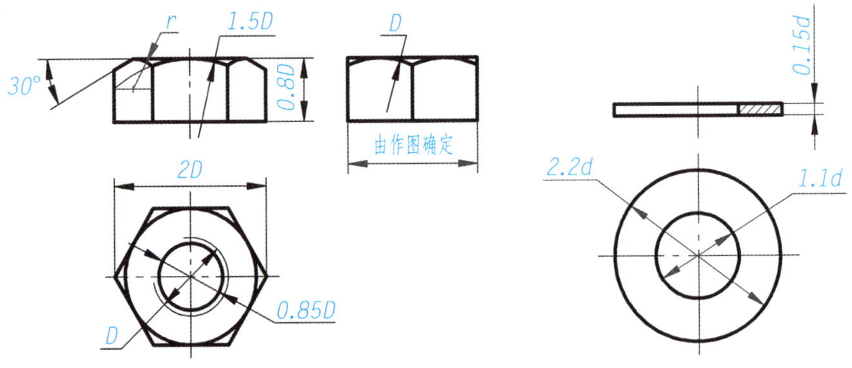

（a）螺母　　（b）垫圈

图 7－5　螺母和垫圈的比例画法

在装配图中，螺栓连接可采用简化画法，螺母、螺栓的六方倒角省略不画，螺栓上螺纹端面的倒角也可省略不画，如图 7－6 所示。

如图 7－7 所示，绘制螺栓连接图时，必须遵守下列规定：

（1）当剖切面通过螺栓、螺钉、螺母及垫圈等紧固件的轴线时，应按未剖切绘制；螺纹紧固件上的工艺结构均可以省略不画。

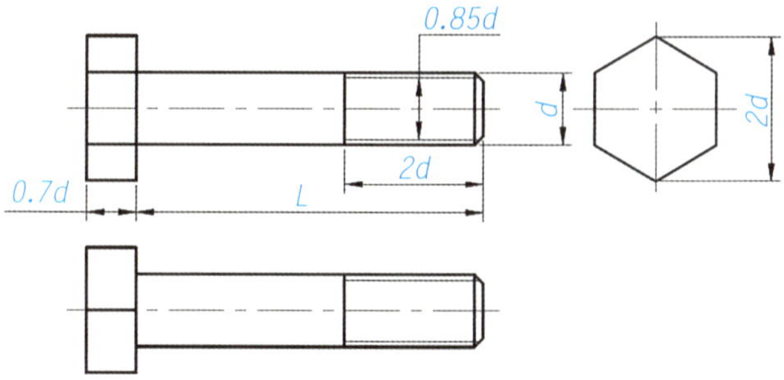

（a）螺栓

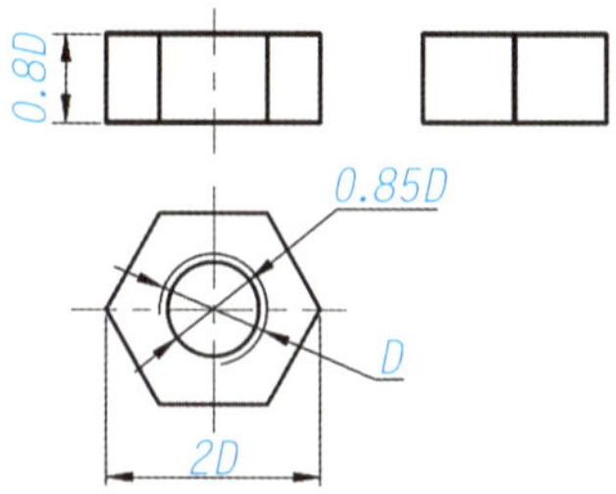

（b）螺母

图 7－6　螺栓连接紧固件的简化画法

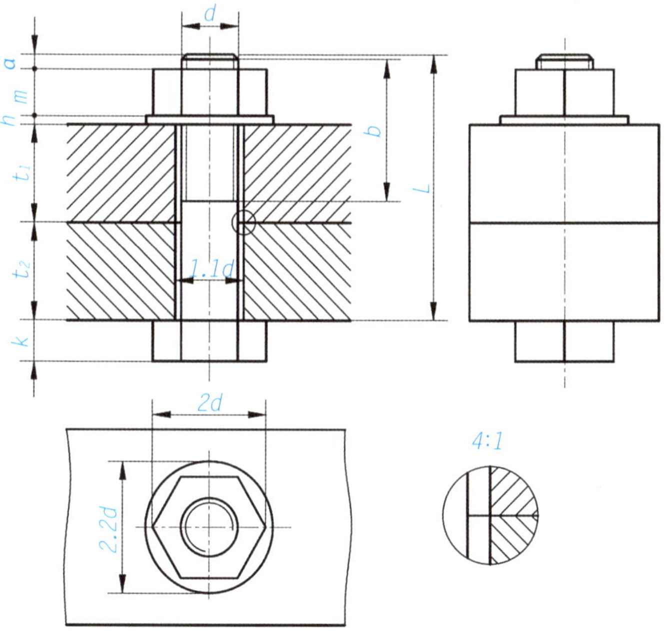

图 7－7　螺栓连接

（2）两相邻零件，接触面只画一条粗实线；凡不接触的表面，不论间隙多小，均应画出两条轮廓线。

（3）在剖视图中，相邻两不同零件的剖面线方向应尽量相反。而同一个零件在各剖视图中，剖面线的倾斜方向和间隔应相同。

由图 7－7 可知两被连接零件的厚度 t_1、t_2 和孔径 $d_0=1.1d$；然后根据螺纹直径 d，从标准中查出螺栓头厚度 k、螺母厚度 m、垫圈厚度 h（也可按比例画法 $k=0.7d$，$m=0.8d$，$h=0.15d$），螺栓的长度 L 可按下式估算：

$$L=t_1+t_2+m+h+a$$

式中，a 为螺栓伸出螺母外的长度，一般取 $a=(0.2\sim0.3)d$，最后查标准选定与参考长度相近的公称长度。

螺栓连接比例画法的绘图过程如图 7－8 所示。

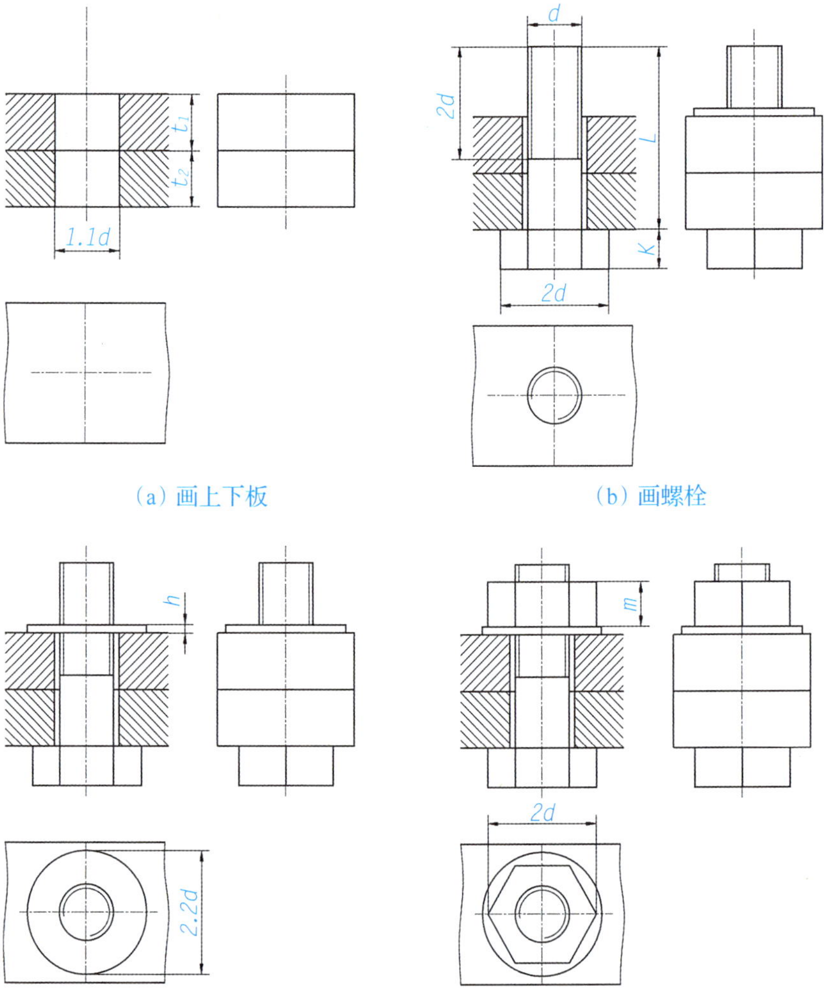

（a）画上下板　（b）画螺栓

（c）画垫圈　（d）画螺母

图 7－8　螺栓连接比例画法的绘图过程

2. 螺柱连接

螺柱的两端都有螺纹，其比例画法如图 7－9 所示。用来旋入被连接件螺孔的一端称为旋入端，其长度用 b_m 表示；另一端称为紧固端，用于旋螺母。

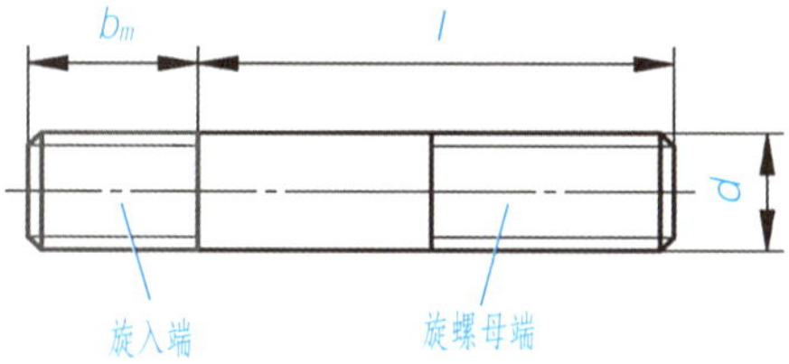

图 7－9　双头螺柱的比例画法

旋入端的长度与螺孔的材料有关，标准规定如下：

钢、青铜为 $b_m = d$（GB 897—1988）；铸铁为 $b_m = 1.25d$（GB 898—1988），或 $b_m = 1.5d$（GB 899—1988）；铝为 $b_m = 2d$（GB 900—1988）。

螺柱连接经常使用弹簧垫圈，其比例画法如图 7－10 所示。

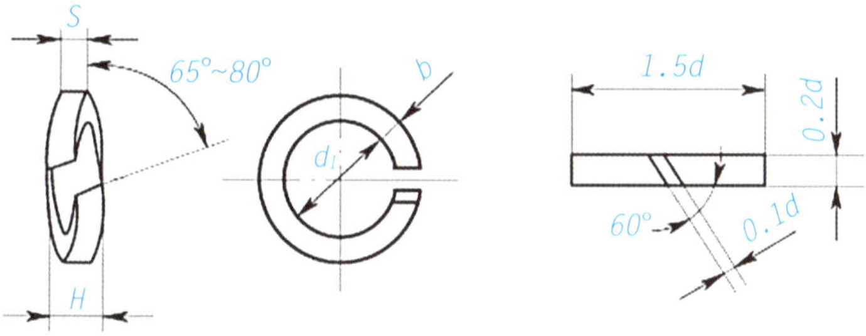

图 7－10　弹簧垫圈的比例画法

螺柱连接的装配图画法如图 7－11（a）所示。螺柱旋入端与零件的螺孔连接时，其旋合部分应按外螺纹的画法绘制。旋入端的长度 b_m 应根据螺孔的零件的材料确定。

螺柱紧固端的画法与螺栓连接类似，根据光孔的零件的厚度和螺柱的公称直径 d，查表得到螺母厚度 m、弹簧垫圈厚度 h（也可按比例画法 $m = 0.8d$，$h = 0.2d$），然后计算出双头螺柱的参考长度 L，即

$$L = t + m + h + a$$

式中，a 为螺柱伸出螺母外的长度，一般取 $a = (0.2 \sim 0.3)d$；最后查标准选定与参考长度相近的公称长度。

在螺柱装配图中，主视图的钻孔深度可省略不画，如图 7－11（b）所示。

3. 螺钉连接

螺钉的种类很多，按其头部结构分为球头螺钉、圆柱头螺钉和沉头螺钉等。螺钉连接的比例画法如图 7－12 所示。其旋入端的头部与螺柱相同，被连接板的孔部与螺栓连接相同。对一字槽螺钉，在平行于轴线投影面的视图中，按槽与投影面垂直的位置画出；在垂直于轴线投影面的视图中，画成与水平成 45° 的斜线。

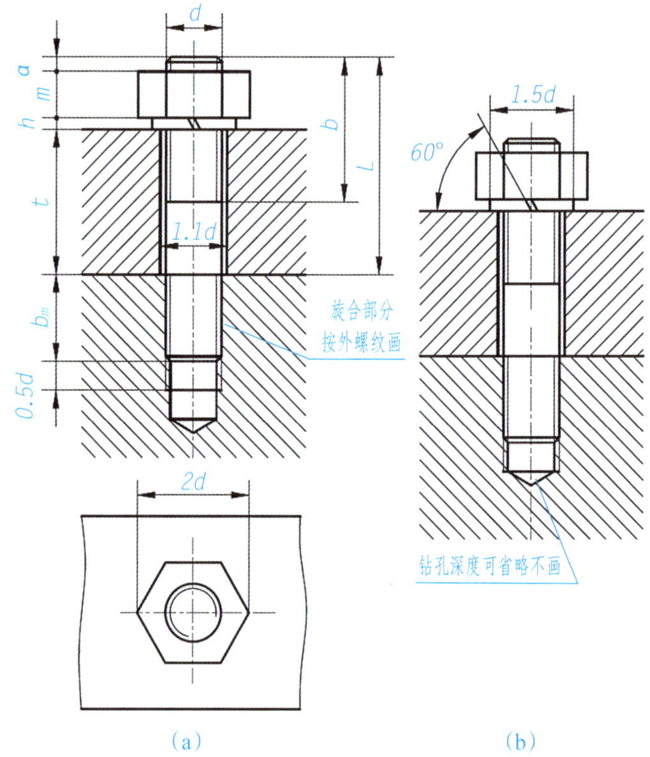

图 7-11　双头螺柱连接图

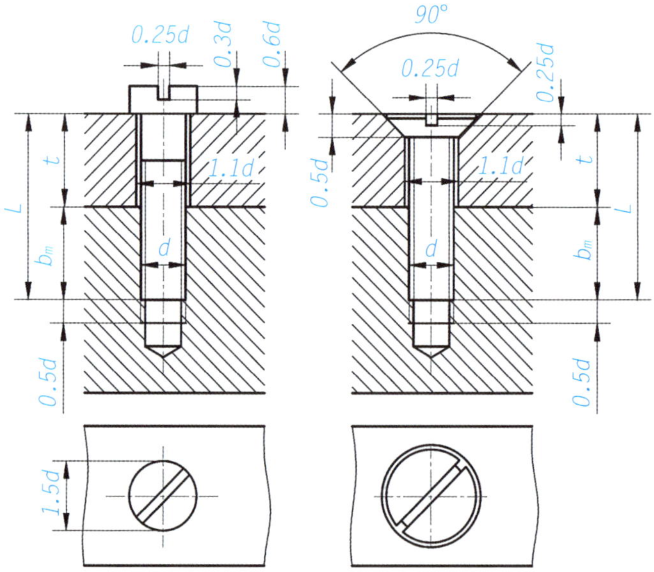

图 7-12　螺钉连接的比例画法

螺钉连接的装配图也可采用简化画法，即主视图上的钻孔深度可省略不画，仅按螺纹深度画出螺纹孔。螺钉头部的一字槽可画成一条特粗实线（约等于 2 倍粗实线），在俯视图中画成与水平线成 45°、自左下向右上的斜线。如图 7－13 所示。

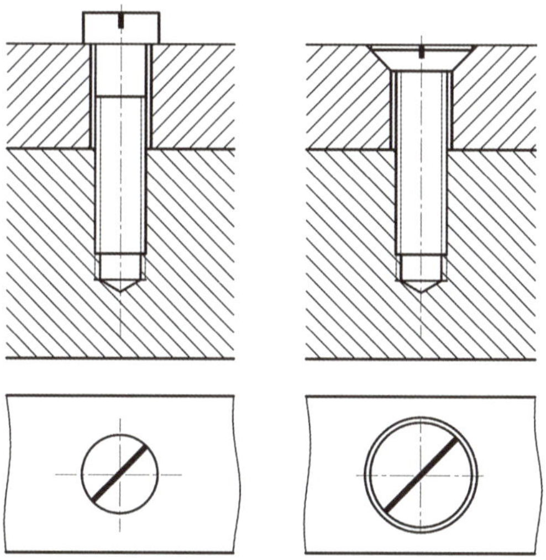

图 7－13　螺钉连接的简化画法

紧定螺钉连接的画法如图 7－14 所示。

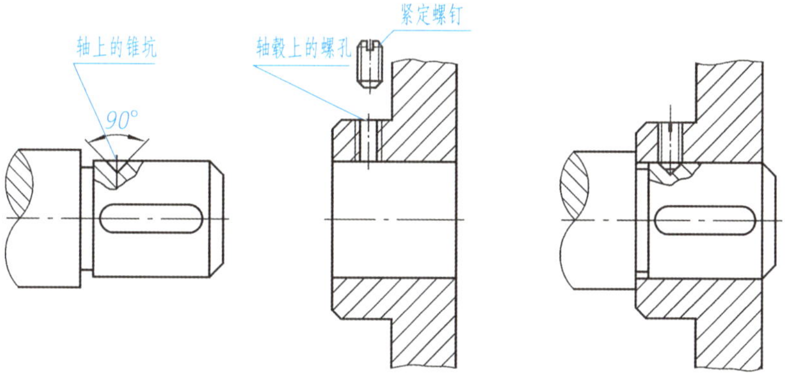

图 7－14　紧定螺钉连接的画法

7.2 齿轮

齿轮是一种常用的机械传动件，广泛应用于各种机械设备中，用来传递动力、改变转速和旋转方向。如图 7－15 所示，常用的齿轮按传动的两轴相对位置不同分为以下三种：圆柱齿轮，用于平行两轴间的传动；锥齿轮，用于相交两轴间的传动；蜗杆与蜗轮，用于交错两轴间的传动。

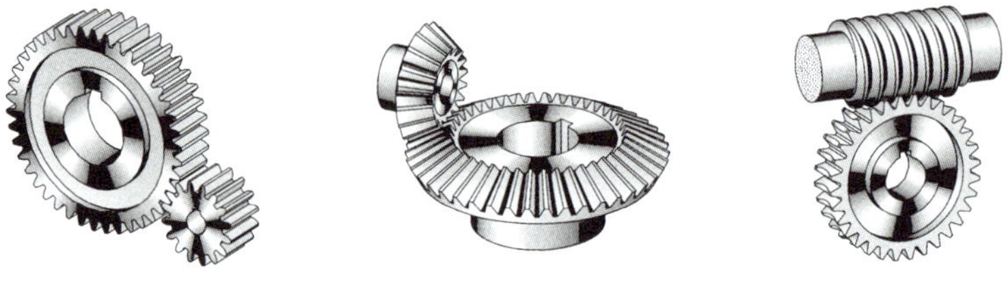

(a) 圆柱齿轮　(b) 锥齿轮　(c) 蜗杆与蜗轮

图 7－15　常见的齿轮传动形式

一、齿轮的基本知识

1. 齿轮各部分的名称和尺寸关系

齿轮各部分的名称和尺寸关系如图 7－16 所示。

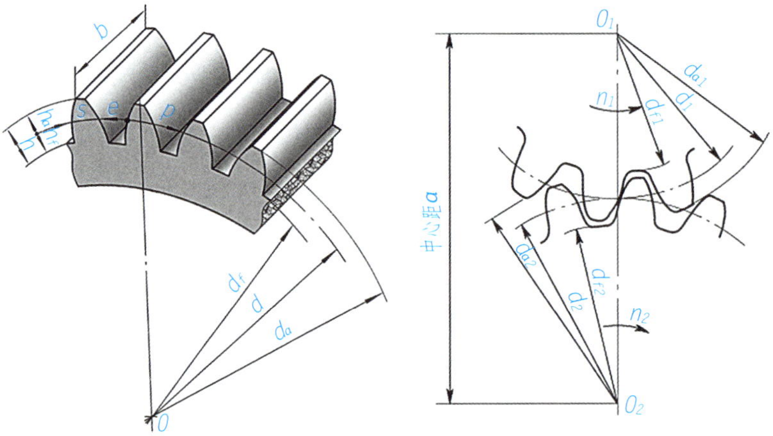

图 7－16　齿轮各部分的名称和尺寸关系

（1）齿顶圆。齿顶圆为通过轮齿顶部的圆；其直径用 d_a 表示。

（2）齿根圆。齿根圆为通过轮齿根部的圆，其直径用 d_f 表示。

（3）分度圆。分度圆在齿顶圆和齿根圆之间。对于标准齿轮，在此圆上的齿厚 s 与槽宽 e 相等，其直径用 d 表示。

（4）齿高、齿顶高、齿根高。齿高为齿顶圆和齿根圆之间的径向距离，用 h 表示。齿顶圆和分度圆之间的径向距离称为齿顶高，用 h_a 表示。分度圆和齿根圆之间的径向距离称为齿根高，用 h_f 表示。$h=h_a+h_f$。

（5）齿距、齿厚、齿槽宽。分度圆上相邻两齿顶齿对应点之间的弧长称为齿距，用 p 表示；分度圆上一个轮齿齿廓间的弧长称为齿厚，用 s 表示；一个齿槽齿廓间的弧长称为齿槽宽，用 e 表示。对于标准齿轮，$s=e$，$p=s+e$。

（6）齿宽。轮齿的宽度，用 b 表示。

（7）中心距。两啮合齿轮中心之间的距离，用 a 表示。

2. 直齿圆柱齿轮的基本参数

（1）齿数。一个齿轮上的轮齿总数，用 z 表示。

（2）压力角。压力角用 α 表示，渐开线齿轮的压力角 $\alpha=20°$。

（3）模数。当齿轮的齿数为 z，则分度圆的周长 $=zp=\pi d$，得 $d=zp/\pi$。令 $m=P/\pi$，则 $d=mz$。m 称为模数，单位是毫米（mm），是齿距 p 与 π 的比值。为了便于进行齿轮的设计和加工，国家标准对模数进行了统一规定，具体见表 7－2。

表 7－2　标准模数（GB/T 1357—2008）　（单位：mm）

第Ⅰ系列	1　1.25　1.5　2　2.5　3　4　5　6　8　10　12　16　20　25　32　40　50
第Ⅱ系列	1.125　1.375　1.75　2.25　2.75　3.5　4.5　5.5　（6.5）　7　9　11　14　18　22　28　35　45

在选用模数时，应优先选用第Ⅰ系列，其次选用第Ⅱ系列，括号内的模数尽可能不选用。

3. 直齿圆柱齿轮各几何要素的计算公式

齿轮各部分尺寸可以参照齿数和标准模数进行计算，具体见表 7－3。

表 7－3　标准齿轮各部分尺寸计算举例　（单位：mm）

基本参数：模数 m，齿数 z			已知：$m=2$，$z=29$
名称	符号	计算公式	计算举例
齿距	p	$p=m\pi$	$p=6.28$
齿顶高	h_a	$h_a=m$	$h_a=2$
齿根高	h_f	$h_f=1.25m$	$h_f=2.5$
齿高	h	$h=2.25m$	$h=4.5$
分度圆直径	d	$d=mz$	$d=58$
齿顶圆直径	d_a	$d_a=m(z+2)$	$d_a=62$
齿根圆直径	d_f	$d_f=m(z-2.5)$	$d_f=53$
中心距	a	$a=m(z_1+z_2)/2$	$a=(d_1+d_2)/2$

二、圆柱齿轮的画法

1. 单个齿轮的画法

对于单个齿轮，一般用两个视图表达：一个是垂直于齿轮轴线的视图，另一个则平行于齿轮轴线，画成视图、全剖视图或半剖视图。若为斜齿轮或人字齿轮，则用三条与齿线方向一致的细实线表示轮齿的方向；直齿则不需要。如图 7－17 所示。

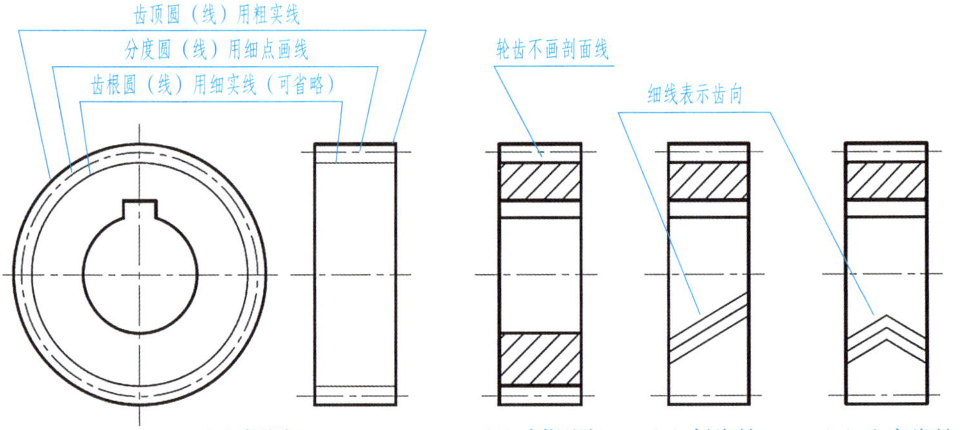

（a）视图　（b）剖视图　（c）斜齿轮　（d）人字齿轮

图 7－17　单个齿轮的画法

在外形视图中，齿轮的齿顶圆和齿顶线用粗实线表示；分度圆和分度线用细点画线表示；齿根圆和齿根线用细实线表示，但一般可以省略不画。在剖视图中，齿根线用粗实线表示，齿顶线与齿根线之间的区域表示轮齿部分，按不剖处理。

直齿圆柱齿轮如图 7－18 所示。轮齿部分的径向尺寸仅标注齿顶圆直径和分度圆直径，轮齿部分的轴向尺寸仅标注齿宽和倒角。其他参数（如模数、齿数等）可用表格说明。

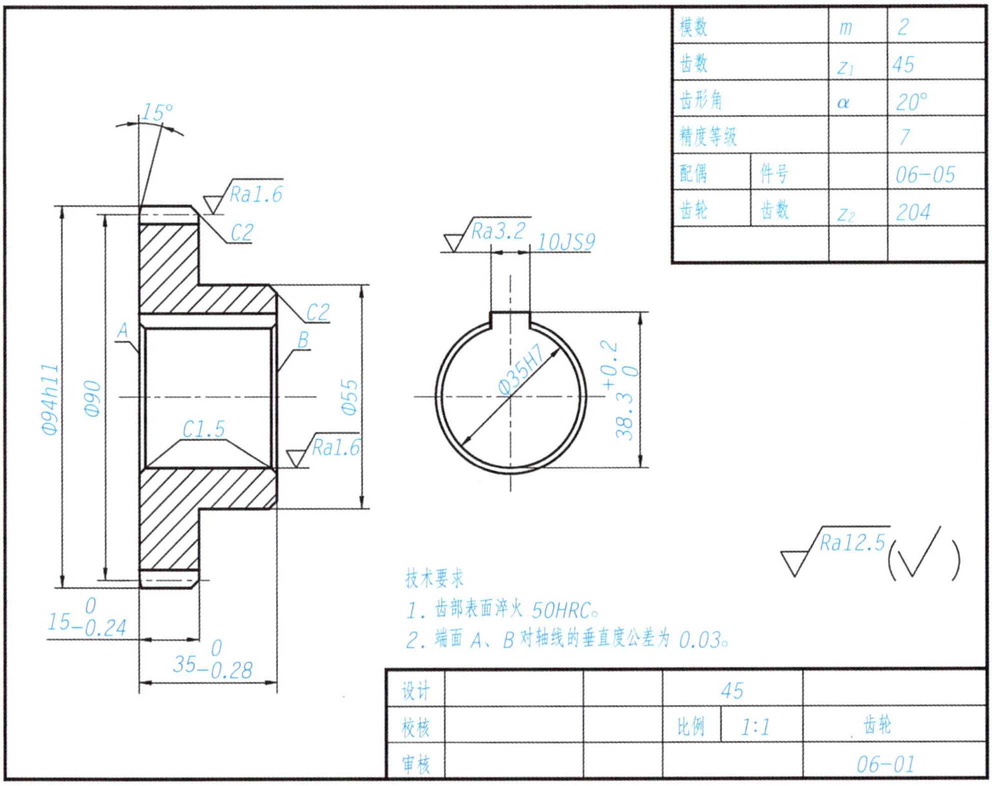

图 7－18　直齿圆柱齿轮

2. 齿轮的啮合画法

表达齿轮的啮合，一般采用两个视图：一个是垂直于齿轮轴线方向的视图，另一个取平行于齿轮轴线的视图或剖视图，如图 7－19 所示。

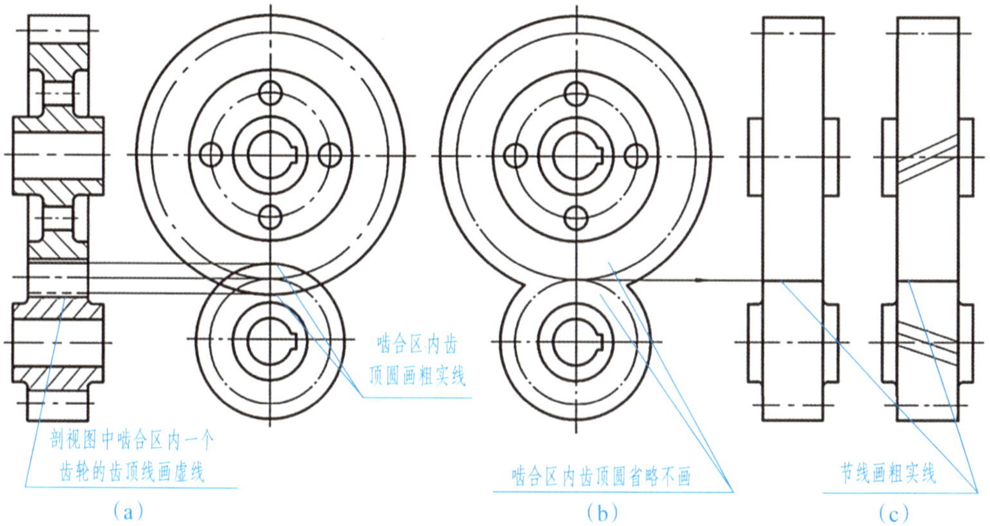

图 7－19　齿轮的啮合画法

在垂直于齿轮轴线方向的视图中，它们的分度圆（啮合时称节圆）成相切关系。齿顶圆有两种画法：一种是将两齿顶圆用粗实线分别完整画出，如图 7－19（a）所示；另一种是两个齿顶圆重叠部分的圆弧省略不画，如图 7－19（b）所示。

在平行于齿轮轴线的视图中，啮合区的齿顶线不必画出，只在节线位置画一条粗实线，如图 7－19（c）所示。在图 7－19（a）所示的剖视图中，按规定将啮合区内一个齿轮的轮齿用粗实线画出，另一个齿轮的轮齿被遮挡的部分用虚线画出，也可省略不画，具体如图 7－20 所示。

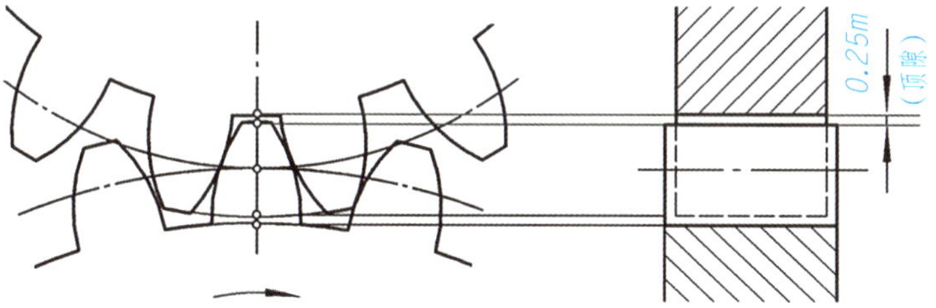

图 7－20　啮合齿轮的画法

三、锥齿轮的画法

锥齿轮用于相交两轴间的传动，常见的是两轴相交成 90°。由于锥齿轮的轮齿分布在圆锥面上，因此轮齿的厚度、高度都沿着齿宽的方向逐渐变化，即模数是变化的。为了计算和制造方便，规定以大端的模数为标准模数，并以它来决定其他各部分的尺寸。

1. 单个锥齿轮的画法

在平行于齿轮轴线的视图上作剖视时，轮齿应按不剖处理。在垂直于齿轮轴线的视图上，规定用粗实线画出大端和小端的齿顶圆，用点画线画出大端的分度圆，大、小端的齿根圆和小端的分度圆不画，如图 7－21 所示。

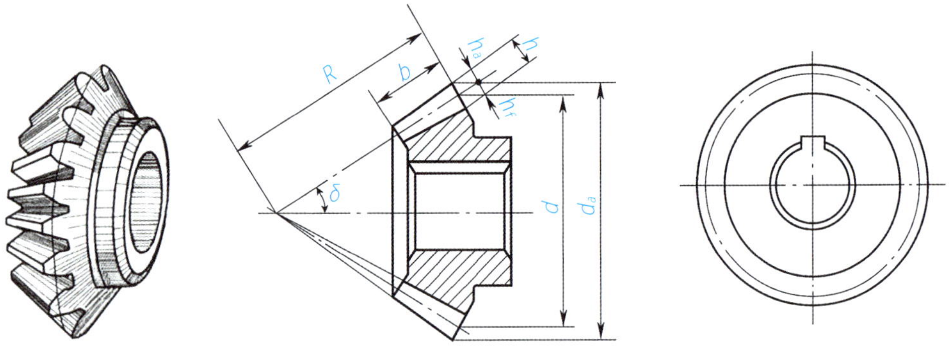

图 7－21　单个锥齿轮的画法

直齿锥齿轮几何尺寸计算的基本参数是模数 m（即大端模数为标准模数）、齿数 z 和分度圆锥角 δ，其轮齿部分的计算公式见表 7－4。

表 7－4　直齿锥齿轮的尺寸计算公式

名称	代号	公式
锥角	δ_1（小齿轮） δ_2（大齿轮）	$\delta_1+\delta_2=90°$ $\tan\delta_1=z_1/z_2$　$\tan\delta_2=z_2/z_1$
分度圆直径	d	$d=mz$
齿顶圆直径	d_a	$d_a=m(z+2\cos\delta)$
齿顶高	h_a	$h_a=m$
齿根高	h_f	$h_f=1.2m$
全齿高	h	$h=(h_a+h_f)=2.2m$
锥距	R	$R=mz/2\sin\delta$
齿宽	b	$b\leqslant R/3$

绘制单个锥齿轮的步骤如图 7－22 所示。

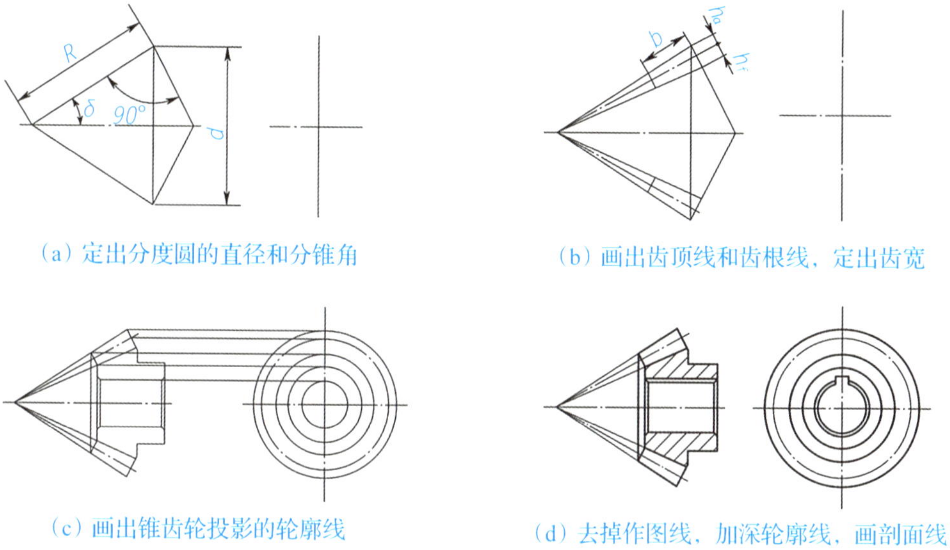

（a）定出分度圆的直径和分锥角　（b）画出齿顶线和齿根线，定出齿宽

（c）画出锥齿轮投影的轮廓线　（d）去掉作图线，加深轮廓线，画剖面线

图 7－22　锥齿轮的画图步骤

如图 7－23 所示为直齿锥齿轮零件图。

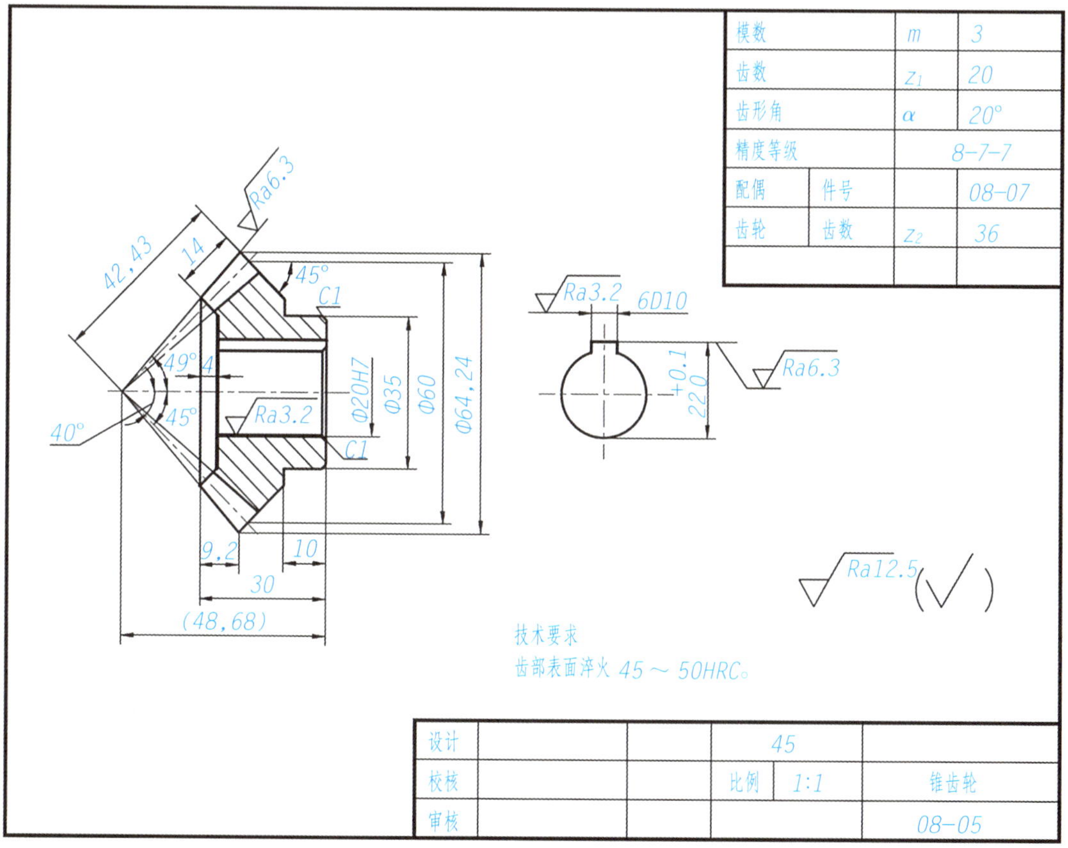

图 7－23　直齿锥齿轮零件图

2. 锥齿轮啮合的画法

其主视图常用平行于两齿轮轴线的剖视图表达，啮合区内的分度线重合，一个齿轮的齿顶线画粗实线，另一个齿轮的齿顶线画细虚线或不画，两齿轮的轴线与分度线相交于一点；在垂直于齿轮轴线的视图上，一个齿轮大端的分度线与另一个齿轮大端的分度圆相切，齿根线和齿根圆省略不画，如图 7－24 所示。

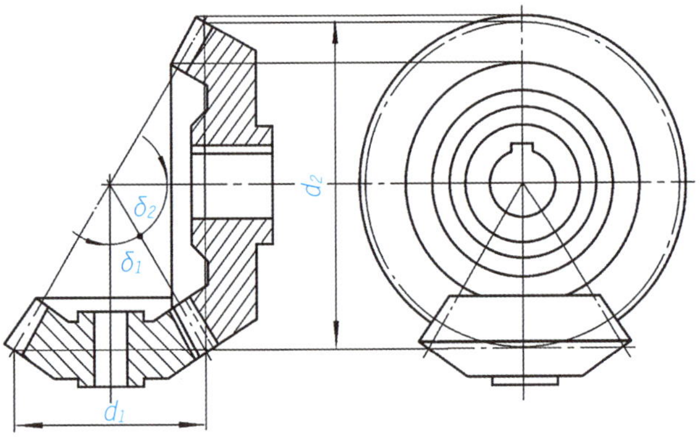

图 7－24　锥齿轮啮合的画法

四、蜗杆和蜗轮的画法

蜗杆、蜗轮通常用于两轴垂直交叉的传动，如图 7－25 所示。蜗杆相当于螺杆，有单头和多头之分；蜗轮与圆柱斜齿轮相似，但其齿顶面制成环面。在蜗杆传动中，蜗杆是主动件，蜗轮是从动件。

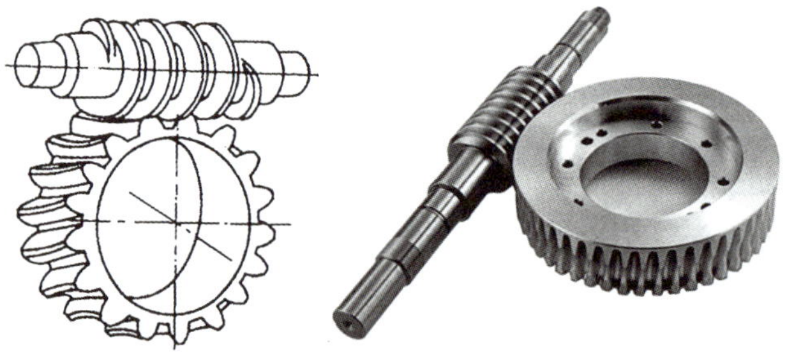

图 7－25　蜗杆和蜗轮

1. 蜗杆的画法

其画法与圆柱齿轮基本相同，在两面视图中，齿根线和齿根圆均可省略不画，如图 7－26 所示。

2. 蜗轮的画法

蜗轮一般用两个视图表达，主视图采用平行于蜗轮轴线的剖视图，在垂直于蜗轮轴线的视图中，只画出分度圆和最大圆，齿顶圆和齿根圆不画，如图 7－27 所示。

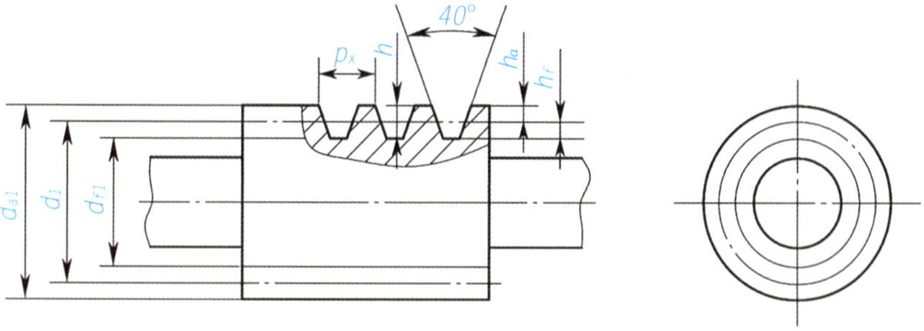

图 7-26　蜗杆的画法

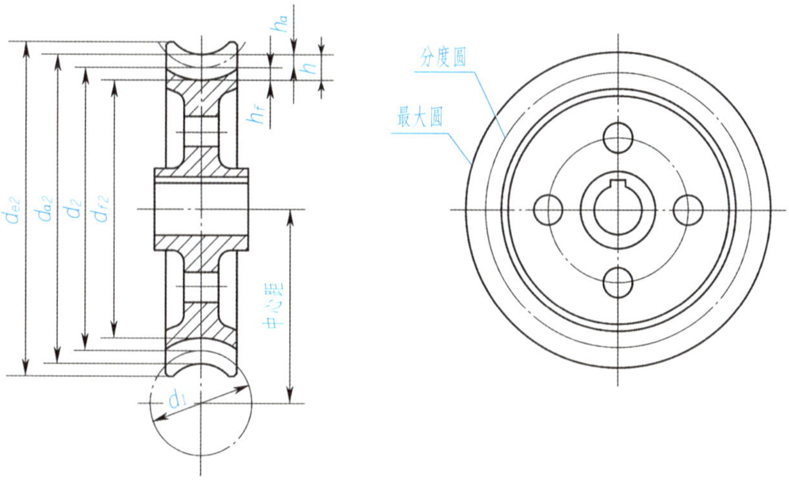

图 7-27　蜗轮的画法

3. 蜗杆、蜗轮啮合的画法

蜗杆、蜗轮的啮合可以采用两个视图表达，如图 7-28（a）所示；也可采用剖视图和局部剖视图，如图 7-28（b）所示。全剖视图中，蜗轮在啮合区被遮挡部分的虚线可省略不画；局部剖视中，啮合区内蜗轮的齿顶圆和蜗杆的齿顶线也可省略不画。

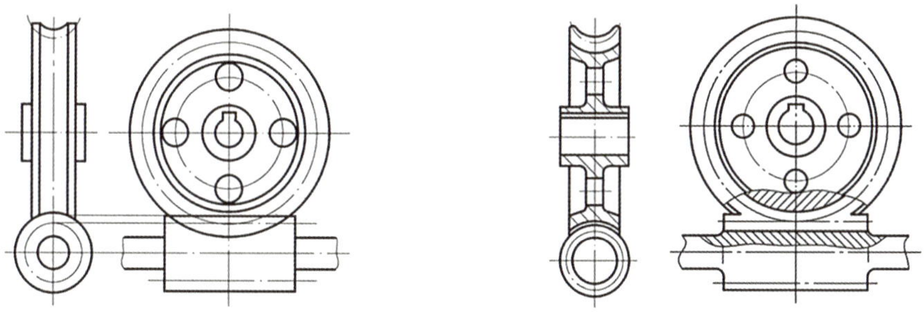

（a）视图　　（b）剖视图

图 7-28　蜗杆、蜗轮啮合的画法

7.3 键和销

键和销都是常用的标准件。键主要用于轴与轴上零件的连接，使之不产生相对运动，以传递转矩。销主要起定位作用，也可用于连接和过载保护。

一、键及其连接

在设备中，可以采用键来连接轴和轴上的零件（如齿轮、带轮等）以达到传递转矩的目的，这种连接称为键连接，如图 7 - 29 所示。

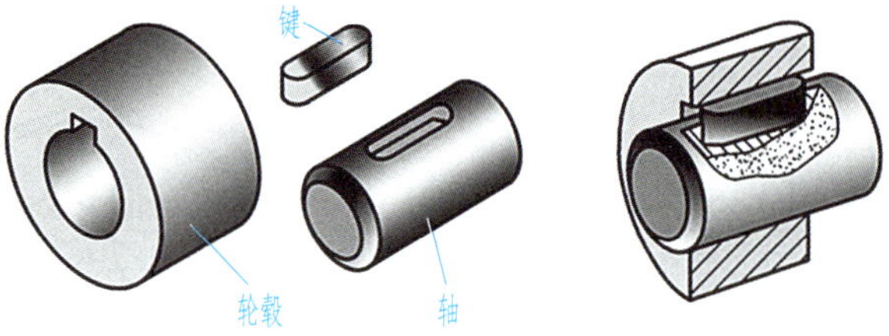

图 7 - 29　键连接

1. 键的种类及标记

键的种类较多，常见的有普通平键、半圆键、钩头楔键等，如图 7 - 30 所示。普通平键应用最广，根据其头部的结构不同又可分为圆头（A 型）、方头（B 型）和单圆头（C 型）三种形式。

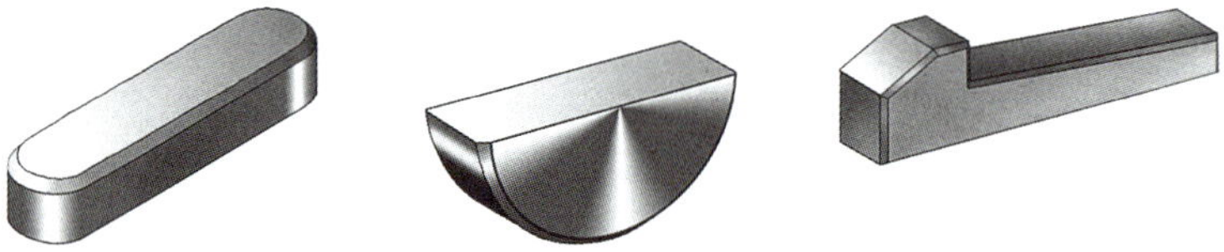

（a）普通平键　（b）半圆键　（c）钩头楔键

图 7 - 30　常用键

常用键的结构形式和标记见表 7 - 5。

表 7 - 5　常用键的结构形式和标记

名称	图例	标记示例
普通平键	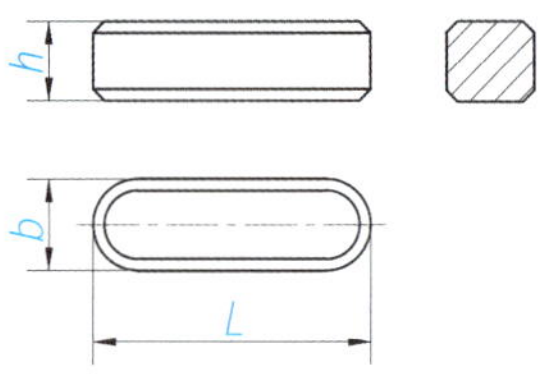	GB/T 1096—2003 键 8 × 7 × 25 表示圆头普通平键 键宽 $b = 8$mm 键高 $h = 7$mm 键长 $L = 25$mm

续表

名称	图例	标记示例
半圆键	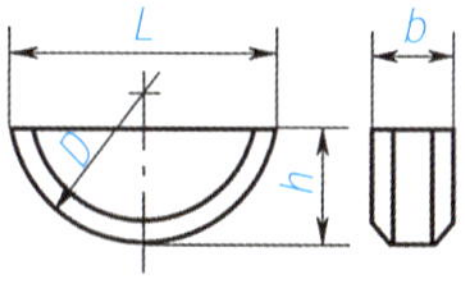	GB/T 1099.1—2003 键 6×10×25 表示半圆键 键宽 b = 6mm 键高 h = 10mm 直径 D = 25mm
钩头楔键	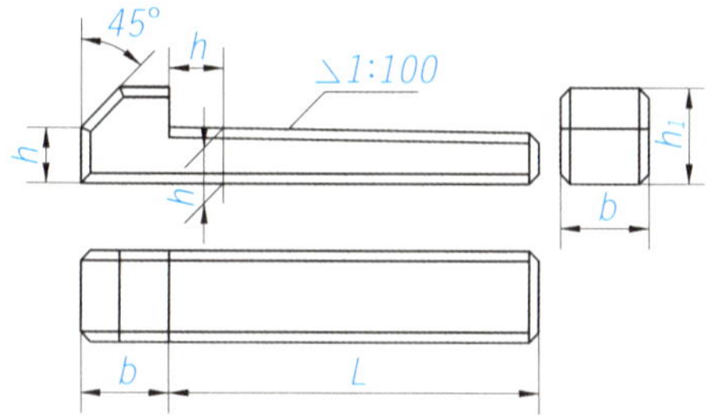	GB/T 1565—2003 键 18×11×100 表示钩头楔键 键宽 b = 18mm 键高 h = 11mm 键长 L = 100mm

2. 键的连接的画法

（1）普通平键和半圆键的连接。

普通平键的两侧面是工作面。键的侧面、底面与轴的键槽的侧面、底面接触，只画一条粗实线；而键的顶面与轮毂上键槽的底面有间隙，要画两条粗实线；剖切面通过轴线和键的对称平面作纵向剖切时，键按不剖绘制。在键连接图中，键的倒角或小圆角一般不画。键的长度 L 和宽度 b 要根据轴的直径和传递的转矩大小从标准中选取适当值。轴和轮毂上键槽的表达方法和尺寸标注如图 7－31 所示。

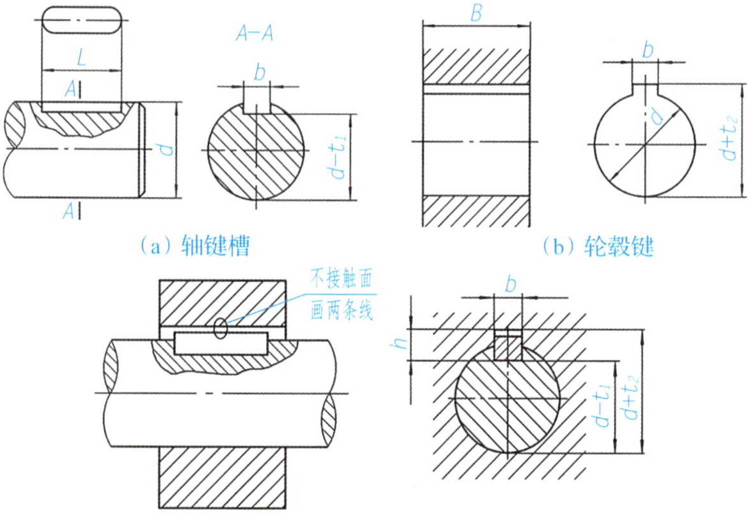

（a）轴键槽　（b）轮毂键

（c）平键连接

图 7－31　普通平键连接的画法

半圆键连接的画法与普通平键连接的画法类似，如图 7－32 所示。

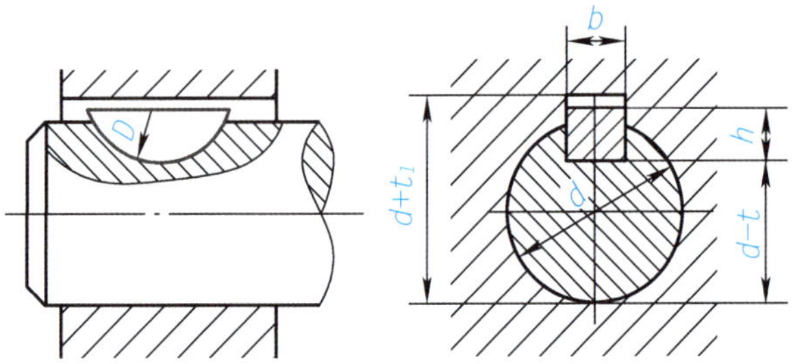

图 7－32　半圆键连接的画法

（2）钩头楔键的连接。

钩头楔键的顶面为 1∶100 的斜面，利用键的顶面与底面使轴上零件固定，同时传递转矩和承受轴向力。在键连接图中，钩头楔键的顶面和底面分别与轮毂和轴接触，均应画成一条线；而两个侧面有间隙，应画出两条线，如图 7－33 所示。

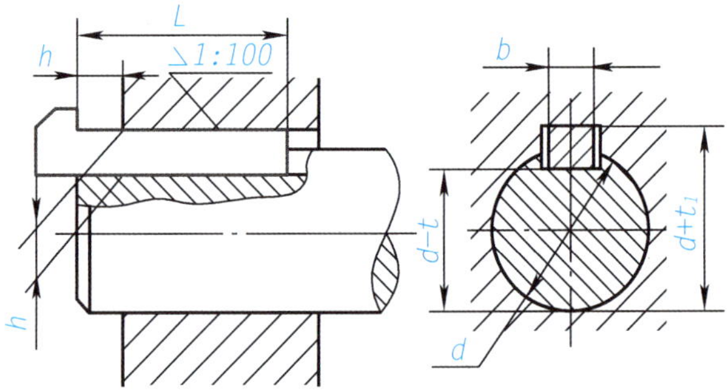

图 7－33　钩头楔键连接的画法

3. 矩形花键的画法及标注

花键的结构尺寸已经标准化。常用的花键齿形有矩形和渐开线两种，这里只介绍矩形花键的画法及其代号注法。

在轴上制成的花键称为外花键，这种轴也称为花键轴；在孔内制成的花键称为内花键，这种孔也称为花键孔，如图 7－34 所示。

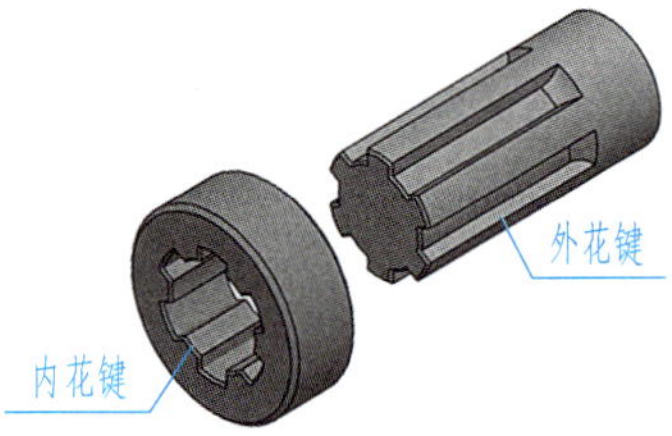

图 7－34　花键

（1）外花键的画法。

在平行于轴线的外形视图中，大径用粗实线绘制，小径用细实线绘制，并用移出剖面画出其全部或部分齿形，在花键的尾部绘制与轴线成 30° 的斜线，尾部的两端分别用两条与轴线垂直的细实线画出，以表示其范围，如图 7－35 所示。

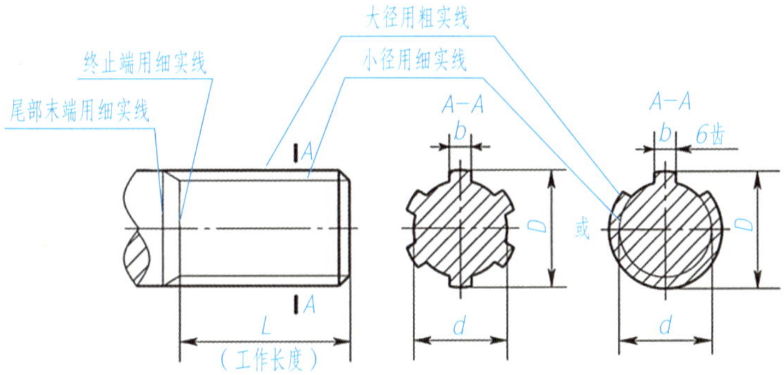

图 7－35　外花键的画法

（2）内花键的画法。

在平行于轴线的剖视图中，大径及小径均用粗实线绘制，并用局部视图画出全部或部分齿形，如图 7－36 所示。

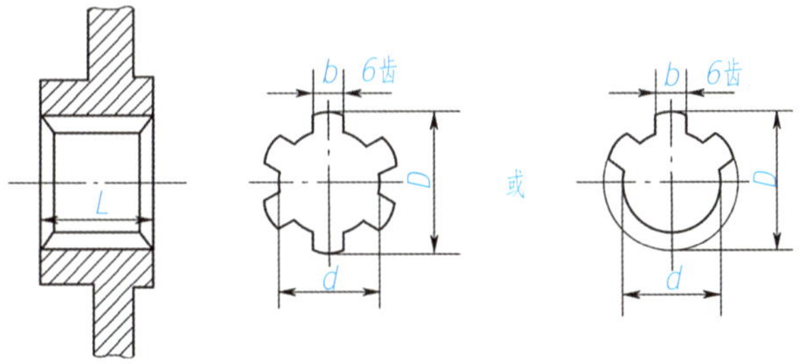

图 7－36　内花键的画法

（3）花键的连接画法。

花键连接常采用剖视画法，其连接部分按外花键来画，如图 7－37 所示。

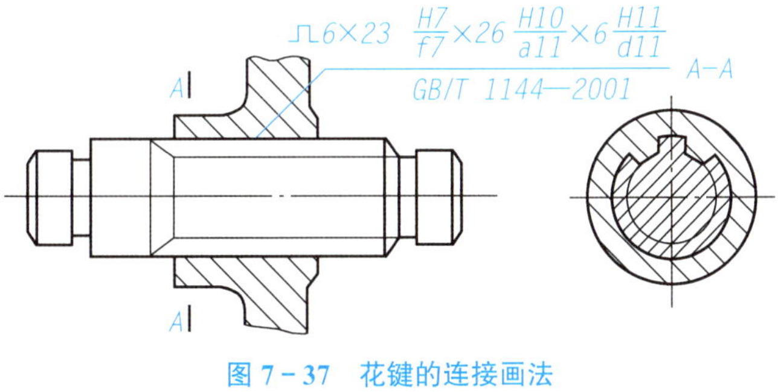

图 7－37　花键的连接画法

（4）花键的代号标注。

如图 7－37 所示，⎍ $6\times23\dfrac{H7}{f7}\times26\dfrac{H10}{a11}\times6\dfrac{H11}{d11}$中：⎍是矩形花键的图形符号，6 表示 6 个齿，$23\dfrac{H7}{f7}$表示小径及配合代号，$26\dfrac{H10}{a11}$表示大径及配合代号，$6\dfrac{H11}{d11}$表示齿宽及配合代号，定心方式为小径定心。

二、销及其连接

常用的销有圆柱销、圆锥销、开口销等，如图 7－38 所示。

（a）圆柱销　　（b）圆锥销　　（c）开口销

图 7－38　常用销

常用销的结构形式和标记见表 7－6。

表 7－6　常用销的结构形式和标记

名称	图例	标记示例
圆柱销	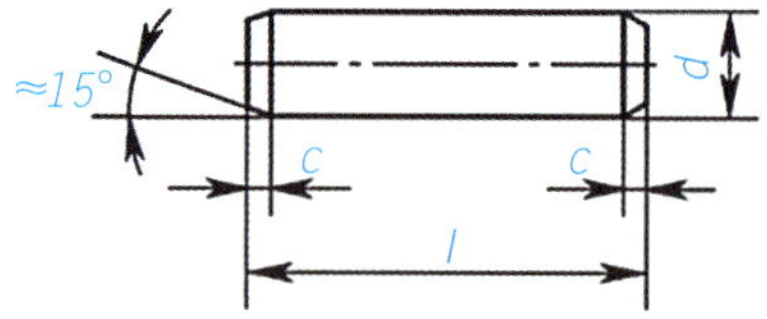	销 GB/T 119.1—2000　8m16×30 表示圆柱销的公称直径 $d=8$mm，公差为 m6，长度 $L=30$mm
圆锥销	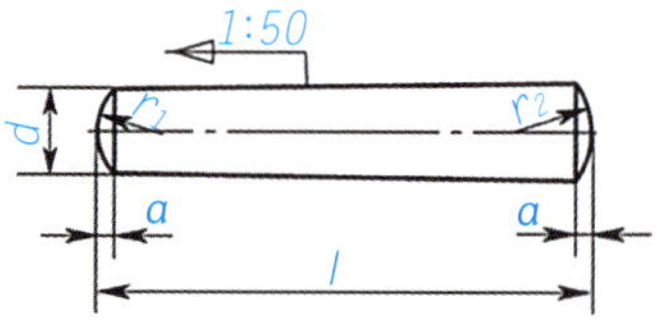	销 GB/T 117—2000　10×60 表示圆锥销的公称直径（指小端直径）$d=10$mm，长度 $L=60$mm
开口销	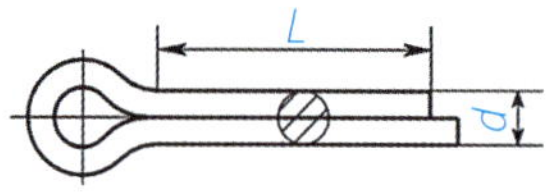	销 GB/T 91—2000　5×60 表示开口销的公称直径 $d=5$mm，长度 $L=60$mm

销连接的画法如图 7－39 所示。

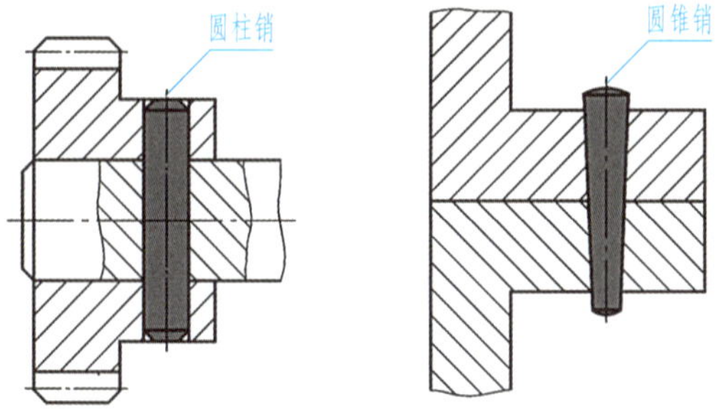

图 7－39　销连接的画法

7.4 滚动轴承

滚动轴承是标准件，作用是支承传动轴，具有结构紧凑、摩擦力小等特点，广泛应用于各类机器中。

滚动轴承的类型很多，但结构大体相同，一般由外圈、内圈、滚动体和保持架等部分组成。常用的滚动轴承是深沟球轴承、推力球轴承、圆锥滚子轴承，如图 7－40 所示。

（a）深沟球轴承　（b）推力球轴承　（c）圆锥滚子轴承

图 7－40　常用的滚动轴承

一、滚动轴承的代号

滚动轴承的代号由基本代号、前置代号和后置代号构成，其排列如图 7－41 所示。基本代号表示轴承的基本类型、结构和尺寸，是轴承代号的基础。前置、后置代号是轴承的结构形状、尺寸、公差、技术要求等发生改变时，在基本代号左、右添加的补充代号，一般情况下可不标注。

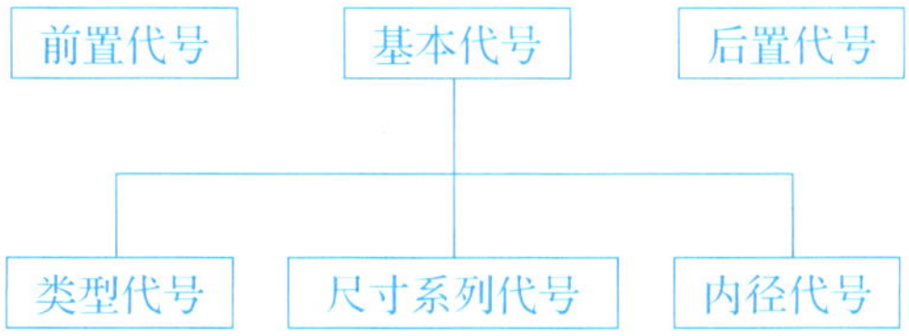

图 7－41　滚动轴承代号

基本代号由轴承类型代号、尺寸系列代号、内径代号构成。

1. 类型代号

类型代号用阿拉伯数字 0、1、2、3、4、5、6、7、8 或大写字母 N、U、QJ 表示。

2. 尺寸系列代号

尺寸系列代号由轴承的宽度系列代号和直径系列代号组成。宽度系列代号用 8、0、1、2、3、4、5、6 表示，直径系列代号用 7、8、9、0、1、2、3、4 表示。对于深沟球轴承，当宽度系列代号为 0 时，可不标出宽度系列代号。常用滚动轴承的类型代号及常用尺寸系列见表 7 - 7。

表 7 - 7　常用滚动轴承的类型代号及常用尺寸系列

轴承类型	类型代号	常用尺寸系列
深沟球轴承	6	(0) 2、(0) 3、(0) 4
推力球轴承	5	12、13、14
圆锥滚子轴承	3	02、03、22

3. 内径代号

内径代号一般由两位数字构成，对常用内径 $d=20\sim480$mm 的轴承，内径一般为代号数字乘以 5；但对内径 $d=10\sim17$mm 的四种轴承，则不按上述规律。具体见表 7 - 8。

表 7 - 8　内径代号的表示法

内径代号	00	01	02	03	04 以上
内径（mm）	10	12	15	17	代号数字 ×5

【例 7 - 1】标记：轴承 6209　GB/T 276—2013

6——类型代号，深沟球轴承；

2——尺寸系列代号；

09——内径代号，$d=45$mm。

【例 7 - 2】标记：轴承 32206　GB/T 297—2015

3——类型代号，圆锥滚子轴承；

22——尺寸系列代号；

06——内径代号，$d=30$mm。

【例 7 - 3】标记：轴承 51201　GB/T 301—2015

5——轴承代号，推力球轴承；

12——尺寸系列代号；

01——内径代号，$d=12$mm。

二、滚动轴承的画法

滚动轴承是标准件，必须按要求选用，根据滚动轴承的代号可查表得到其主要数据。绘制滚动轴承时，可采用规定画法或特征画法，具体见表 7－9。

表 7－9　滚动轴承的画法

轴承类型	规定画法		特征画法
深沟球轴承	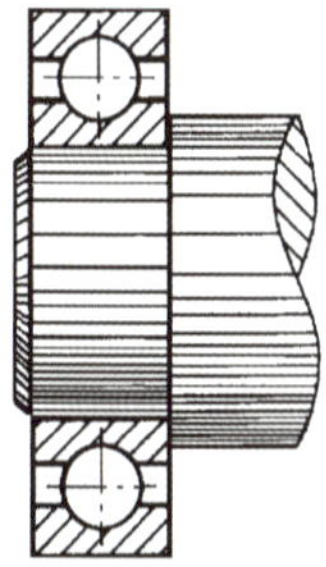	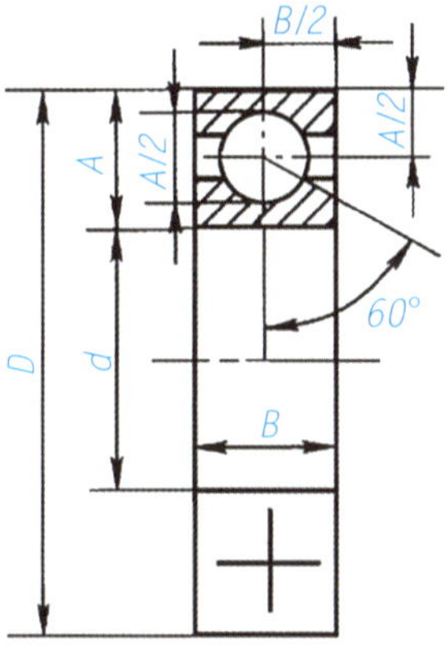	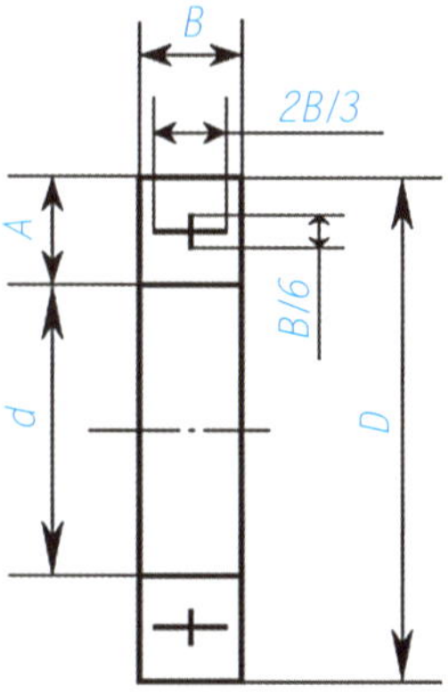
推力球轴承	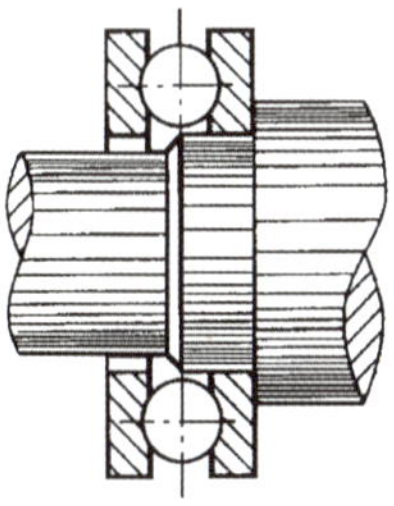	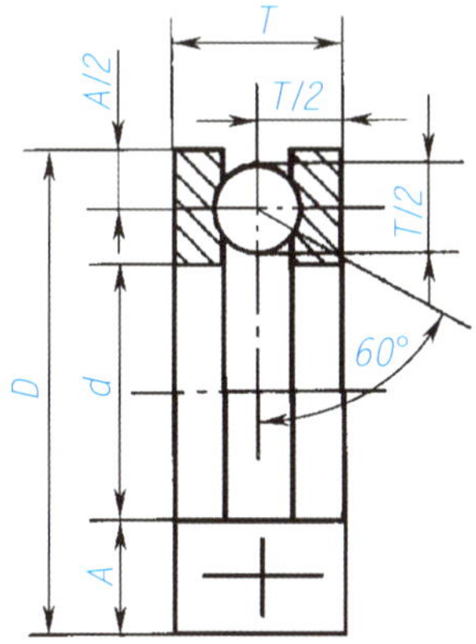	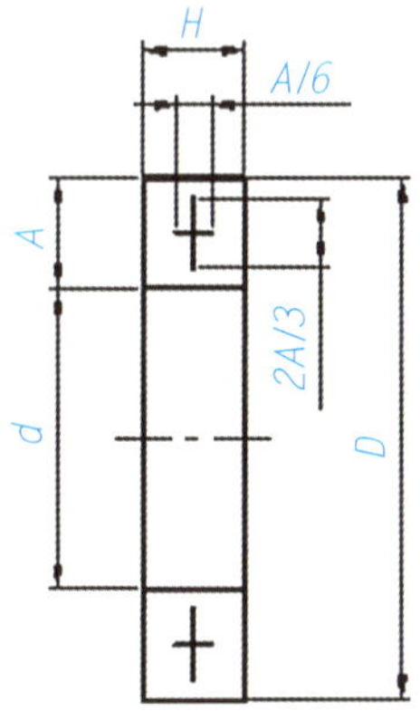
圆锥滚子轴承	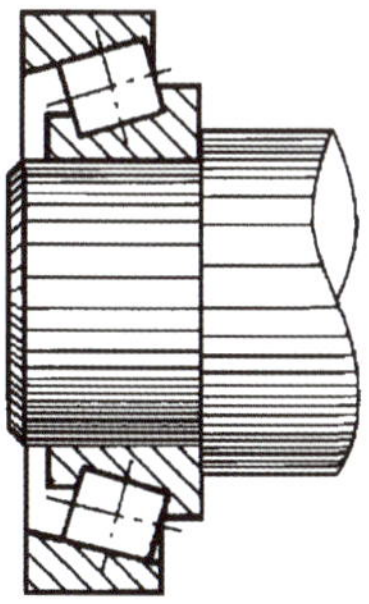	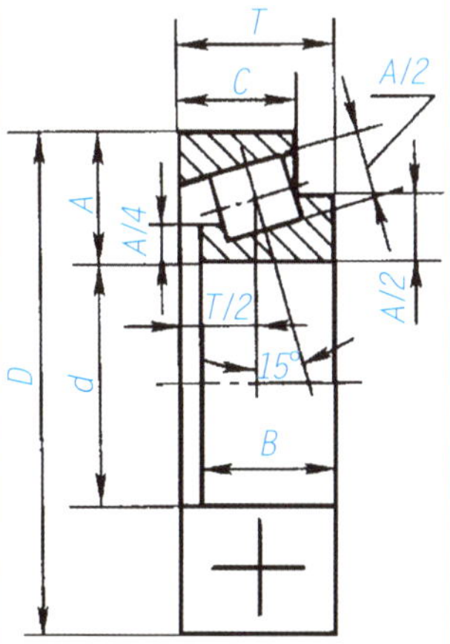	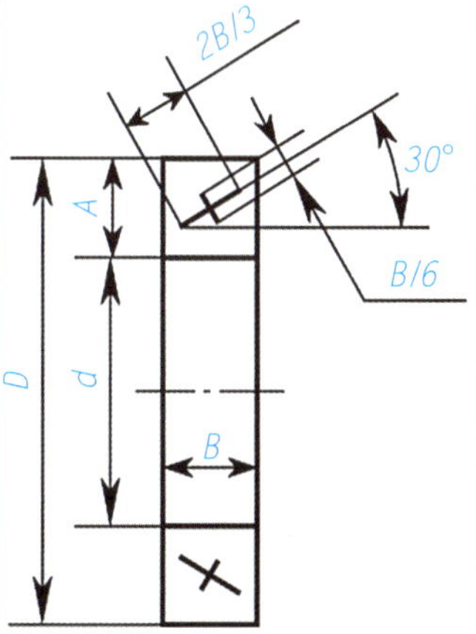

在装配图中，若不必确切地表示滚动轴承的外形轮廓、载荷特性及结构特征，可采用通用画法，如图 7－42 所示。

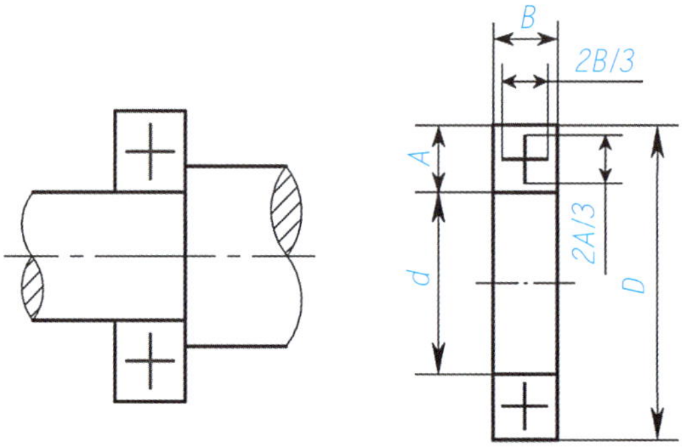

图 7－42　滚动轴承的通用画法

7.5 弹簧

弹簧是机器中的常用件，是一种能储存能量的弹性零件，其特点是除去外力后能恢复原形，可用于减振、夹紧、测力和蓄能等。

弹簧的种类很多，常用的圆柱螺旋弹簧如图 7－43 所示。

（a）压缩弹簧　（b）拉伸弹簧　（c）扭力弹簧

图 7－43　圆柱螺旋弹簧

一、圆柱螺旋弹簧的规定画法

1. 圆柱螺旋压缩弹簧各部分名称及尺寸计算

圆柱螺旋压缩弹簧各部分名称及尺寸关系如图 7－44 所示。

（1）弹簧丝直径 d：制造弹簧的钢丝直径。

（2）弹簧直径。

弹簧外径 D：弹簧最大直径。

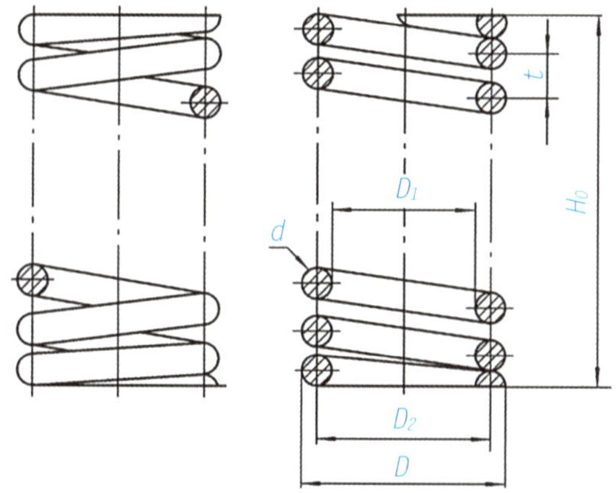

图 7－44 圆柱螺旋压缩弹簧各部分名称及尺寸关系

弹簧内径 D_1：弹簧最小直径，为 $D_1 = D - 2d$。

弹簧中径 D_2：弹簧平均直径，为 $D_2 = \dfrac{(D + D_1)}{2} = D_1 + d = D - d$。

（3）节距 t：除磨平压紧的支承外，相邻两圈上对应点之间的轴向距离。

（4）支承圈数 n_2、有效圈数 n、总圈数 n_1。

支承圈数 n_2：为了使弹簧在工作时受力均匀，保证弹簧中心垂直于支承面，弹簧两端的几圈要磨平并压紧，称为支承圈数。一般情况下 $n_2 = 2.5$ 圈。

有效圈数 n：除支承圈外，能在弹簧受力时变形的圈数。

总圈数 n_1：有效圈数与支承圈数之和，即 $n_1 = n + n_2$。

（5）自由长度（高度）H_0：弹簧不受外力（即处于自由状态）时的长度（高度），$H_0 = nt + (n_2 - 0.5)d$。

（6）弹簧展开长度 L：制造弹簧时的钢丝坯料，$L \approx n_1\sqrt{(\pi D_2)^2 + t_2}$。

2. 圆柱螺旋弹簧的画法规定（见图 7－45）

（1）弹簧可画成视图或剖视图，弹簧丝轮廓画成直线。

（2）弹簧无论是右旋还是左旋，均画成右旋，但在“技术要求”中必须注明旋向。

（3）不论支承圈数多少，均可按图 7－45 所示绘制。也可按支承圈的实际结构绘制。

（4）有效圈数 4 圈以上的螺旋弹簧，可只画两端的 1 ～ 2 圈，中间用通过弹簧丝断面中心的细点画线连起来即可，而且可以适当缩短图形长度。

二、装配图中弹簧的画法

（1）螺旋弹簧被剖切时，不论中间各圈是否省略，被弹簧遮挡的结构一般不画出，可见部分的轮廓线画至弹簧外轮廓线或钢丝断面中心线，如图 7－46（a）所示。

（2）当弹簧的钢丝断面直径 $d \leqslant 2\text{mm}$ 时，在图形上可采用涂黑或示意画法表示，如图 7－46（b）、图 7－46（c）所示。

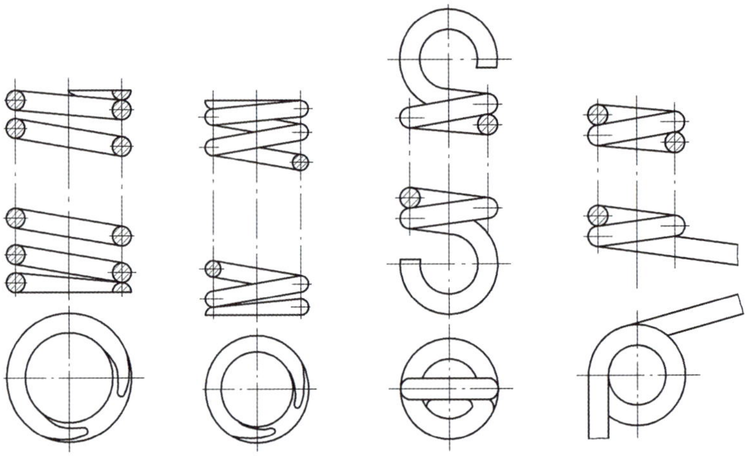

图 7－45　圆柱螺旋弹簧的画法

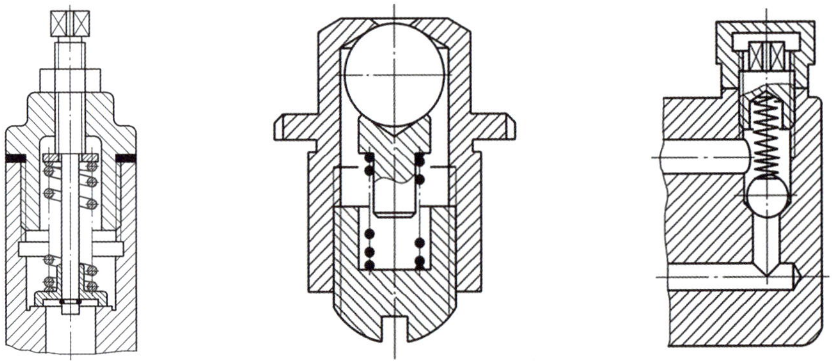

(a)　　(b)　　(c)

图 7－46　装配图中弹簧的画法

单元 8

装配图

学习目标

（1）了解装配图的主要内容。

（2）了解装配图的主要表达方法，能绘制简单装配图。

（3）掌握装配图的识读方法，并能识读装配图。

知识要点及学时分配建议

知识要点		学时	备注
1. 装配图的内容和表达方法		1	简述
2. 绘制装配图	画装配图的方法和步骤	2	
	装配图的尺寸标注和技术要求	2	
	装配图的零件序号及明细栏	2	
	装配结构的合理性	1	简述
3. 识读装配图和拆画零件图	识读装配图	4	
	拆画零件图	4	初学者选择学习

在机械设计环节，设计者首先要画出装配图，以表达所设计的机器或部件的工作原理和结构形状，然后根据装配图分别绘制零件图。在机械制造环节，技术人员首先要根据零件图加工出零件，然后按装配图组装成机器或部件。在机械设备的使用或维修环节，人们需要通过装配图了解机械设备的性能、传动路线和操作方法，以便确保操作正确，维护保养合理等。因此，装配图是反映设计构思、指导生产、交流技术的重要工具。装配图和零

件图一样，都是生产中的重要技术文件。

本单元将介绍装配图的内容和表达方法，以及绘制装配图、识读装配图和拆画零件图的方法和步骤。

8.1 装配图的内容和表达方法

装配图是表达机器或部件的整体结构形状、工作原理及零件之间的装配连接关系的图样。

一、装配图的内容

下面以图 8 - 1 所示的滑动轴承的装配图为例进行讲解。

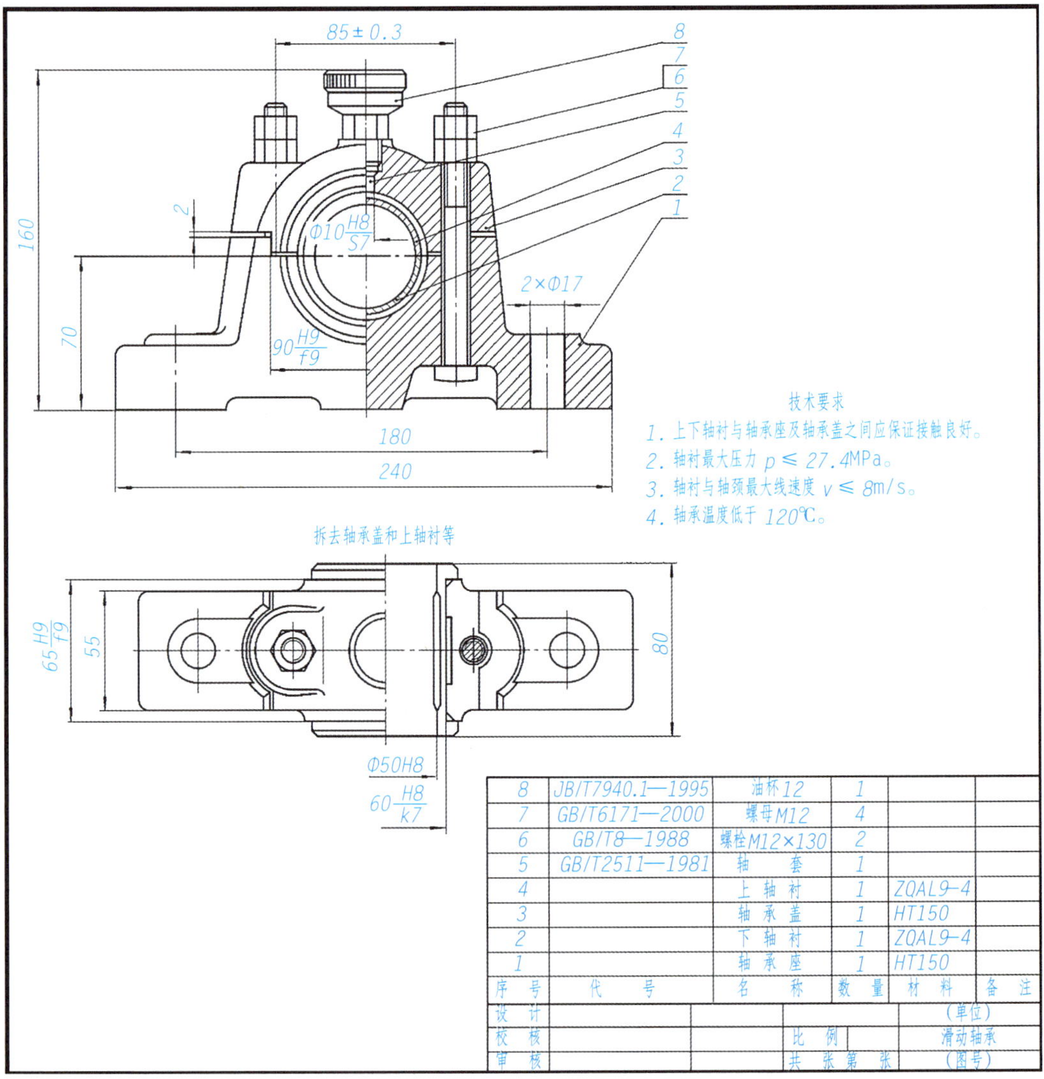

序号	代号	名称	数量	材料	备注
8	JB/T7940.1—1995	油杯12	1		
7	GB/T6171—2000	螺母M12	4		
6	GB/T8—1988	螺栓M12×130	2		
5	GB/T2511—1981	轴套	1		
4		上轴衬	1	ZQAL9-4	
3		轴承盖	1	HT150	
2		下轴衬	1	ZQAL9-4	
1		轴承座	1	HT150	

设计			(单位)
校核		比例	滑动轴承
审核		共 张 第 张	(图号)

图 8 - 1　滑动轴承装配图

根据图 8－1 所示的滑动轴承的装配图可知一张完整的装配图应包括以下几方面内容：

1. 一组视图

采用必要的视图、剖视、剖面和其他表达方法，说明机器或部件的工作原理、零件之间的相互位置和装配连接关系，以及主要零件的基本结构形状。滑动轴承装配图采用了主、俯两个基本视图。主视图采用半剖视画法，表达主要零件的结构形状和装配连接关系。俯视图采用将右半部分的轴承盖等拆除后的画法，表达滑动轴承下部轴套和底座的形状。如图 8－2 所示为滑动轴承的分解图。

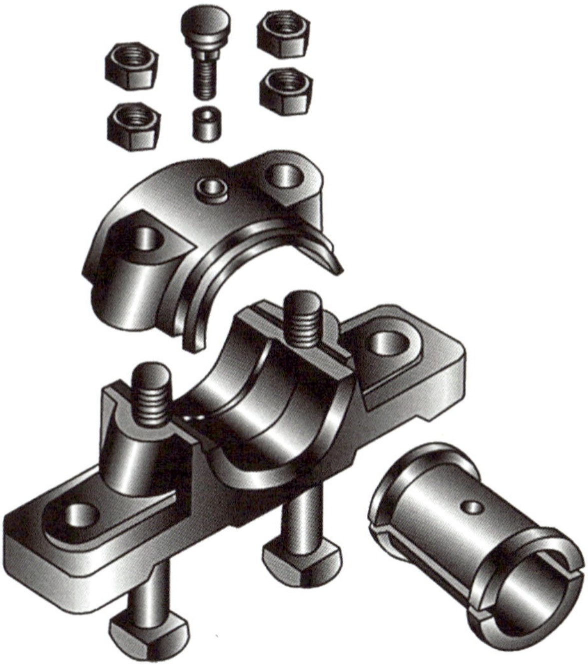

图 8－2　滑动轴承的分解图

2. 必要的尺寸

装配图中只标注表示装配体的性能、规格以及装配、检验和安装时所需的尺寸。如图 8－1 所示的 ϕ60H8/k7 为装配尺寸、180 为安装尺寸。

3. 技术要求

用文字说明或符号标注指明机器或部件在装配、调试、检验、安装和使用中应遵守的技术条件和要求。

4. 标题栏、零件序号和明细栏

装配图上的标题栏的形式与零件图上的标题栏基本一样，主要说明机器或部件的名称、图样代号、绘图比例、厂名等。

为了便于读图和组织生产，需要对每种零件编号，并编制相应的零件明细栏，以说明零件的名称、材料、数量等。

二、装配图的表达方法

1. 装配图的规定画法

（1）剖视图中紧固件和实心件的画法。

对于紧固件（如螺栓、螺钉、螺母、垫圈等）和实心件（如轴、手柄、连杆、键、销等），当剖切面通过其基本轴线或对称面时，这些零件均按不剖画出，如图 8－3 所示的轴、螺钉等。

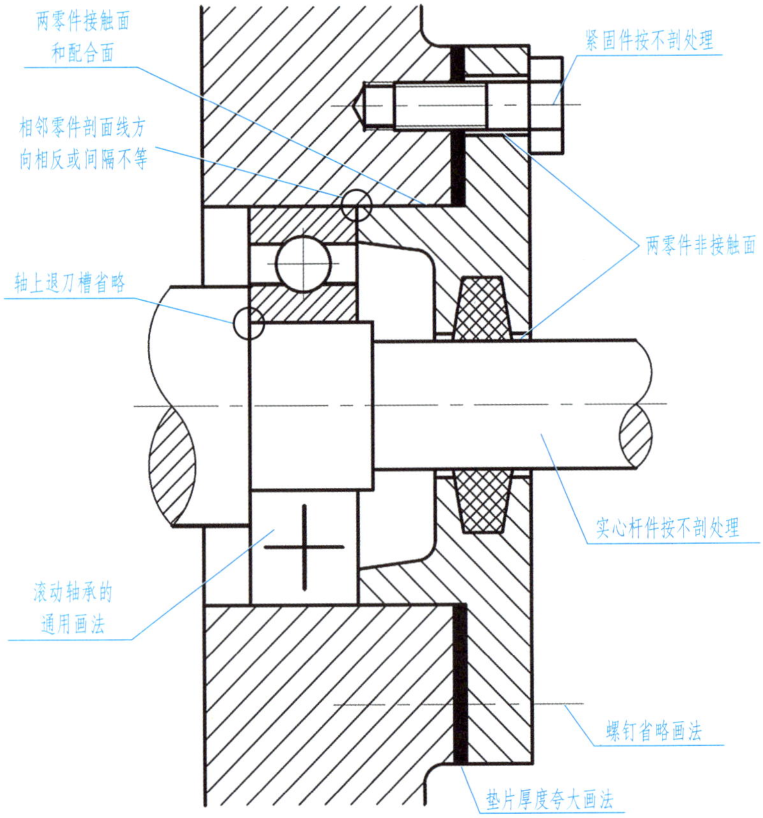

图 8－3　装配图的规定画法

（2）接触表面和非接触表面的画法。

凡是有配合要求的两零件的接触表面，在接触处只画一条线，而没有配合要求的相邻两零件表面之间，即使间隙很小，也必须画出两条线。如图 8－3 所示，接触表面和配合面均画一条线，而不接触表面则画两条线。

（3）装配图中剖面线的画法。

装配图中通过剖面线的倾斜方向不同，或者方向一致而间隔不同来区分相邻两个不同的零件，如图 8－3 所示的轴承、端盖和机座。当剖面厚度在 2mm 以下时，允许涂黑图形来代替剖面符号，如图 8－3 所示的垫片。

2. 装配图的简化画法

（1）对于若干相同的零件组，如螺栓、螺钉连接等，允许只画出一组，其余的用点画线表示装配位置。如图 8－3 所示的螺钉连接，下面一组就采用了简化画法。

（2）对于滚动轴承，允许一半按剖视绘制，另一半用交叉线简化画出，如图 8－3 所示。

（3）零件上的某些工艺结构，如退刀槽、倒角、圆角等允许省略不画，如图 8－3 中的螺钉、螺母的倒角以及由倒角产生的曲线均被省略。

（4）当图形中孔的直径或薄片的厚度等于或小于 2mm，或者需要表达的间隙、斜度和锥度较小时，允许将这些形状不按比例而夸大画出，如图 8－3 所示的垫片就是按夸大的厚度画出，并涂黑处理。

3. 装配图的特殊表达方法

（1）拆卸画法。

在装配图中，当某些零件遮住了需要表达的结构或装配关系时，可假想沿某些零件的结合面进行剖切或假想把某些零件拆卸后绘制。采用这种画法时，如需说明，应在图形上方注明“拆去 ××”字样。如图 8－1 所示的滑动轴承装配图，其俯视图是拆去轴承盖和上衬套等零件后投射画出的。如图 8－4 所示的转子液压泵装配图，其右视图“*A—A*”即为沿结合面剖切得到的剖视图。

（2）单个零件的画法。

在装配图中，可以用视图、剖视图或断面图等单独表达某个零件的结构形状，但必须在图形上方标注相应的说明。如图 8－4 所示的“泵盖 *B*”视图单独表达了泵盖的结构形状。

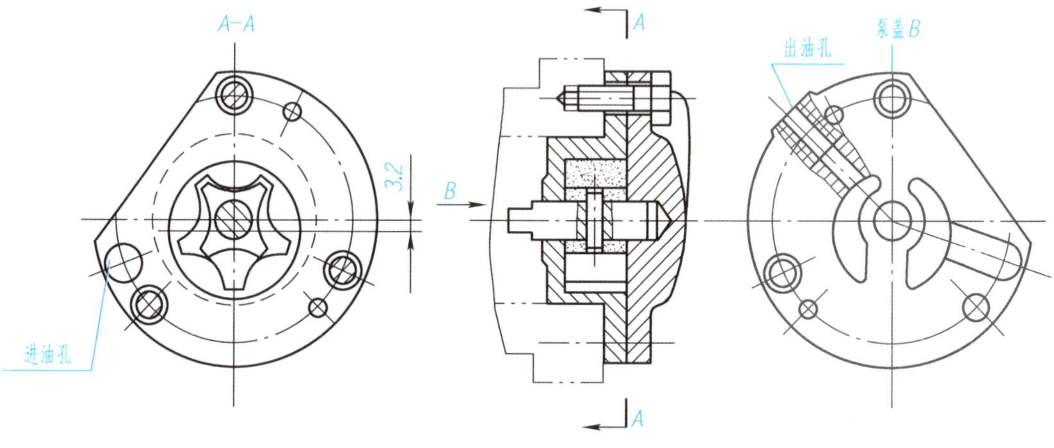

图 8－4　装配图中单个零件的画法

（3）假想画法。

在装配图中，当需要表达某些零件的运动范围和极限位置时，可用双点画线画出该零件的极限位置轮廓，如图 8－5 所示。在部件的装配图中，当需要表达该部件与相邻部件或零件的装配关系时，也可用双点画线画出相邻部分的轮廓，如图 8－5 所示。

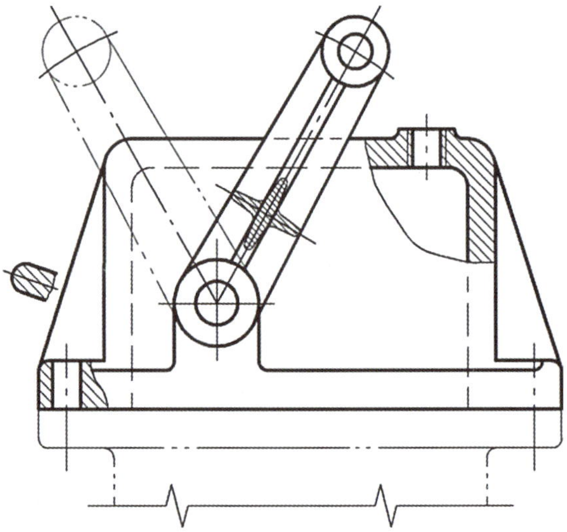

图 8－5　装配图中的假想画法

8.2 绘制装配图

装配图与零件图的绘制方法与步骤类似，但还要从装配体的整体结构特点、装配关系、工作原理等方面考虑，确定恰当的表达方案。

一、装配图的绘制方法和步骤

下面以图 8－6 所示的铣刀头为例，说明装配图的绘制方法和步骤。

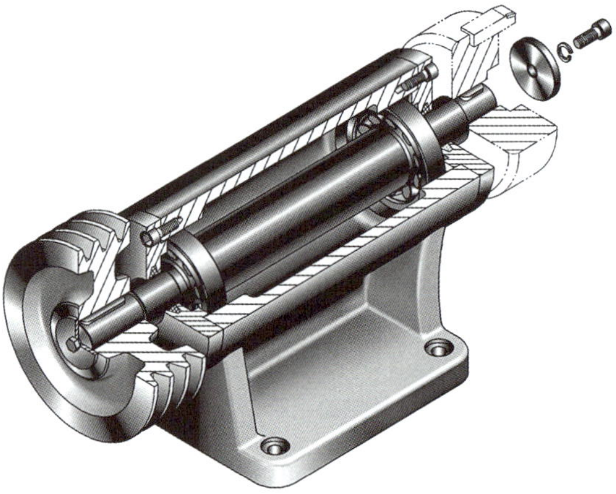

图 8－6　铣刀头轴测图

1. 了解和分析装配体

（1）分析装配体实物，了解其用途和结构特点。分析图 8－7 所示的铣刀头装配体各零件的形状与作用、零件间的装配关系，以及工作原理、装拆顺序等。

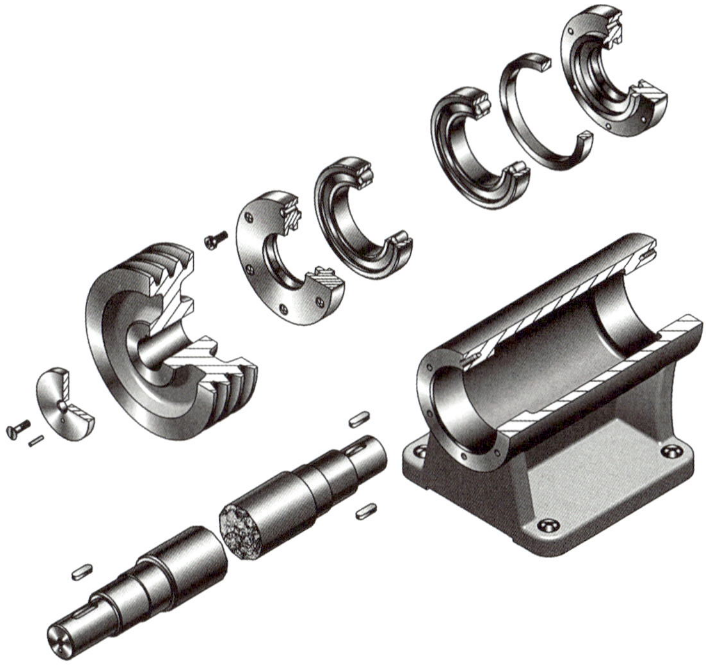

图 8－7　铣刀头轴测分解图

（2）绘制装配示意图或机构运动简图。如图 8－8 所示为铣刀头装配示意图。

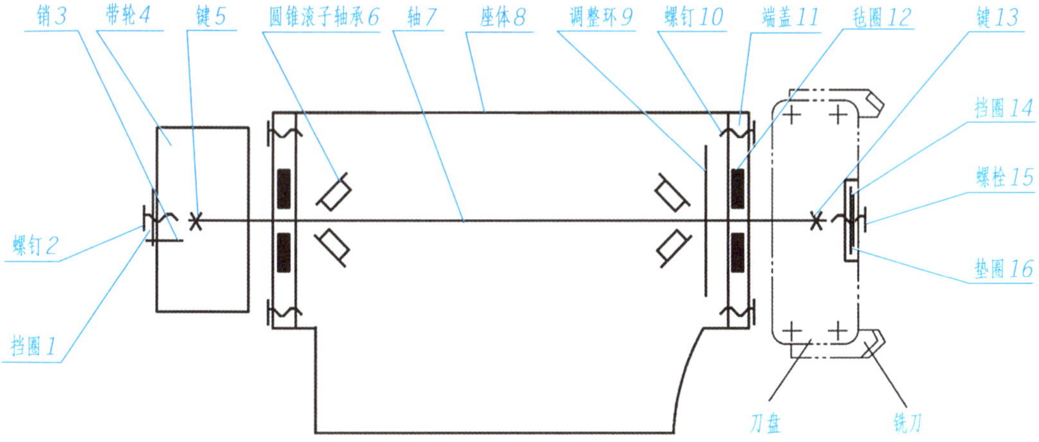

图 8－8　铣刀头装配示意图

2. 确定表达方案

如图 8－9 所示为铣刀头装配图的表达方案。

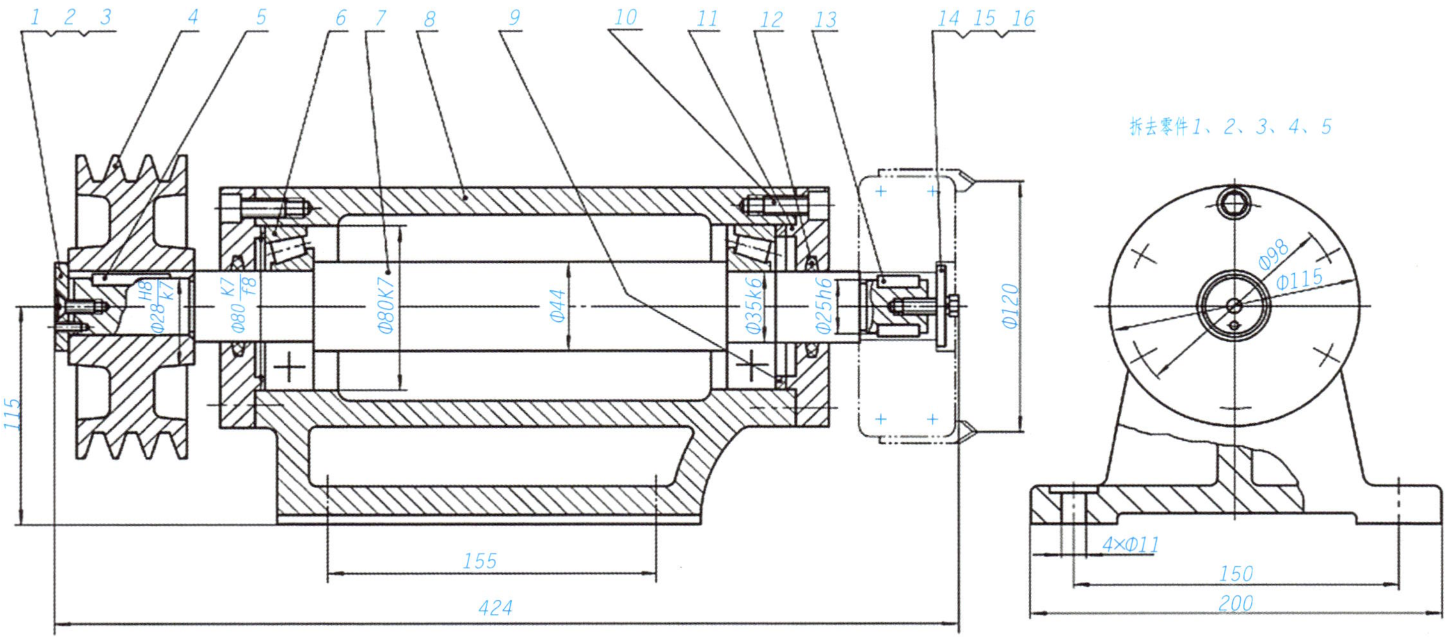

16	GB/T93—1987	垫圈6	1	65Mn		6	GB/T294—2015	轴承30307	2		
15	GB/T5783—2016	螺栓M6×20	1	Q235-A		5	GB/T1096—2003	键8×40	1	45	
14	GB/T892—1986	挡圈B32	1	35		4		V带轮	1	HT150	
13	GB/T1096—2003	键6×20	2	45		3	GB/T1191—2000	销3×12	1	35	
12		毛毡25	2	222-36	无图	2	GB/T68—2016	螺钉M6×18	1	Q235-A	
11		端盖	2	HT200		1	GB/T891—1986	挡圈35	1	Q235-A	
10	GB/T70.1—2008	螺钉M6×20	12	Q235-A		序号	代号	名称	数量	材料	备注
9		调整环	1	35		设计		共 张第 张			
8		座体	1	HT200		校核		重量		铣刀头	
7		轴	1	45				比例			

图 8-9 铣刀头装配图

主视图是沿主轴轴线作的全剖视图，反映了主要干线的装配关系、传动路线和工作原理，在主视图上尽量多地反映装配体的结构和连接关系，可把不属于装配体的其他零件用细双点画线画出。左视图采用局部剖视图和拆卸画法，主要表达了座体结构形状。

装配图的绘制方法和步骤如下：

（1）布置图面，画出作图基准线。

根据装配体的大小和视图数量确定比例和图幅，先画作图基准线（对称中心线、轴线和底座的底面基线），如图 8 - 10（a）所示。

（2）画底稿。

画图时一般从主视图开始，配合其他视图，先画出主体零件的主要结构，便于其他零件位置的确定。然后根据装配干线，逐个画出零件。如果从里向外画，一般画运动中的核心零件，其装配轴承的端面常常是定位面；如果从外向里画，往往画箱体、支架类零件，将外轮廓中的端面或装有轴承的孔槽作为基准，由外向内装配，逐个画出零件。如图 8 - 10（a）、图 8 - 10（b）、图 8 - 10（c）所示，依次绘制轴、轴承、座体、垫圈、端盖等。

（3）校核，整理，描深图线。

完成底稿后，校核，整理，画剖面线，加深图线，如图 8 - 10（d）所示。检查无误后，即可标注尺寸、编写序号、填写标题栏和明细栏、编写技术要求等，结果如图 8 - 9 所示。

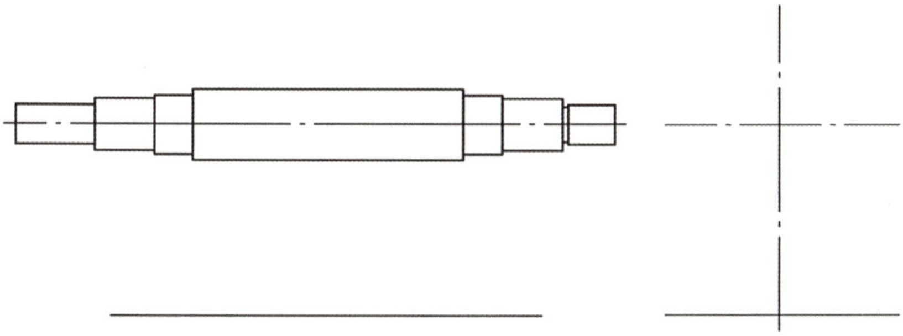

（a）画基准线、画轴

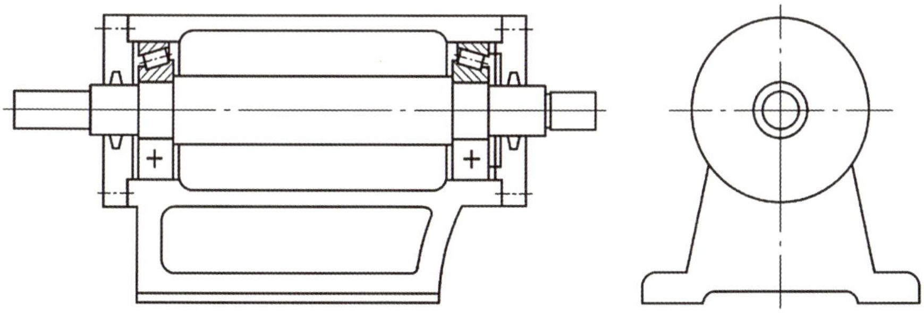

（b）画轴承、座体、垫圈、端盖

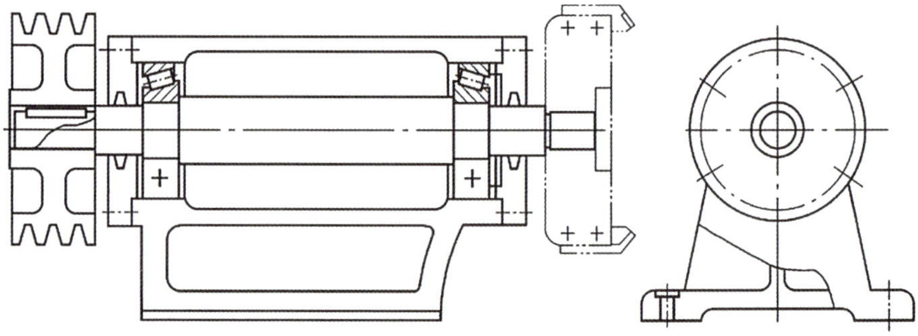

（c）画带轮、铣刀盘、键等

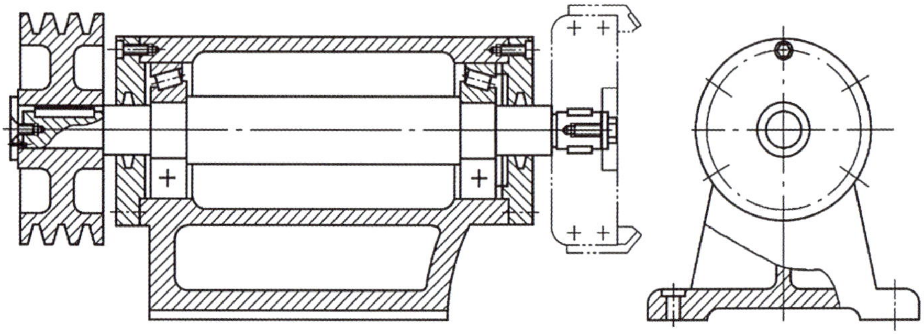

（d）校核，整理，描深图线

图 8－10　铣刀头装配图的绘制步骤

二、装配图的尺寸标注和技术要求

1. 装配图的尺寸标注

装配图不是制造零件的直接依据，因此不必在装配图中标注零件的全部尺寸，只需标注必要的尺寸，这些尺寸按作用不同可分为以下四类：

（1）规格与性能尺寸。

表示部件（或机器）规格或性能的尺寸，是设计和选用部件的主要依据。如图 8－1 所示的滑动轴承的孔径 ϕ50H8；如图 8－9 所示的铣刀头的中心高 115 及铣刀直径 ϕ120。

（2）装配尺寸。

表示零件之间装配关系的尺寸，包括配合尺寸和重要的相对位置的尺寸。配合尺寸如图 8－1 所示的 90H9/f9、ϕ60H8/k7，图 8－9 中轴承内、外圈上所注的尺寸 ϕ80K7、ϕ35k6 等。如图 8－1 所示的轴承盖与轴承座之间的非接触面间距尺寸 2 属于重要的相对位置尺寸。

（3）安装尺寸。

表示将部件安装到机器上或将整机安装到基座上所需的尺寸。如图 8－1 所示的 180 和图 8－9 所示的 155、150 均为安装尺寸。

（4）外形尺寸。

表示机器或部件外形轮廓的大小，即总长、总宽和总高尺寸。为确定包装、运输、安装所需的空间提供依据。如图 8－1 所示的 240、80、160 和图 8－9 所示的 424、200 均为外形尺寸。

（5）其他重要尺寸。

有时还需要标注其他重要尺寸，如运动零件的极限位置尺寸、主要零件的重要结构尺寸等。

2. 装配图的技术要求

装配图中的技术要求用文字书写，说明部件在装配过程中或装配后必须达到的装配要求、检验要求和使用要求，以及对部件的工作性能、调试与试验方法、外观等的要求。

以上内容应根据装配体的具体情况而定，书写在图样空白处，如图 8－1 和图 8－9 所示。

三、装配图的零件序号及明细栏

1. 装配图的零件序号

如图 8－11 所示，零件的序号用指引线（细实线）从零件的可见轮廓内任一点引出，并在末端画一圆点；若所指部分很薄或为涂黑断面，可在指引线末端画出箭头，并只指向该部分的轮廓。指引线的另一端画水平细实线（或圆），并注写序号，序号的字高比尺寸数字大一号或两号。

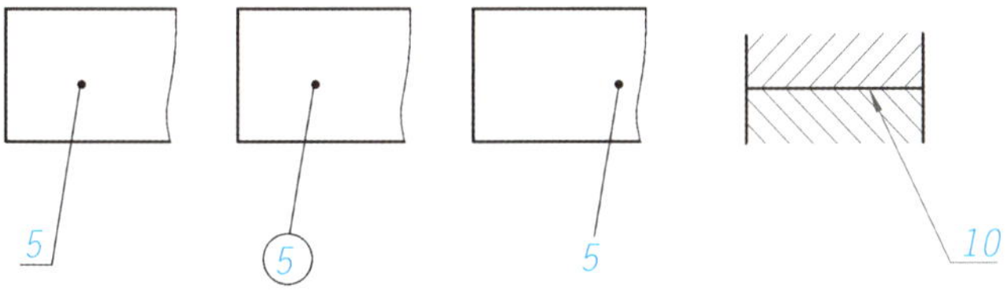

图 8－11　指引线的画法

一组紧固件或装配关系清楚的零件组，可采用公共指引线，如图 8－12 所示。

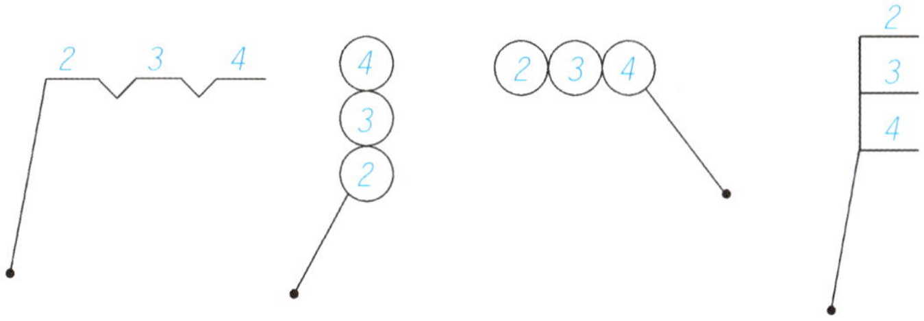

图 8－12　公共指引线

另外，指引线不能相交，在通过剖面线的区域时不能与剖面线平行；相同零件只对其中一个编号，其数量填在明细栏内；零件编号应按顺时针或逆时针方向顺序编号，全图按水平方向或垂直方向整齐排列。

2. 明细栏

如图 8－13 所示，明细栏通常画在标题栏上方并与标题栏相接，当上方位置不够时，可在标题栏左方继续列表。明细栏中的序号应与零件序号一致，且自下而上顺序填写。

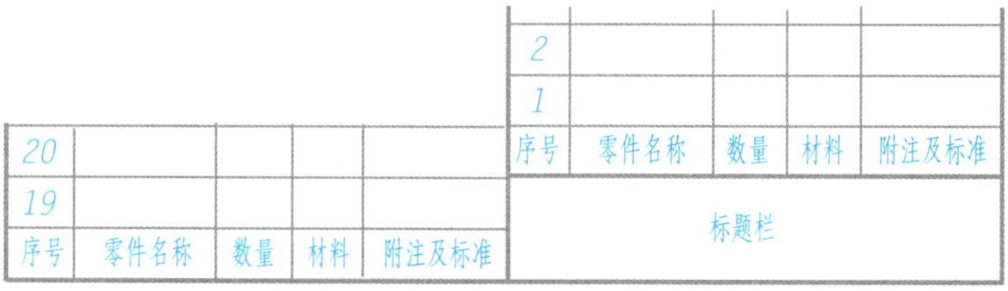

图 8－13　明细栏格式

四、装配结构的合理性

在绘制装配图的过程中，应考虑装配结构是否合理，以保证部件（或机器）的性能，并方便零件加工和装拆。合理的装配结构的确定，需要一定的设计和生产经验，这里仅对装配结构合理性问题进行简单介绍，供绘制和识读装配图时参考。

1. 轴肩与孔端面接触的装配结构

当轴和孔配合且轴肩与孔的端面相互接触时，应在孔的接触端面加工倒角或在轴肩根部切槽，以保证良好的接触。如图 8－14 所示为轴肩与孔的端面接触时的正误对比。

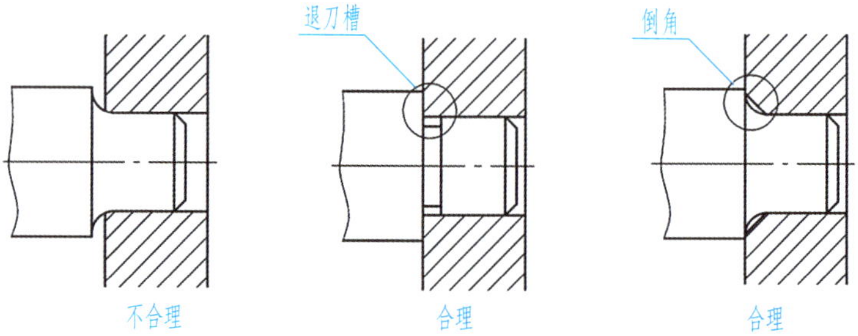

图 8－14　常见装配结构的合理性（一）

2. 两零件在同一方向上的接触面要求

当两个零件接触时，在同一方向上的接触面最好只有一个，这样既可满足装配要求，制造也比较方便。如图 8－15（a）、图 8－15（b）所示为平面接触的正误对比，如图 8－15（c）所示为圆柱面接触的正误对比。

3. 填料密封装置

在一些部件或机器中，为防止液体外流或飞尘进入，常需要设置密封装置。如图 8－16 所示的密封装置是泵和阀上的常用结构。通常用浸油的石棉绳或橡胶作填料压紧，起到密封作用。但轴与填料压盖之间应有一定间隙，以免转动时产生摩擦，而填料压盖与阀体端面之间必须留有一定间隙，这样才能保证将填料压紧。

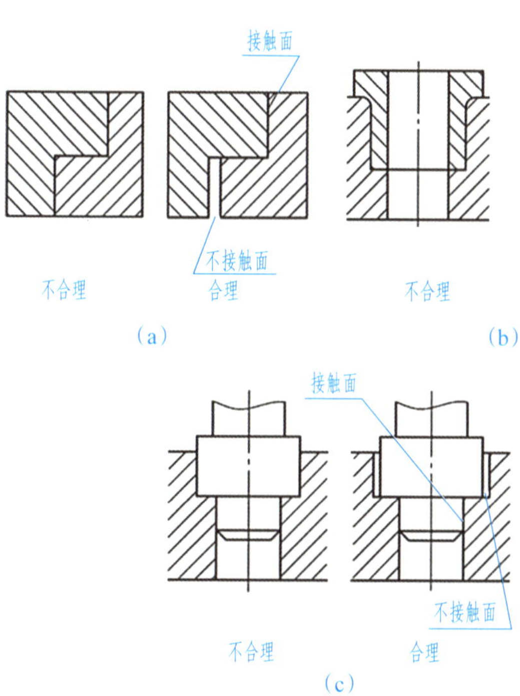

图 8-15　常见装配结构的合理性（二）

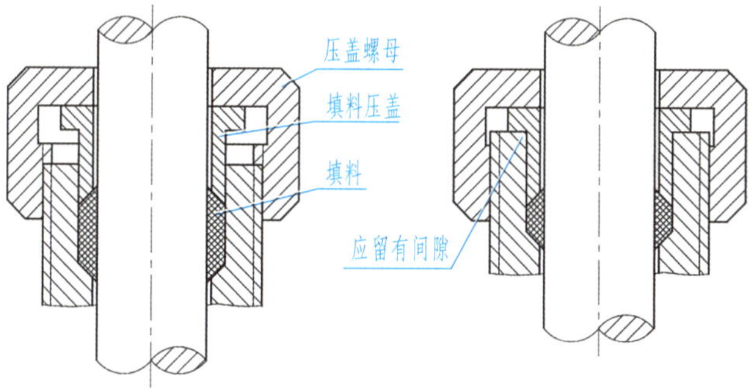

（a）正确　（b）错误

图 8-16　填料密封装置

8.3 识读装配图和拆画零件图

在装备制造行业中，组装、检验、使用和维修机器，以及进行技术交流、技术革新时，都会用到装配图。因此，技术人员必须具备识读装配图的能力。

一、识读装配图

下面以图 8-17 所示的齿轮油泵装配图为例，说明识读装配图的方法与步骤。

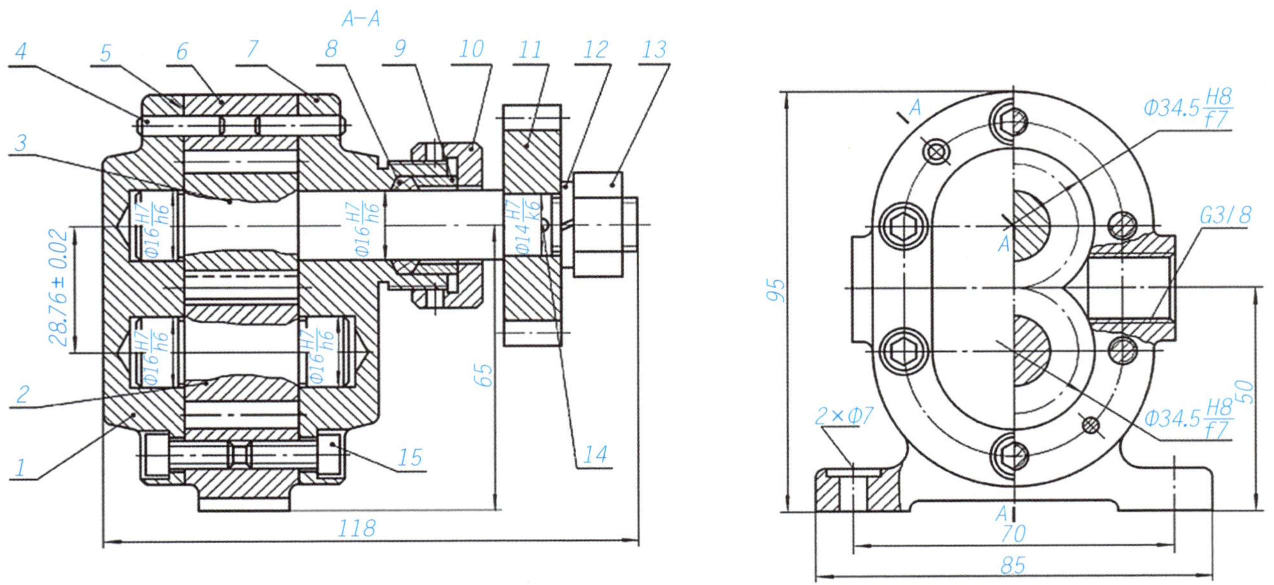

技 术 要 求

1. 齿轮安装后，应转动灵活。
2. 两齿轮轮齿的接触斑点应占齿高的 3/4 以上。

序号	代号	名称	数量	材料	备注
15	GB/T 70.1	螺钉 M6×16	12	35	
14	GB/T 1096	键 4×10	1	45	
13	GB/T 6170	螺母 M12×1.5	1	35	
12	GB/T 93	垫圈	1	65Mn	
11		传动齿轮	1	45	
10		压盖螺母	1	35	
9		压盖	1	ZCuSn5-5-5	
8		密封圈	1	毛毡	
7		右端盖	1	HT200	
6		泵体	1	HT200	
5		垫片	2	纸	t=1
4	GB/T 119.1	销 5m6×18	4	45	
3		传动齿轮轴	1	45	m=3.z=9
2		齿轮轴	1	45	m=3.z=9
1		左端盖	1	HT200	

设计			共 张 第 张		齿轮油泵
校核			比例		
审核			共 张 第 张		

图 8-17　齿轮油泵装配图

1. 了解概况

看标题栏、明细栏等了解机器或部件的名称、用途以及装配体中各零件的名称和数量等内容，并通过名称分析装配体的用途，通过比例和外形尺寸了解装配体的大小。

如图 8-17 所示装配图的名称是齿轮油泵，结合生产实际，可以联想到它是用来输送润滑油的部件。从明细栏可知该部件由 15 种零件装配而成，其中标准件共有 5 种。按序号依次查明各零件的名称和所在位置。

2. 看懂视图，分析装配关系和工作原理

明确视图关系，分析各零件的形状、作用，明确装配体的装配关系和工作原理。

齿轮油泵装配图共用了两个视图，主视图采用全剖视，表达齿轮油泵的工作原理和最明显的装配关系，绝大多数零件序号是从主视图引出的，因此应重点识读主视图。左视图沿左端盖处的垫片与泵体的结合面剖开，并用局部剖画出了油孔，表达部件吸、压油的工作原理及其外部形状。

读图时，应以反映装配关系最明显的视图（一般为主视图）入手，配合其他视图分析装配关系。泵体 6 的内腔容纳一对齿轮；将齿轮轴 2、传动齿轮轴 3 装入泵体后，由左端盖 1、右端盖 7 支承这一对齿轮轴进行旋转运动；由销 4 将左、右端盖与泵体定位后，再用螺钉 15 连接；为防止泵体与泵盖结合面及齿轮轴伸出端漏油，分别用垫片 5 及密封圈 8、压盖 9、压盖螺母 10 密封。齿轮油泵轴测装配图如图 8-18 所示。

图 8-18　齿轮油泵轴测装配图

左视图反映部件吸、压油的工作原理。如图 8-19 所示，当主动齿轮逆时针转动，从动齿轮顺时针转动时，齿轮啮合区右边的油被齿轮带走，压力降低形成负压，油池中的油在大气压力作用下，从吸油口进入泵腔内。随着齿轮的转动，齿槽中的油不断沿箭头方向被轮齿带到左边，高压油从压油口送到输油系统。

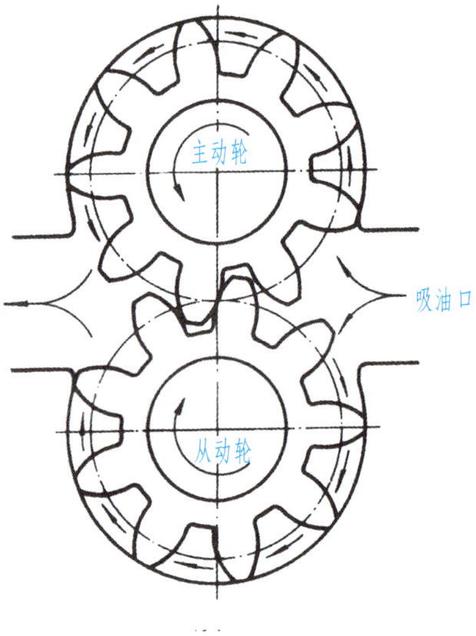

图 8－19　齿轮油泵工作原理

3. 分析尺寸，了解技术要求

装配图中标注了必要的尺寸，包括规格（性能）尺寸、装配尺寸、安装尺寸和总体尺寸。其中，装配尺寸与技术要求有密切的关系，应仔细分析。

例如，传动齿轮轴 3、齿轮轴 2 的齿轮齿顶和泵体 6 的空腔内壁间的配合尺寸为 ϕ34.5H8/f7。传动齿轮轴 3 和左端盖 1、右端盖 7 的支承孔的配合尺寸为 ϕ16H7/h6，齿轮轴 2 和左端盖 1、右端盖 7 的支承孔的配合尺寸也为 ϕ16H7/h6，为了便于拆装，这四处均采用基孔制间隙配合。传动齿轮轴 3 和传动齿轮 11 的孔（用键连接）的配合尺寸为 ϕ14H7/k6，属于基孔制过渡配合。

该装配图的规格尺寸为吸、压油孔螺纹 G3/8，外形尺寸有 118、95、85，安装尺寸为 70，28.76 ± 0.02、65 为其他重要尺寸。

二、拆画零件图的方法和步骤

机器在设计过程中是先画出装配图，再由装配图拆画零件图。如果某零件损坏，也要将该零件拆画出来重新加工。拆画零件图应该在读懂装配图的基础上进行。

下面根据图 8－17 所示的齿轮油泵的装配图（对照图 8－18 所示的轴测装配图）拆画泵体零件图，说明由装配图拆画零件图的方法和步骤。

1. 读懂装配图

按前面讲解的要求和步骤读懂装配图。

2. 分离零件视图并确定零件的结构形状

利用同一零件在不同视图上的剖面线方向与间隔一致的规定，对照投影关系以及与相邻零件的装配情况，将泵体从装配图中分离出来，如图 8－20（a）所示。由于装配图中泵体的可见轮廓线可能被其他零件（如螺钉、销）遮挡，因此分离出来的图形可能不完整，还需要在零件分离后补全必要的投影和被省略的工艺结构。将主、左视图对照分析，想象泵体的整体形状，如图 8－20（b）所示。

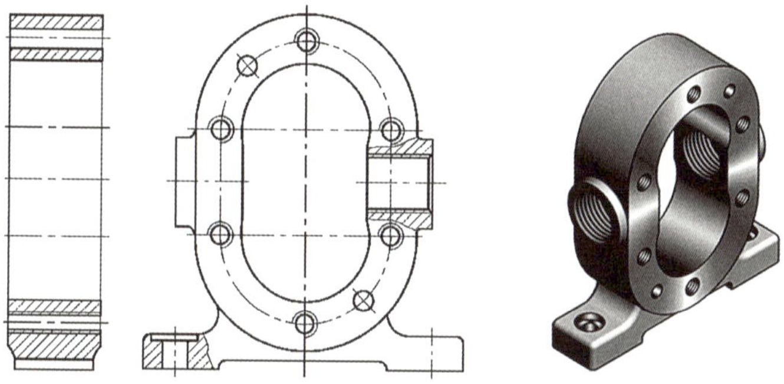

（a）　　　　（b）

图 8－20　拆画泵体

3. 确定视图表达方案

确定零件的视图表达方案时，不能简单照搬装配图，而应根据零件的结构形状，按照零件图的视图选择原则重新确定。在装配图中，泵体的左视图反映了容纳一对齿轮的长圆形空腔以及与空腔相通的吸油口和压油口，同时反映了销钉与螺纹孔的分布以及底座上沉孔的形状。因此，画零件图时选择这一方向作为泵体的主视图的投射方向比较合适。

装配图中省略的工艺结构如倒角、退刀槽等，在拆画零件图时应按标准结构要素补全。

4. 标注尺寸

装配图中已经注出的重要尺寸直接抄注在零件图上。如 ϕ34.5H8/f7 是一对啮合齿轮的齿顶圆与泵体空腔内壁的配合尺寸；28.76 ± 0.02 是一对齿轮的中心距尺寸；G3/8 是吸油口和压油口的管螺纹尺寸。另外还有油孔中心高尺寸 50，底板上安装孔的定位尺寸 70 等。其中，配合尺寸应标注公差带代号，或查表注出上、下偏差数值。

装配图中未注的尺寸，可按比例从装配图中量取，并适当圆整。对于倒角、退刀槽、键槽、螺栓孔直径、沉孔、铸造斜度等结构，应查阅有关标准进行标注。

5. 确定技术要求

标注零件各表面的表面粗糙度、尺寸偏差、形位公差和技术要求时，应结合零件各部分的功能、作用及要求，合理选择精度，同时确保标注的数据符合有关标准。

泵体零件图如图 8－21 所示。

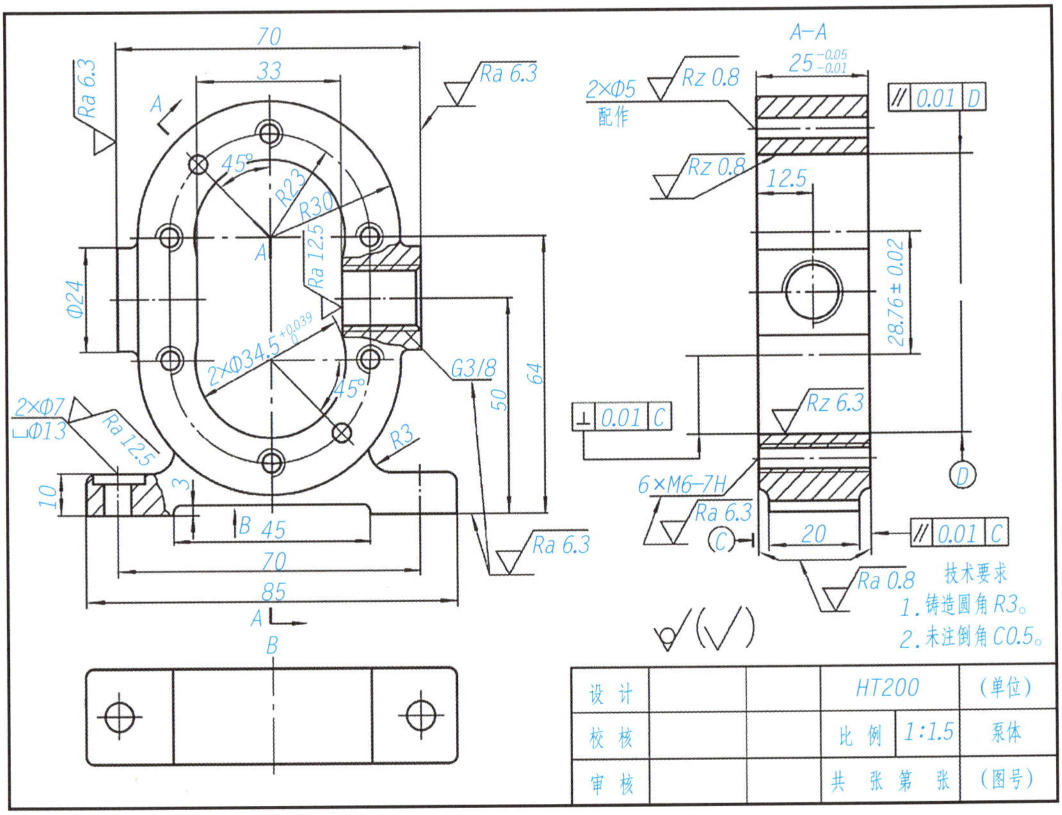

A—A
70
33
Ra 6.3
Ra 6.3
45°
R23
R30
A
Ra 12.5
Φ24
2×Φ34.5
G3/8
50
64
2×Φ7
Φ13
Ra 12.5
R3
10
3
B
45
70
85
Ra 6.3
B
2×Φ5
配作
Rz 0.8
Rz 0.8
12.5
28.76±0.02
Rz 6.3
6×M6-7H
Ra 6.3
20
Ra 0.8
0.01
C
D
技术要求
1. 铸造圆角R3。
2. 未注倒角C0.5。
设计
校核
审核
HT200
(单位)
比例
1:1.5
泵体
共 张 第 张
(图号)

图 8－21　泵体零件图

参考文献

[1] 机械工业职业技能鉴定指导中心．机械识图（2版）．北京：机械工业出版社，2016．

[2] 李平．机械图绘制技巧与禁忌．北京：化学工业出版社，2014．

[3] 缪朝东，胥徐．机械制图与CAD技术基础（2版）．北京：电子工业出版社，2021．

[4] 王兰美．画法几何及工程制图（机械类）(3版)．北京：机械工业出版社，2021．

附 录

螺纹

常用的标准件

极限与配合